# 无线通信智能处理及干扰消除技术

骆忠强　李成杰　著

科学出版社
北京

## 内容简介

无线通信中频谱资源缺乏与频带拥挤的问题日益突出，研究智能信号与信息处理满足人们不断增长的通信需求已经成为现今的趋势和热门。依托人工智能背景，本书主要讲述无监督学习机制盲源分离在无线通信中实现自适应接收处理和干扰消除的理论与方法，主要结合卫星通信系统和地面移动通信系统，如扩频和跳频通信系统、正交频分复用系统和多输入多输出系统中的关键技术，研究其中的智能处理接收技术。

本书是关于无线通信智能处理和干扰消除的一部专著，可供从事通信信号处理、盲源分离、通信干扰消除、卫星通信等领域的广大技术人员学习与参考，也可以作为高等院校和科研院所通信与信息系统、信号与信息处理等专业的参考书，以及作为相关研究学者的参考文献。

**图书在版编目(CIP)数据**

无线通信智能处理及干扰消除技术 / 骆忠强，李成杰著. — 北京：科学出版社, 2020.6（2022.10 重印）
ISBN 978-7-03-065043-6

Ⅰ.①无…　Ⅱ.①骆…　Ⅲ.①无线电通信抗干扰-研究　Ⅳ.①TN973

中国版本图书馆 CIP 数据核字（2020）第 076693 号

责任编辑：叶苏苏 / 责任校对：彭　映
责任印制：罗　科 / 封面设计：墨创文化

科学出版社 出版
北京东黄城根北街16号
邮政编码：100717
http://www.sciencep.com

成都锦瑞印刷有限责任公司印刷
科学出版社发行　各地新华书店经销
*
2020年6月第　一　版　开本：B5（720×1000）
2022年10月第二次印刷　印张：12 1/4
字数：247 000

**定价：139.00 元**

# 序

近年来，全球移动数据通信量和无线通信业务量急剧增长，造成了无线网络频谱拥挤和频带干扰等技术问题，对无线通信中频谱接入、信号与信息处理造成了极大的影响。然而，传统的无线通信接收信号处理方式是以消耗通信系统的频率资源或功率资源为代价来换取接收性能。从香农信息论观点出发，不利于有效解决日益突出的大容量需求和有限频谱资源之间的矛盾。因此，怎样能有效地共享频带避免干扰，又能保证频谱资源和功率资源的合理利用，是未来亟待思考解决的技术问题。

针对此技术问题，盲源分离依据源信号的统计特性，能够仅从被干扰和噪声污染的观测信号中分离出来，而不占用额外的系统资源。无线通信系统盲源分离处理提高了系统的频谱效率，打破了过去需要烦琐估计信道参数和同步信息的限制以及对导频的依赖，具有较强的自适应性，是实现智能信号与信息处理的关键技术。

盲源分离理论从信号处理角度出发，已被众多学者认为是一种“多才多艺”的方法，在各种学科问题里都能发挥其重要的作用，如语音信号分离、生物医学、图像处理、通信、雷达、地质学、心理学、化学、天文学、机械等。在人工智能背景下，它仍将起到重要的作用，尤其在无线通信方面，实现智能信号与信息处理及干扰消除是一种必不可少的理论。

本书是在作者多年参与无线通信盲源分离关键技术课题研究总结的基础上编写的，汇集了相关的技术成果。全书侧重典型的无线通信系统的应用基础研究，给出了在扩频系统、跳频系统、正交频分复用系统、多输入多输出系统等方面的盲源分离、盲源提取、盲码估计以及盲干扰抑制等方面的算法分析和仿真分析，提高了在信道和同步影响下的接收处理性能，可以对相关领域人员起到很好的引导作用，为相关研究工作提供参考。

作为神经网络和无监督学习的典范理论，盲源分离理论也在不断发展中，从最初的独立分量分析，发展到现今的稀疏成分分析、非负矩阵分解、有界成分分析和独立向量分析理论等，在未来无线通信中对促进绿色和智能通信的发展起到了不可或缺的作用。

电子科技大学　朱立东<br>2020 年 3 月

# 前　言

随着无线通信业务和移动设备通信量的快速增长，以及无线频谱资源稀缺的限制，现今的无线频带变得越来越拥挤，干扰和混合信号将普遍存在于无线接收机中，这对传统的频谱接入和信息处理方法造成了极大的挑战。因此，为了有效地检测期望信号，学界和工业界不得不开始研究智能型方法来对抗不利信号的影响。为了满足人们日益增长的通信需求，需对未来无线通信实现智能化信息处理，其具有重要的现实意义，已经成为当下的热门和研究趋势。

人工智能(artificial intelligence，AI)是实现无线通信智能处理的关键理论，其中机器学习是其核心，主要包括监督学习和无监督学习。盲源分离(blind source separation，BSS)作为无监督学习的代表，已经在无线通信中展现出强大的应用能力，成为实现同时频谱接入和自适应干扰消除的前景方法。盲源分离技术放宽了无线通信系统中对先验信息的限制条件，它可以仅从接收的混合信号中依据源信号特性分离出不可观测的未知源信号，是实现无线通信高频谱效率、强抗干扰性和自适应信号处理的重要理论方法。为了实现智能化信息处理，进一步优化和增强无线通信系统的接收性能，即提高系统的频谱效率、抗干扰能力和信号检测性能，本书结合未来无线通信的发展需求，主要研究无线通信盲源分离关键技术，以实现无线通信系统达成自适应接收和干扰消除的智能信号处理目标。

本书以典型的无线通信系统为对象，包括直接序列扩频码分多址(direct sequence-code division multiple access，DS-CDMA)、跳频(frequency hopping，FH)、正交频分复用(orthogonal frequency division multiplexing，OFDM)和多输入多输出(multiple input multiple output，MIMO)系统，侧重于在地面移动通信和卫星通信中的典型应用，结合应用需求特点在这些系统中开展方法研究，研究了自适应接收处理和干扰消除的理论方法，用于实现系统的智能接收处理，仅从接收混合信号中实现信息提取，无须烦琐的信道估计和同步处理，具有灵活的处理机制，进而达到无线通信系统的智能化信息处理目标。

本书共有 9 章，相关的篇章结构安排如下：第 1 章引言，说明研究背景和进行无监督盲源分离机制在无线通信中的研究综述；第 2 章介绍扩频通信系统中的盲自适应接收处理方法；第 3 章讲述跳频通信系统中智能处理技术；第 4 章说明正交频分复用系统中自适应干扰消除和盲同步接收处理；第 5 章介绍多输入多输出系统中自适应接收与智能处理技术；第 6 章介绍基于指导型盲源分离的全双工认知无线电技术；第 7 章介绍粒子滤波在卫星通信盲分离处理中的应用；第 8 章介绍阵列天线欠定接收盲辨识算法；第 9 章结束语，总结全书，并给出无线通信智能处理未来研究展望。

骆忠强撰写本书第 1、2、4、5、6、8、9 章，并负责最后的统稿，李成杰撰写第 3 章和第 7 章。在这本专著写成之际，衷心感谢我的博士生导师朱立东教授、硕士生导师熊兴中教授以及我的家人，感谢他们对我的指引和帮助。

本书得到国家自然科学基金青年基金项目(No.61801319)、四川省杰出青年基金项目(No.2020JDJQ0061)、国家自然科学基金面上项目(No.61871422)、四川轻化工大学人才引进项目(No.2017RCL11)、人工智能四川省重点实验室开放基金项目(No.2017RZJ01)、企业信息化与物联网测控技术四川省高校重点实验室开放基金项目(No.2017WZJ01)、四川省教育厅项目(No.18ZB0419)和中央高校基本科研业务费专项资金项目(No.2018NQN36)的资助。

由于作者专业技术知识和理论水平有限，本书难免有所不足，敬请批评指正，谢谢。

骆忠强

2020 年 3 月

# 目　　录

# 1 引　言

无线通信是信息时代市场潜力最大、发展最快和应用前景最广的领域之一，是未来国家重点发展的对象。近年来，随着人工智能的快速发展，无线通信与人工智能的结合引起了广大学者的重点关注，已经成为现今无线通信研究的热门方向。无线通信经历了个人化、宽带化、移动化的不断发展，其智能化的发展是未来的核心，尤其是人工智能，更是加速了无线通信智能化发展进程，以满足人们日益增长的通信需求。

## 1.1 人工智能背景下无线通信的发展趋势与意义

### 1.1.1 无线通信发展趋势

无线通信发展是非常迅速的，一直处于不断的更新换代中，从第三代移动通信(3G)的确立，到第四代移动通信(4G)的发展，以及现今第五代移动通信(5G)和未来无线通信标准的兴起，给无线通信这个领域带来了无限生机和活力。然而，人们日益增长的追求高速率、高效率和高可靠的通信要求，也将促使未来无线通信技术的不断革新，势必造成对新型信号处理方法的更高要求，以求达到满足未来国家发展和人们日常生活的通信保障和通信需求[1-3]。

另外，现今全球移动数据通信量和无线通信业务量急剧增长，造成了无线网络中频谱拥挤和频带干扰等一系列问题，对无线网络的频谱接入和信息的处理方法提出了极大的挑战，例如传统的滤波方法对同频带的干扰将束手无策。近 5 年来，全球移动数据通信量增长了近 18 倍，预计到 2020 年，智能手机通信量将超过个人计算机(personal computer，PC)通信量，移动设备将占总因特网协议(internet protocol，IP)通信业务量的 2/3。目前，不断增长的数据通信量和持续涌现的新通信业务，以及人们日益增长的通信需求，都对无线通信网络提出了极大的挑战，对无线网络智能信号处理方法的需求已是迫不及待。

无线通信环境中，频带的拥挤和干扰造成接收混合信号已是普遍现象，通常接收机收到的观测信号是多个通信信号与未知干扰信号的混合信号，而且在复杂电磁环境中往往还会收到同频段内施放的恶意干扰信号，以致通信信号与干扰信号在时频域上均相互重叠，难以通过传统的信号处理方法将两者分开，如频域滤波。传统的信号处理方法一般是以消耗通信系统的频率资源或功率资源为代价来换取检测性能和抗干扰性能，且受限于先验信息的获取情况，自适应能力较差，不能有效解决日益增长的通信资源需求和通信容量需求之间的矛盾。因此，需要研究对先验信息条件放宽和自适应性强的新型信号处理方法，即盲自适应信号分离理论，进而实现系统的智能化信息处理[3-5]。

### 1.1.2 无线通信与人工智能结合的意义

人工智能与无线通信的融合可以有效地实现无线通信智能信息处理，使无线通信具有三个重要能力表现：感知能力、可重构性能力和学习能力。感知能力使无线通信网络具有无线环境意识，是无线通信智能处理的最重要特性之一。感知能力是通过频谱感知实现的，它使通信设备能够自适应感知环境，最优化利用频谱资源。从狭义上说，频谱感知就是决定频谱的可用性；而从广义上说，是对无线环境的感知，需要解决调度资源和传输时间、带宽、功率消耗、信号衰落和干扰等之间的实际问题。因此，无线环境感知更具实际意义。为了能够适应周围的无线环境，智能无线设备不仅需要具有感知环境的能力，而且还需要具有可重构能力和学习能力。可重构能力由动态频谱接入和最优化运行参数实现，而学习能力由机器学习理论实现[1, 2]。

结合人工智能信息处理的智能无线通信研究是未来的发展趋势，而认知技术(cognitive technology)和机器学习(machine learning)是人工智能信息处理中的典范，为实现无线网络智能信息处理提供理论方法和技术支撑。因此，将无线通信和人工智能结合具有重要的研究意义，是解决未来频谱资源稀缺、频带拥挤、频谱干扰等问题的核心所在。

## 1.2 无监督学习在无线通信中的研究进展与发展态势

### 1.2.1 机器学习与盲源分离理论

人工智能的核心理论是机器学习，它是一门多领域交叉学科，主要涉及统计学、概率论和优化理论等，一般可以分为监督学习(supervised learning)和无监督学习(unsupervised learning)。监督学习需要借助给定的训练数据集中学习出一个函数，再以此函数为根本对新数据进行预测结果。监督学习的训练集要求包括输入和输出，即特征和目标。典型的监督学习算法有回归分析和统计分类。而无监督学习不借助于训练集，仅从观测数据中归纳实现本源分类，典型算法有聚类算法和独立成分分析。

作为无监督学习的代表理论，盲源分离是一种功能强大的信号处理方法，源于著名的“鸡尾酒会”(cocktail party)问题，如图 1.1 所示。在喧闹的鸡尾酒会上，大量宾客同时谈话，造成众多的话音混合在一起，人类依靠耳朵可以成功地分辨其中感兴趣的人说的内容，但是如何通过计算机模拟此项能力？这个问题成为当时的经典案例，学者们纷纷投入此问题的研究，开创了现今的盲源分离理论。盲源分离是指在未知源信号和系统混合参数的情况下，依据源信号的统计特性，仅从观测的混合信号中分离或提取各个源信号的方法。近年来，盲源分离由于其技术优势性，已经在语音识别、图像处理、生物医学、雷达和无线通信等方面都得到了重要的应用，成为机器学习、信号处理和神经网络领域的研究热点。

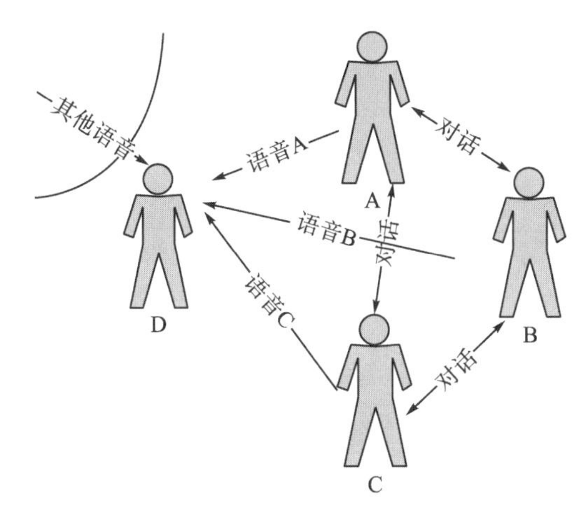


图 1.1 鸡尾酒会问题

盲源分离理论发展至今，已经涌现出众多的经典算法理论和新兴理论，依据源信号的特性，可以将盲源分离算法理论大致划分为四类[3, 4]，如图 1.2 所示，具体包括：独立成分分析(independent component analysis，ICA)[5-9]、稀疏成分分析(sparse component analysis，SCA)[10, 11]、非负矩阵分解(nonnegative matrix factorization，NMF)[12-14]和有界成分分析(bounded component analysis，BCA)[15-18]。

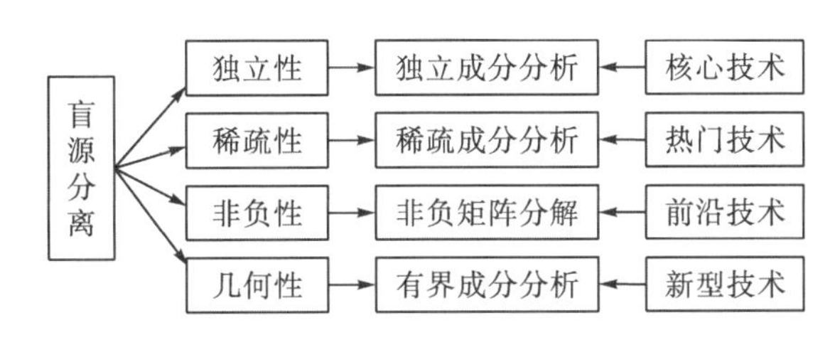


图 1.2 盲源分离理论分类

其中，基于源信号独立性的独立成分分析是发展最早、较为成熟的盲源分离技术，已经得出了很多较有代表性的算法，如 Bell-Sejnowski 的最大信息化(information maximization，Infomax)算法、Amari 的自然梯度(natural gradient，

NG)算法、Cardoso 的基于独立性的等变化自适应(equivariant adaptive source separation via independence，EASI)算法和特征矩阵联合近似对角化(joint approximate diagonalization of eigenmatrix，JADE)算法、Hyvarinen 的快速独立成分分析(fast independent component analysis，FastICA)算法、Stone 的矩阵特征值分解算法等。而稀疏成分分析、非负矩阵分解和有界成分分析分别是盲源分离的热门技术、前沿技术和新型技术。稀疏成分分析的思想是借助源信号的稀疏性或源信号在某个变换域(短时傅里叶变换、小波变换等)中的稀疏特性来实现盲源分离，较为典型的算法是混合时频比(time frequency ratio of mixtures，TIFROM)算法和退化分离估计技术(degenerate unmixing estimation technique，DUET)。稀疏成分分析是现今的热门研究方向，是实现欠定盲源分离的重要技术，并且与压缩感知技术有着密切的联系。非负矩阵分解限定了源信号和混合系数都是非负的，利用信息论中定义的不同散度/距离公式建立代价函数实现盲源分离，主要应用于图像与语音信号的分离。有界成分分析是一个较新的盲源分离技术，它的算法思想是依据源信号字符集的有限几何特性，利用凸几何原理建立代价函数实现源信号的分离或提取。有界成分分析的这个特性适用于通信调制混合信号的盲信号分离，因为通信调制信号具有字符集有限的特征，满足有界成分分析的分离条件。另外，还可以依据其他源信号的几何特性来实现盲信号分离，如字符恒模性、字符集的势、最小统计域、最小零阶瑞利熵和凸边界等，这些都是实现有界成分分析盲信号分离的可用原则。有界成分分析将独立成分分析的独立性强限制条件弱化为有界性条件，不仅能实现相关性信号的盲分离，而且能解决欠定盲辨识甚至分离的问题，具有重要的技术优势。但是，该理论方法对噪声影响比较敏感，目前只能实现较高信噪比条件下的通信混合信号盲分离，未来需要进一步研究增强此类算法的抗噪性、鲁棒性，以及结合通信实际应用需求中降低凸几何复杂度、实时处理等方面的理论[3-18]。

### 1.2.2 盲源分离在无线通信中的研究进展与发展态势

本书主要关注基于无监督学习机制的盲源分离在无线通信系统中自适应接收处理和干扰消除的研究应用。由于无线通信信道的开放性和复杂性，采用无监督学习方式可以仅从观测数据中挖掘或提取源信息，放宽对信道状态条件和同步参数等先验信息的需求，尤其对非合作通信方式具有固有的技术优势，同时也可以融合合作通信方式中可以利用的先验信息，形成半盲处理方法，进一步优化系统性能和简化参数估计，辅助无线接收机实现自适应智能接收处理，打破传统的导频辅助机制和烦琐参数估计的限制。

在无线接收机中，接收信号模型可以描述为若干个独立源信号的线性组合形式，再加上噪声(或外部干扰)的影响，等效于盲源分离处理模型，即可以描述为源信号在混合矩阵作用下再加上噪声的影响，其求解过程是分离或提取观测混合中潜在的源信号分量，也可以将其等效认为是一个矩阵分解的过程。该系统模型与无线通信系统接收模型本质上是等价的，两个模型中混合信号对应于接收信号，混合矩阵对应于信道矩阵，而源信号和噪声在模型中是相同的，一般都是高斯白噪声信号模型，如图 1.3 所示给出了一个简单无线通信接收和盲源分离处理模型。

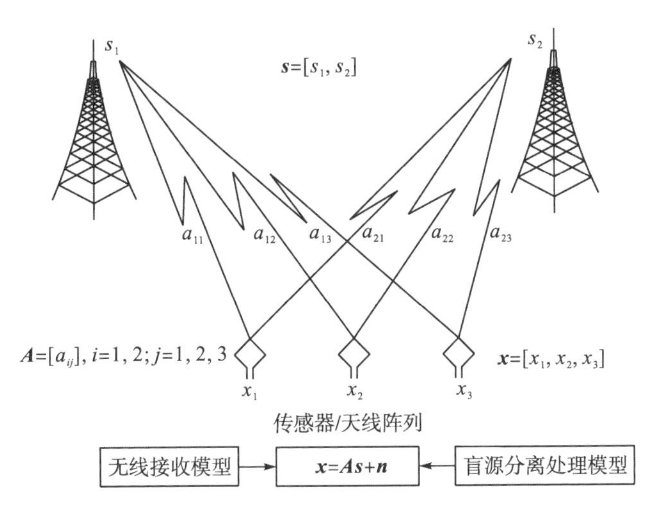


图 1.3 无线通信接收与盲源分离处理模型

通过将无线接收处理问题转换为从盲源分离机制出发，这就意味着，复杂无线信道的影响可以归结为一个混合矩阵因素，此时的问题可以看成是一个矩阵分解或数据挖掘问题，即从观测数据中将有用信号提取或分离出来。无线通信系统中源信号的检测和信道的估计问题可以转换为盲源分离中源信号的分离恢复和混合矩阵的估计(或辨识)问题。这种看似简单的转换却可以带来技术优势，如图 1.4 所示。

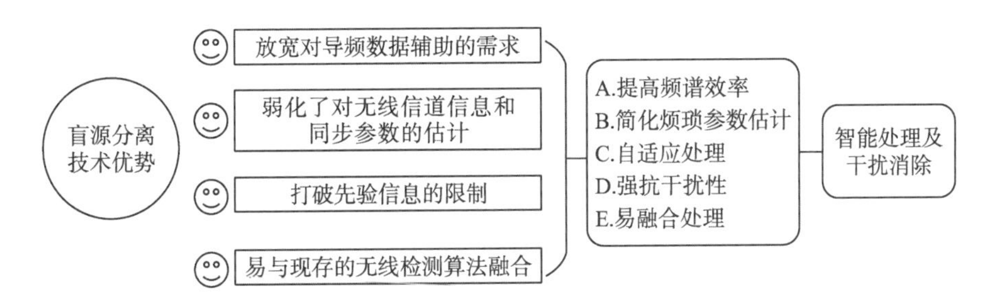


图 1.4 盲源分离在无线通信中的技术优势

盲源分离以不需要或需要少量训练序列/导频数据辅助信息的特点，可以为无线通信节约频谱资源，提高系统的频谱效率；盲源分离弱化了对无线通信系统中信道参数和同步参数的估计需求，大大简化了系统的参数估计处理；无线通信的信道复杂，不易估计且易受到干扰影响，在缺乏先验信息和不可预测的通信环境中，盲源分离不受先验信息限制仅仅从观测信号中挖掘潜在的信息，具有重要的抗干扰优势，尤其在非合作通信中优势突出；盲源分离易与现有的无线通信检测方法相融合，进一步提高信号的恢复性能。因此，盲源分离可以有效地应用于各种无线通信系统中，解决无线通信系统的关键技术问题，如图 1.5 所示盲源分离在各种典型的无线通信系统中有着重要的技术应用，包括期望信号提取、调制识别、码间干扰抑制、干扰消除、波达方向(direction of arrival，DOA)估计、信道估计、多目标检测、防碰撞和频谱感知等。由于直接应用盲源分离到无线接收信号处理中会遇到众多实际问题，如分离模糊不确定性问题、算法实时性等，在无线通信背景中需要考虑通信信号和通信系统模型的特性以及噪声的影响来具体分析盲源信号分离和提取的问题。因此，盲源分离在无线通信中的应用研究仍面临着诸多的技术挑战，需要进一步研究解决[3-5]。

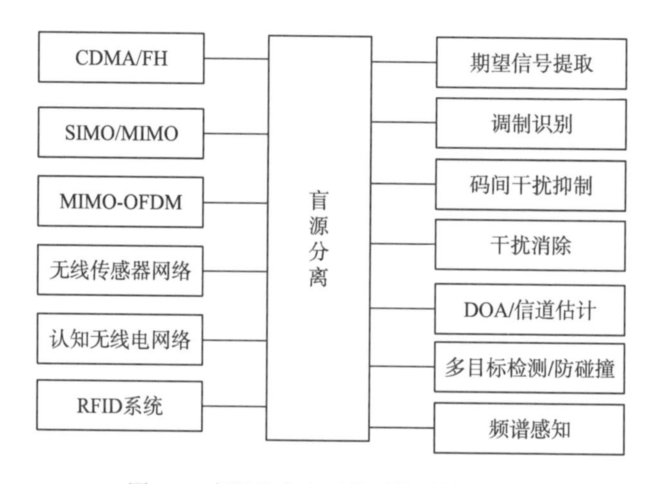


图 1.5 盲源分离在无线通信系统中应用

下面对无线通信中盲源分离的研究现状进行概述性说明。根据上一小节的介绍，我们知道盲源分离可以归为四种类型，分别是 ICA、SCA、NMF 和 BCA，图 1.6 给出了四种类型的算法机制在不同无线通信系统中的应用情况，以及在各个无线接收系统中的具体研究问题[3]。由图 1.6 可知，目前 ICA 的应用是最为广泛的，在各个系统里都有涉及，而且 ICA 技术较为成熟，所以研究成果较为丰富。考虑到四种算法机制对源信号统计特征的要求，SCA 目前主要应用于跳频通信系统，NMF 主要应用于无线传感网络和射频识别技术(radio frequency identification，RFID)，而最新的 BCA 技术目前的应用研究案例极少，主要用于 MIMO 系统。下面根据已有的参考文献分析盲源分离技术的研究现状以及发展态势。

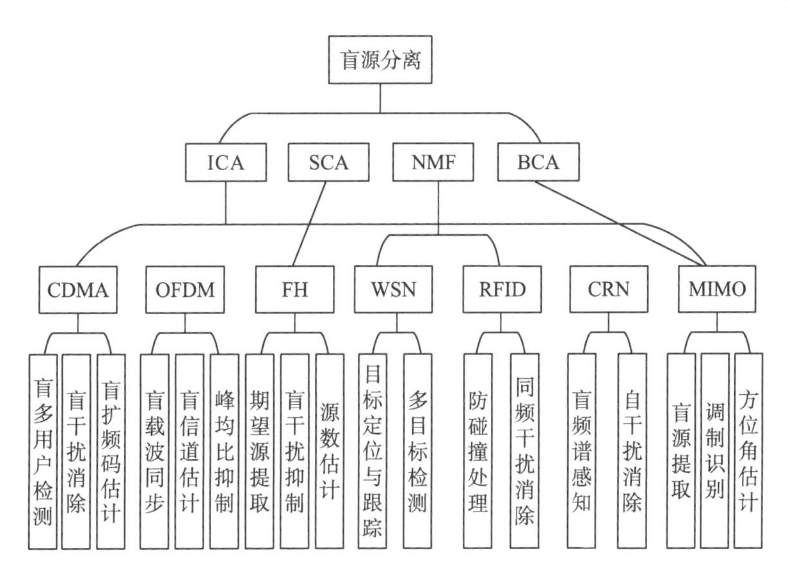


图 1.6 盲源分离在无线通信中研究现状

注：CRN（cognitive radio network，认知无线网络）

### 1.2.2.1 扩频信号及 DS-CDMA 系统

盲源分离源于鸡尾酒会问题，起初是用于解决语音信号分离处理，首次将其用于无线通信系统处理是源于美国学者 Belouchrani 和 Amin 发表于 IEEE 和 Elsevier 信号处理期刊的两篇论文，论文提出了相关的盲源分离算法能够用于解决扩频系统中的盲波速成型和干扰抑制问题[19,20]。Belouchrani 等人的研究是基于美国空军研究所与美国维拉诺瓦大学合作的项目“Time-Frequency Receiver for Nonstationary Interference Excision in Spread Spectrum Communication Systems”。2000 年 4 月这份项目报告公开发布了盲源分离在扩频系统中的重要研究成果，由此激发了无线通信系统盲源分离关键技术研究的热潮。Belouchrani 和 Amin 主要开展了基于盲源分离的扩频信号干扰消除工作，分析了扩频信号盲分离的信噪比、误码率和计算复杂度性能，得出了盲源分离可以有效改善扩频系统的接收误码率和抗干扰性能的结论[19-21]。

在 2000—2008 年期间，众多学者致力于将盲源分离技术应用于 DS-CDMA 系统中展开研究，这项研究的突出代表者是芬兰的几个学者，分别是 Joutsensalo[22]、Ristaniemi [23,24]、Raju[25-27]和 Huovinen[28,29]。他们研究了基于 ICA 的盲分离机制与传统 DS-CDMA 检测器相融合的 ICA-RAKE①、ICA-MMSE②、ICA-SIC 等多种算法，用于解决 DS-CDMA 系统中多用户干扰消除问题和外部干扰消除问题，有效地增强了 DS-CDMA 系统的检测和抗干扰能力[22-29]。此外，

① RAKE：即 RAKE 接收机。

② MMSE：minimum mean square error，最小均方误差。

美国学者 Overbye[30]与 Gupta[31]在此期间也对盲源分离在 DS-CDMA 系统中优化性能的相关问题展开了研究，主要包括结合盲源分离增强 DS-CDMA 传统检测器的性能和利用通信系统中可以获取的先验信息来优化 DS-CDMA 系统性能，如成型波形和扩频码[30, 31]。在国内，此项研究起步比较晚，2008 年以来，付卫红、张晋东、陆凤波、任啸天和张江等人相继发表了盲源分离在 DS-CDMA 系统中应用的研究成果，解决了盲多用户检测和盲扩频估计的相关问题[32-45]。

综合现存文献分析可知，盲源分离技术在 DS-CDMA 系统中的研究主要集中在三个方面：盲多用户检测、盲干扰抑制以及盲扩频序列估计。这三个方面彼此相互联系，都可为优化和增强 DS-CDMA 系统接收性能提供技术支撑[22-45]。从现有的 DS-CDMA 系统盲分离研究成果看，在 DS-CDMA 的分离模型、分离算法和抗外部恶意干扰等方面都取得了一定的进展，但是还存在一些关键技术问题，如 DS-CDMA 系统在低信噪比条件下、一般信道环境下以及短数据块条件下的多用户分离检测问题仍需要研究解决。尽管随着移动无线通信的发展，DS-CDMA 系统已经并非主流技术，但是由于其抗截获和保密性的技术优势，在卫星通信和军事通信中仍然有着重要的应用。例如，Jung 等就对盲源分离在卫星通信中的抗多音干扰问题展开了研究，提出了有效的、鲁棒的盲分离处理算法[45]。

#### 1.2.2.2 MIMO、MIMO-OFDM 及 OFDM 系统

盲源分离在 MIMO、MIMO-OFDM 和 OFDM 系统中的应用研究，主要表现在信道估计、盲波束成形、调制码盲识别、盲均衡与检测等方面[46-65]，得到了大量国内外学者的广泛关注。2005 年，美国学者 Dietze 完成了关于盲源分离的 MIMO 系统盲辨识问题——信号调制识别和信道估计的博士学位论文[47]; 2006 年，Mikhael 提出了最优块自适应 ICA 算法，用于实现 MIMO 系统中在时变混合的盲分离问题[48]；2007 年，荷兰学者 Laar 完成了关于盲源分离的 MIMO 系统盲辨识和盲分离的博士学位论文[49]；2010 年，国内学者李钊等提出了基于 ICA 的多用户 MIMO 下行传输策略解决了无可用信道信息条件下的 MIMO 通信问题[50]；2012 年，国内学者张路平开展了盲源分离的 MIMO 信号调制方式盲识别研究，采用 JADE 盲分离算法，通过信号的频谱特征分析，实现了 MIMO 通信下的 6 种调制方式的识别[51]。之前的研究都集中于关注 MIMO 发射机天线数和接收机天线数相同条件下的研究，即正定的盲源分离模型，但是在实际应用中，接收天线数少于源数的情况较为普遍。因此，考虑在欠定模型下的盲源分离处理也是一项关键技术问题[4,5]。

盲源分离在 MIMO-OFDM 系统方面的研究，具有代表性的是英国利物浦大学的学者 Gao、Ma、Zhu 和 Nandi 等，他们共同研究了基于 ICA 的 MIMO-OFDM 盲接收问题，降低峰均功率比(Peak to average power ratio，PAPR)，实现盲均衡[52-57]。同时，他们在 OFDMA 和 OFDM 方面也有重要的研究成果。2014 年，他们研究了基于 ICA 的 OFDMA 系统频偏估计与纠正算法[56]，验证了基于 ICA 的 OFDM 半

盲均衡绿色通信的性能[57]。近期，芬兰学者Syiyananda等发表了多篇结合盲源分离原理的OFDM抗色噪声和干扰的文章，文中通过采样的方式，建立了OFDM盲源分离的模型，用梯度最优化的方法，实现了信号的分离检测并仿真分析了其性能[58-61]。国内学者赵宸在2008年完成了关于盲源分离的MIMO-OFDM系统中盲多用户检测研究的博士学位论文[62]。结合无线通信系统的发展现状，盲源分离在MIMO-OFDM和OFDM系统中的研究仍然是热门，还有众多的关键技术问题需要解决，从而提高系统的性能[3,63-65]。

#### 1.2.2.3 认知无线网络

认知无线电(cognitive radio，CR)技术是解决无线通信网络中频谱效率和频谱拥挤的关键理论，它使无线网络成为一个智能系统，能够感知它自身的电磁环境，使其可以智能化地检测通信信道的占用情况，动态接入信道，最优化频谱使用，最小化干扰影响。频谱认知技术的观点是基于用户间的共享频谱机制，授权用户是主用户，非授权用户是次用户，次用户只能在主用户空闲时使用信道。

在认知无线网络中频谱感知处理时，主用户没有义务去通知次用户关于它的活动情况。因此，一般而言，用户活动是以非协助方式完成的，次用户需要持续监测主用户的活动状态。常规的频谱感知理论方法都有一定的局限性，如能量检测受限于认知发射机的有效状态，不能在认知发射机活动状态下感知频谱，因为此时不能有效区分信号是来自主用户还是次用户，而匹配滤波检测、循环平稳检测受限于先验信息的获取，这种非协助的方式导致了估计主用户信息的困难性。常规的频谱感知方法的另一个限制是次用户数据帧需要与主网络数据进行帧同步处理。

为了克服上述的技术限制，近年来众多学者推荐利用盲源分离辅助实现频谱感知，具有众多的技术优势[1-4]。借助盲源分离技术可以有效实现非合作通信处理，打破了受限于先验信息的困境。目前在此方面的研究成果较少，是现今的一个热门方向。Ivrigh等提出了将盲源分离方法用于认知无线电，不仅可以实现主次用户的分离和频谱感知，而且可以实现其他多种用途，如信道估计、同步和均衡等[66]。Lee和Ivrigh等人提出了基于盲源分离的频谱感知算法，使用ICA用于分离混合观测信号，判断主用户的活动状态，有效地克服了主用户隐藏问题[67,68]。Dey等提出了基于盲源分离和神经网络融合的能量检测结构，用于增强算法抗噪声的鲁棒性[69]。Nasser等人提出了基于盲源分离的全双工认知技术，可以克服静态感知和残余自干扰问题[70]。

#### 1.2.2.4 无线传感网络

随着物联网的发展浪潮，无线传感网络在众多领域中的应用越来越热门。无线传感网络由大量的传感器节点构成，用于监测物理过程，可以工作于非授权和授权频带。无线传感网络工作的非授权频带，也是众多的无线通信技术，例如蓝牙和无线网络等的工作频带，以致造成这个频带过度拥挤，当同时工作时(例如室内)将会导致此频带工作的相关技术性能急剧下降，无法满足人们日益增长的通信需求。如果工作于授权频带，需要引入认知技术，即认知无线传感网，才能有效地、合理地提高频谱效率的使用，以防干扰影响。另外，在传统无线传感网络目标识别研究方面，总是假设来自不同目标的信号对其他目标信号不产生干扰，每次只追踪一个目标和处理仅有一个目标存在于网络中的情况，这样的假设条件妨碍了人们对无线传感网络的实际应用需求，无法解决多目标的识别和跟踪问题。

基于上述原因，国外学者 Vikeram 首次提出了基于盲源分离的无线传感网络多目标追踪和干扰消除研究[71]。国内学者陈宏滨等进行了基于盲源分离的无线传感网络中干扰抑制和盲源提取的研究[72-74]，借助盲源分离方法，能够分离来自不同传感器收集信号的混合信号，通过对恢复出的各个传感器信号做后续处理，可以将多个目标信号估计出来；Alavi 提出了分布式盲源分离算法解决无线传感网络中拓扑结构连接限制下的源提取问题，进一步使得算法变得更为灵活，增强了算法的适用性[75]。

#### 1.2.2.5 RFID 防碰撞

在众多的 RFID 应用场景中，读写器往往需要同多个标签进行通信。由于读写器与标签之间的通信信道是共享的，当多个标签同时向读写器发送数据时会产生多个标签碰撞，进而引发带宽浪费、能量耗损和增加系统识别时延等一系列问题。为了解决多标签碰撞问题，读写器需要采用防碰撞算法(anti-collision algorithm)或者防碰撞协议(anti-collision protocol)来协调读写器与多标签之间的通信。

基于成本和复杂度的原因，现今的防碰撞算法主要集中于基于时分多址(time division multiple access，TDMA)的 ALOHA①类和树型类算法上，但它们在识别性能上存在效率不高等问题，有待进一步研究解决。其中 ALOHA 是随机性算法，其很高的碰撞概率导致信道的利用率不高，但因为它实现容易、成本低，所以被广泛地应用于标签数目不多、实时要求不高的应用场合，而且可能会出现标签无法识别或者错误识别的现象。而基于二进制树的确定性算法信道利用率高、识别速度快，并且所有标签都能完全被识别，不会出现无法识别或者错误识别的现象，在一定程度上适用于解决多标签碰撞问题，但它泄露的信息较多、安全性比较差，而且与 ALOHA 算法一样，当标签数量较大时，由于标签与阅读器之间需要多次重复的通信，识别所有标签所消耗的时延将会很长。

考虑到实际中 RFID 信号一般不会单独出现，或多或少都会带有一些与本信

① ALOHA 协议。

号无关的干扰信号，需要从这些带有干扰信号的混叠信号中找出射频源信号，并且在不清楚干扰信号个数以及混叠方式的情况下进行识别。但是现今防碰撞算法很少考虑干扰因素，鲁棒性较差，难以满足实际应用中的需求。因此，借助盲源分离机制可以实现从统计域到源信号的同时访问[76-80]，提高识别效率。

彭永华等分别研究了基于盲源分离的 RFID 防碰撞问题，提出了相应的算法，提高了算法的吞吐量[76-80]。其中岳克强等人考虑了病态接收条件下的欠定接收模型，利用了 NMF 算法机制来实现防碰撞算法[78-80]。其他文献主要是基于 ICA 机制的防碰撞研究。Luo 和 Li 提出了一种强健的基于 ICA 机制实现统计域多址，可以用于解决多个信号的同时访问信道问题，即防碰撞[81]。

综上所述，盲源分离在无线通信系统中的应用研究正处于发展阶段，相关的研究文献不断涌现。同时盲源分离和无线通信这两个领域也在发展中，相关的新型技术革新也正在涌现，绿色通信和智能通信是未来通信发展的趋势。为了优化和增强无线通信系统的性能，需要依靠新型的信号处理技术，而盲源分离技术不失为一种良好的方法选择[1-4]。

#### 1.2.2.6 通信信息安全

在无线通信中，由于信息截取和通信对抗的原因，物理层安全已经变得越来越重要。物理层安全是为了保障合法接收机具有可靠的通信，同时确保未授权的接收机不能从截获的信号里获得任何有用信息；但从截获方出发，目的则变成了希望从截获的信号里提取有用的信息。这两种技术是相互矛盾的，同时相互帮助、共同促进、各取所需。

近年来，利用盲源分离技术进行盲侦测和信息截取的研究得到了大量关注。Luo 和 Tang 考虑单通道的接收模型，提出了基于盲源分离对抗欺骗性干扰的方法[82]。Wang 等关注通信混合观测中感兴趣信号的提取研究，提出了基于空间约束的独立成分分析期望信号提取算法，并研究了弱目标信号在未知干扰条件下的盲提取算法，可以有效实现弱信号截取[83]。以上都是有关从接收到的观测中提取期望信号的研究，如果从对立方考虑，就是要想方设法制造盲不可分的条件。基于此观点，Li 等提出了一种最优人造噪声用于抵抗截获方使用盲源分离技术提取源期望信号，进而提高物理层的信息安全[84]。

## 1.3 本书内容结构

本书关注无监督学习机制盲源分离在无线通信系统中实现自适应接收处理，达成智能处理和干扰消除，研究盲源分离技术来提高无线通信自适应接收性能，将通信信号、通信系统模型特性融入盲源分离技术，研究针对无线通信背景下的信号分离理论。本书研究内容主要可以分为7个模块：DS-CDMA盲信号分离方法、跳频系统盲信号分离方法、OFDM系统盲信号分离方法、MIMO系统盲信号分离方法、全双工认知系统及方法、卫星通信盲信号分离方法和阵列天线欠定接收盲辨识方法，它们分别在第2章、第3章、第4章、第5章、第6章、第7章和第8章中具体说明。而本章为引言，第9章为全文总结和未来展望。

本书共分为9章，相应章节安排如下：

第1章：引言。该章首先阐述无线通信的发展趋势和与人工智能结合的研究意义，然后分析盲源分离及其在无线通信系统方面研究的国内外现状，最后说明本书内容的章节结构安排。

第2章：扩频通信系统中盲自适应接收处理方法和。该章主要介绍两种DS-CDMA系统的盲信号分离方法，用于实现DS-CDMA系统的盲多用户检测、盲干扰消除和盲码估计。首先介绍基于广义协方差矩阵的DS-CDMA盲用户分离和盲码估计自适应接收技术，然后介绍基于二阶锥规划的DS-CDMA盲多用户检测自适应接收技术。

第3章：跳频通信系统中智能处理技术。该章介绍两种跳频体制下的欠定盲源分离技术，首先介绍正交跳频体制基于稀疏性的欠定盲源分离，该算法借助密度聚类实现源信号分离。其次说明非正交跳频信号在时频域中的欠定盲源分离，提出匹配优化盲分离算法机制实现源信号的智能提取。

第4章：正交频分复用系统中自适应干扰消除与源信号恢复。该章主要介绍两种OFDM系统盲信号分离方法，用于实现OFDM系统的盲干扰消除、盲载波同步和盲源信号恢复。首先介绍基于盲源分离的OFDM盲干扰抑制和源信号恢复自适应接收技术，然后介绍基于Vandermonde矩阵约束的OFDM盲载波同步自适应接收技术。

第5章：多输入多输出系统中自适应接收与智能处理技术。该章首先介绍最小误码率约束的盲源分离算法，用于增强噪声影响条件下的分离。然后说明基于二阶锥约束克服信道不匹配的盲分离，用于优化信道估计误差的影响。最后介绍大规模MIMO中盲自适应分离方法。

第6章：基于指导型盲源分离的全双工认知无线电技术。该章研究一种基于指导型盲源分离和非高斯准则的全双工认知方法。

第7章：基于粒子滤波的卫星通信盲分离方法。该章研究一种基于粒子滤波的盲分离方法，实现高效的卫星通信信号的分离处理。

第8章：阵列天线欠定接收盲辨识处理。该章研究基于广义协方差张量分离的欠定盲辨识算法，用于实现阵列信号处理。

第9章：总结与展望。该章总结全书研究内容，并展望未来的研究方向。

# 参考文献

[1] Jiang C X, Zhang H J, Ren Y, et al. Machine learning paradigms for next-generation wireless network[J]. IEEE Wireless Communications Magazine, 2016, 24(2): 98-105.

[2] Zhou X W, Sun M X, Li G Y, et al. Intelligent wireless communications enabled by cognitive radio and machine learning[J]. China Communications, 2018, 15(12): 16-48.

[3] 骆忠强. 无线通信盲源分离关键技术研究[D]. 成都: 电子科技大学, 2016.

[4] Luo Z Q, Li C J, Zhu L D. A comprehensive survey on blind source separation for wireless adaptive processing: principles, perspectives, challenges and new research directions[J]. IEEE Access, 2018, 6: 1-24.

[5] Uddin Z, Ahmad A, Iqbal M, et al. Applications of independent component analysis in wireless communication systems[J]. Wireless Personal Communications, 2015, 8: 2711-2737.

[6] Yu X, Hu D, Xu J. Blind Source Separation: Theory and Applicationsm[M]. Singapore: John Wiley &Sons, 2014.

[7] Bell A J, Sejnowski T J. An information-maximization approach to blind separation and blind deconvolution[J]. Neural Computation, 1995, 7: 1129-1159.

[8] Bingham E, Hyvärinen A. A fast fixed-point algorithm for independent component analysis of complex-valued signals[J]. International Journal of Neural Systems, 2000, 10: 1-8.

[9] Cardoso J F, Souloumic A. Blind beamforming for non Gaussian signal[J]. IEE Proceedings F Radar and Signal Processing, 1993, 140(6): 362-370.

[10] Gribonval R, Lesage S. A survey of sparse component analysis for blind source separation: principle, perspectives, and new challenges[J]. Procedings-European Symposium on Artificial Neural Networks Bruges(Belgium), 2006: 323-330.

[11] Bobin J, Rapin J, Larue A, et al. Sparsity and adaptivity for the blind separation of partially correlated sources[J]. IEEE Transactions on Signal Processing, 2015, 63(5): 1199-1213.

[12] Cichocki A, Zdunek R, Phan A H, et al. Nonegative Matrix and Tensor Factorizations[M]. United Kingdom: John Wiley and Sons, 2009.

[13] Mirzal A. NMF versus ICA for blind source separation[J]. Advances in Data Analysis and Classification, 2014, 1-24.

[14] Hsieh H L, Chien J T. A new nonnegative matrix factorization for independent component analysis[J]. IEEE International Conference on Acoustics Speech and Signal Processing, 2010: 2026-2029.

[15] Cruces S, Durán I, Sarmiento A, et al. Bounded component analysis of linear mixtures[J]. IEEE International Conference on Acoustics Speech and Signal Processing, 2010: 1930-1933.

[16] Cruces S. Bounded component analysis of linear mixtures: a criterion of minimum convex perimeter[J]. IEEE Transactions on Signal Processing, 2010, 58(4): 2141-2154.

[17] Alper T, Erdogan. A class of bounded component analysis algorithms for the separation of both independent and Dependent Sources[J]. IEEE Transactions on Signal Processing, 2013, 61(22): 5730-5743.

[18] Cruces S. Bounded component analysis of noisy underdetermined and overdeterdermined mixtures[J]. IEEE Transactions on Signal Processing, 2015, 63(9): 2279-2294.

[19] Belouchrani A, Amin M G. A two-sensor array blind beamformer for direct sequence spread spectrum communications[J]. IEEE Transactions on Signal Processing, 1998, 47(8): 120-123.

[20] Belouchrani A, Amin M G. Jammer mitigation in spread spectrum communications using blind source separation[J]. Signal Processing, 2000, 80(4): 723-729.

[21] Belouchrani A, Amin M G, Wang C H. Interference mitigation in spread spectrum communications using blind source separation[J]. Conference on Signals, Systems and Computers, 1996: 718-722.

[22] Joutsensalo J, Ristaniemi T. Blind multi-user detection by fast fixed point algorithm without prior knowledge of symbol-level timing[J]. Higher-Order Statistics, 1999: 305-308.

[23] Ristaniemi T, Joutsensalo J. Advanced ICA-based receiver for block fading DS-CDMA channels[J]. Signal Processing, 2002, 82(3): 417-431.

[24] Ristaniemi T, Raju K, Karhunen J. Jammer mitigation in ds-cdma array system using independent component analysis[C]. IEEE International Conference on Communications, 2002: 232-236.

[25] Raju K, Ristaniemi T. ICA-RAKE switch for jammer cancellation in DS-CDMA array systems[C]. IEEE Seventh International Symposium on Spread Spectrum Techniques and Applications, 2002: 638-642.

[26] Raju K, Ristaniemi T, Karhunen J, et al. Jammer suppression in DS-CDMA arrays using independent component analysis[J]. IEEE Transactions on Wireless Communications, 2006, 5(1): 77-82.

[27] Raju K. Blind Source Separation for Interference Cancellation in CDMA Systems[D]. Finland: Helsinki University of technology, 2006.

[28] Huovinen T, Ristaniemi T. Independent component analysis using successive interference cancellation for oversaturated data[J]. European Transactions on Telecommunications, 2006, 17(5): 577-589.

[29] Huovinen T. Independent Component Analysis in DS-CDMA Multiuser Detection and Interference Cancellation[D]. Finland: Tampere University, 2008.

[30] Overbye D, Priemer R. Blind multiuser detection for DS-CDMA using independent component analysis neural network[J]. International Journal of Smart Engineering Systems Design, 2003, 5(4): 555-564.

[31] Gupta M. ICA Assisted Blind Multiuser Detection in DS-CDMA Systems[D]. New Mexico: The University of New Mexico, 2006.

[32] 付卫红，杨小牛，刘乃安. 基于盲源分离的 CDMA 多用户检测与伪码估计[J]. 电子学报，2008, 36(7): 1319-1323.

[33] 沈雷，赵知劲. 多径信道中基于盲波束成型的 CDMA 多用户检测和伪码估计[J]. 信号处理，2010, 26(11): 1730-1735.

[34] 张晋东. BSS 方法及其在 DS-CDMA 多用户检测中的应用研究[D]. 长春：吉林大学, 2008.

[35] Zhang J, Zhang H, Cui Z F. Dual-antenna-based blind joint hostile jamming cancellation and multiuser detection for uplink of asynchronous direct-sequence code-division multiple access systems[J]. IET Communications, 2013, 7(10): 911-921.

[36] 陆凤波, 黄知涛, 姜文利. 基于 FastICA 的 DS-CDMA 信号扩频序列盲估计及性能分析[J]. 通信学报, 2011, 32(8): 136-142.

[37] 任啸天, 徐晖, 黄知涛, 等. 基于 FastICA 同、异步系统短码 CDMA 信号扩频序列与信息序列盲估计[J]. 电子学报, 2011, 39(12): 2727-2732.

[38] 张江, 张杭, 崔志富, 等. 异步 DS-CDMA 系统中的盲联合干扰消除与多用户检测[J]. 信号处理, 2013, 29(6): 668-676.

[39] Luo Z Q, Zhu L D, Li C J. Work in progress: exploiting charrelation matrix to improve blind separation performance in DS-CDMA systems[C]. International Conference on Communications and Networking in China, 2014: 369-372.

[40] Luo Z Q, Zhu L D. A charrelation matrix-based blind adaptive detector for DS-CDMA systems[J]. Sensors, 2015, 15: 20152-20168.

[41]Sriyananda M G S, Joutsensalo J, Hämäläinen T, et al. Interference cancellation schemes for spread sepectrum systems with blind principles[C]. IEEE 27th International Conference on Advanced Information Networking and Applications, 2013, 1078-1082.

[42] Albataineh Z. Adaptive independent component analysis: theoretical formulations and application to CDMA communication system with electronics implementation[D]. Michigan: Michigan State University, 2014.

[43] Albataineh Z, Salem F. New blind multiuser detection DS-CDMA algorithm using simplified fourth order cumulant matrices[C]. IEEE International Symposium on Circuits and Systems, 2013: 1946-1949.

[44] Albataineh Z, Salem F. Robust blind multiuser detection algorithm using fourth-order cumulant matrices[J]. Circuits, Systems and Signal Processing, 2015, 35(8): 2577-2595.

[45] Jung H, Kim K, Kang J, et al. An iALM-ICA-based antijamming DS-CDMA receiver for LMS systems[J]. IEEE Transactions on Aerospace and Electronic Systems, 2018, 54(5): 2318-2328.

[46] Gao J, Zhu X, Nandi A K. Independent component analysis for multiple-input multi-output wireless communications systems[J]. Signal Processing, 2011, 91(4): 607-623.

[47] Dietze K. Blind Identification of MIMO Systems: Signal Modulation and Channel Estimation[D]. Blacksburg: Virginia Polytechnic Institute and State University, 2005.

[48] Mikhael W B, Yang T. A gradient-based optimum block adaptation ICA technique for interference suppression in highly dynamic communication channels[J]. Eurasip Journal on Advances in Signal Processing, 2006: 1-10.

[49] Laar J V. MIMO Instantaneous Blind Identification and Separation Based on Arbitrary Order Temporal Structure in the Data[D]. Eindhoven: Technische Universiteit Eindhoven, 2007.

[50] 李钊, 杨家玮, 姚俊良等. 采样独立分量分析的多用户 MIMO 下行传输策略[J]. 西安电子科技大学学报(自然科学版), 2010, 37(2): 192-195.

[51] 张路平, 王建新. MIMO 信号调制方式盲识别[J]. 应用科学学报, 2012, 30(2): 135-140.

[52] Gao J B, Zhu X, Lin H, et al. Independent component analysis based semi-blind i/q imbalance compensation for MIMO OFDM systems[J]. IEEE Transactions on Wireless Communications, 2010, 9(3): 914-920.

[53] Khosravy M, Asharif M R, Khosravi M, et al. An optimum pre-filter for ICA based multi-input-multi-output OFDM system[J]. International Journal of Innovative Computing Information and Control, 2011, 7(6): 3499-3508.

[54] Khosravy M, Asharif M R, Yamashita K. An efficient ICA based approach to multiuser detection in MIMO OFDM systems[J]. Multi-Carrier Systems & Solutions, 2009, 41(1): 47-56.

[55] Sarperi L, Nandi A K, Zhu X. Multiuser detection and channel estimation in MIMO OFDM system via blind source separation[C]. Fifth International Symposium on Independent Component Analysis and Blind Signal Separation, 2004: 1189-1196.

[56] Jiang Y F, Zhu X, Lim E G, et al. ICA based joint semi-blind equalization and CFO estimation for OFDMA systems[C]. IEEE Global Communications Conference, 2014: 3518-3522.

[57] Ma T, Zhu X, Jiang Y F, et al. Validation of a green wireless communication system with ICA based semi-blind equalization[C]. Signal & Information Processing Association Annual Sumit and Conference, 2014: 1-5.

[58] Syiyananda M G S, Joutsensalo J, Hämäläinen T. Blind source separation for OFDM with filtering colored noise and jamming signal[J]. Jounal of Communications and Networks, 2012, 14(4): 410-417.

[59] Syiyananda M G S, Joutsensalo J, Hämäläinen T. Signal detection for OFDM and DS-CDMA with gradient and blind source separation principles[J]. Wseas Transactions on Signal Processing, 2012, 8(3): 100-110.

[60] Syiyananda M G S, Joutsensalo J, Hämäläinen T. Blind principles based interference and noise reduction schemes for OFDM[J]. Wireless Personal Communications, 2013, 71(3): 1633-1647.

[61] Syiyananda M G S, Joutsensalo J, Hämäläinen T. Performance of OFDM with blind interference suppression schemes[C]. International Conference on New Technologies, Mobility and Security, 2012: 1-6.

[62] 赵宸. MIMO-OFDM 系统中的盲多用户检测研究[D]. 长春: 吉林大学, 2008.

[63] Luo Z Q, Zhu L D, Li C J. Employing ICA for inter-carrier interference cancellation and symbol recovery in OFDM systems[C]. IEEE Global Communications Conference, 2014: 3501-3505.

[64] Luo Z Q, Zhu L D, Li C J. Independent component analysis for carrier synchonization in OFDM systems[C]. International Conference on Wireless Communications and Signal Processing, 2014: 1-5.

[65] 沈雷，胡桃桃，王彦波. 单通道下基于盲源分离 OFDMA 抗干扰算法[J]. 杭州电子科技大学学报，2016, 5: 11-16.

[66] Ivrigh S S, Sadough S M S, Ghorashi S A. A blind source separation-based positioning algorithm for cognitive radio systems[J]. Research Journal of Application Sciences, Engineering and Technology, 2012, 4(4): 299-305.

[67] Lee C, Wolf W. Blind signal separation for cognitive radio[J]. Journal of Signal Processing Systems for Signal, Image, and Video Technology, 2011, 63(1): 67-81.

[68] Ivrigh S S, Sadough S M S. Spectrum sensing for cognitive radio networks based on blind source separation[J]. KSII Transactions on Internet and Information Systems, 2013, 7(4): 613-631.

[69] Dey B, Hossain A, Dey R, et al. Integrated blind signal separation and neural network based energy detector architecture[J].Wireless Personal Communications, 2018: 1-19.

[70] Nasser A, Mansour A, Yao K C, et al. Full-duplex cognitive radio based on spatial diversity[J]. International Journal of Digital Information and Wireless Communications, 2018,8(3): 162-167.

[71] Vikeram A B B. Tracking in Wireless Sensor Network Using Blind Source Separation Algorithms[D]. Cleveland: Cleveland State University, 2009.

[72] Chen H B, Tse C K, Feng J C. Source extraction in bandwidth constrained wireless sensor networks[J]. IEEE Transactions on Circuits and Systems Ⅱ: Express Briefs, 2008, 55(9): 947-951.

[73] Chen H B, Tse C K, Feng J C. Impact of topology on performance and energy efficiency in wireless sensor networks for source extraction[J]. IEEE Transactions on Parallel and Distributed Systems, 2009, 20(6): 886-897.

[74] Chen H B Chen, Feng J C, Tse C K. Multiple-access interference constrained source extraction in wireless sensor networks[J]. IEEE International Symposium on Circuits and Systems, 2009: 2461-2464.

[75] Alavi S R M, Kleijn W B. Distributed linear blind source separation over wireless sensor networks with arbitrary connectivity patterns[C]. IEEE International Conference on Acoustics, Speech and Signal Processing, 2016, 3171-3175.

[76] 彭永华. ICA 算法在射频系统中的应用研究[D]. 长沙: 湖南大学, 2012.

[77] 陈晨. 基于 BSS 的单路与多路 RFID 混合信号的防碰撞技术[D]. 南京: 南京邮电大学, 2013.

[78] 岳克强, 孙玲玲, 游彬等. 基于欠定盲分离的并行识别防碰撞算法[J]. 浙江大学学报(工学版), 2014, 48(5): 865-870.

[79] 颜杰. RFID 标签防碰撞盲源分离算法研究[D]. 广州: 广东工业大学, 2014.

[80] Cheng X H, Liu C. Research on RFID collision detection algorithm based on the under-determined blind separation[C]. International Conference on Machinery, Materials and Computing Technology, 2016: 1292-1299.

[81] Luo Z Q, Li C J. Robust wireless statistic division multiplexing and its performance analysis[J]. International of Distributed Sensor Networks, 2018, 14(12): 1-14.

[82] Luo S, Tang B. An algorithm of deception jamming suppression based on blind source separation[J]. Journal of Electronics and Information Technology, 2011, 33(12): 2801-2806.

[83] Wang X, Huang Z, Zhou Y. Semi-blind signal extraction for communication signals by combining independent component analysis and spatial constraints[J]. Sensor, 2012, 7: 9024-9045.

[84] Li C, Zhu L, Xie A, et al. Blind separation of weak object signals against the unknown strong jamming in communication systems[J]. Wireless Personal Communications, 2017, 97(3): 4265-4283.

[85] Li G, Hu A, Huang Y. A novel artificial noise aided security scheme to resist blind source separation attacks[J]. Chinese Science Bulletin, 2014, 59(32): 4225-4234.

# 2 扩频通信系统中盲自适应接收处理方法

扩频通信系统以其特有的技术特点，已经在卫星通信和军事通信中得到了广泛的应用。扩频一般分为直扩和跳频，本章主要介绍 DS-CDMA 系统的盲自适应接收处理，跳频的盲分离处理将在第 3 章说明。研究 DS-CDMA 系统盲信号分离方法，可以有效解决 DS-CDMA 系统中的盲干扰消除、盲多用户检测和盲码估计问题，具有重要的应用价值。本章针对现有 DS-CDMA 系统盲分离方法存在的技术问题，提出两种 DS-CDMA 系统盲信号分离方法：一种是基于广义协方差矩阵的 DS-CDMA 盲自适应接收方法，它可以有效实现在短数据块和较低信噪比条件下的分离检测；另一种是基于二阶锥约束的 DS-CDMA 盲多用户分离检测算法，它可以解决盲分离中固有的模糊不确定性问题和对抗由信道衰落/时间异步造成的信号误差问题，具有鲁棒的性能。

## 2.1 基于广义协方差矩阵的 DS-CDMA 盲自适应接收方法

本节介绍一种基于盲源分离的盲自适应检测接收方法，用于实现 DS-CDMA 系统中的盲用户分离和盲扩频码估计。DS-CDMA 系统的模型建模为一个盲信号分离的模型架构，未知的用户信息和扩频码可以仅从接收的信号采样中估计出来。该盲分离方法的优点在于利用了广义协方差矩阵的计算简便性，能够从信号采样中有效地提取统计信息。理论分析和仿真实验说明了该方法的有效性能，尤其是当观测的采样数较少和信噪比相对较低时，本节提出的方法具有较强的性能优势。

### 2.1.1 研究背景

近年来，DS-CDMA 系统中的盲分离问题引起了众多学者的关注[1-14]。对 DS-CDMA 系统中的盲分离关键技术问题进行研究对于通信抗干扰具有重大的意义。在现有的 DS-CDMA 系统中的盲分离研究中，可以归纳出三个主要的问题：盲用户分离检测、盲扩频码估计和盲干扰抑制/消除。

盲分离问题中的“盲”是指源信号不可观测和缺乏对混合系统的先验信息，混合矩阵对源信号的影响相当于 DS-CDMA 系统中信道对源信号的影响，一般可以利用的先验信息仅是源信号的统计独立性，这个技术就是独立成分分析(ICA)，它在无线通信中具有重要的应用价值。到目前为止，一些经典的 ICA 算法已经被研究，用于实现 DS-CDMA 系统中的盲分离关键技术问题。

二阶盲辨识(second order blind identification，SOBI)算法被应用于扩频通信系统中分离期望信号和干扰信号[1-3]。FastICA 和 JADE 算法被广泛应用在 DS-CDMA 系统中分离多用户对抗多址干扰，以及从干扰信号中分离出有用信号，进行干扰消除对抗[4-6]。FastICA 和 JADE 算法是经典的盲分离算法。当在分离强健性、分离准确性和可靠性方面评估这两种算法时，FastICA 算法是不稳定的，有时分离失败[7-9]。总的来说，现存的盲分离算法是基于二阶统计和高阶统计实现源分离的。例如，SOBI 利用二阶矩信息，而 FastICA 和 JADE 是基于四阶矩/累积量信息来实现混合信号中源信号的分离。经典的高阶统计是盲源分离强有力的工具。然而，高阶统计工具需要大量信号采样点才能保证获取有效的高阶信息，这样必然会使复杂度提高。高阶统计信息的提取是以增加计算和标记复杂度来维持其统计有效性和稳定性。这些因素造成了基于高阶统计盲分离方法的较高复杂度，不利于分离的实时性。

在本章中，我们考虑一个新的统计工具：广义协方差[15]，它不仅具有与二阶统计相似的结构简便性和统计稳定性，而且保持了高阶统计信息。累积量的定义来源于第二特征函数在原点计算的高阶导数；而广义协方差矩阵的定义来源于第二特征函数在非原点计算的二阶导数，这些非原点通常称为处理点，其使用可以有效地提取统计信息，用于建立盲源分离的最优化代价函数[7-9, 15]。

由于广义协方差矩阵具有结构简便性，并能够提取丰富的统计信息，本书考虑使用新的统计工具代替高阶统计用于实现 DS-CDMA 系统中的盲分离。目前，还没有文献介绍基于此统计工具的盲分离来实现 DS-CDMA 系统中的盲用户分离和盲扩频码估计。本节将讨论和分析基于第二特征函数的非零点 Hessians 矩阵计算实现的广义协方差矩阵。考虑一个同步 DS-CDMA 系统模型，采用不同观测采样数下的干扰信号比(interference to signal ratio，ISR)和不同信噪比(signal to noise ratio，SNR)条件下的误码率(bit error rate，BER)作为评测标准，来证明提出方法的有效性能，突出其在 DS-CDMA 系统中的盲处理性能优势。

### 2.1.2 系统模型分析

本小节将构建一个具体的 DS-CDMA 离散时间模型，用于描述盲分离的问题。考虑 DS-CDMA 的同步模型，它是一个具有衰落信道影响的基带模型。设 DS-CDMA 系统中发射机和接收机中有 $K$ 个同时通信的用户，那么由用户 $k$ 传输的信号表示 [7-9]为

$$x_k(t)=\sum_{m=0}^{M-1}b_k(m)c_k(t-mT) \tag{2-1}$$

其中，$M$ 表示信息符号 $b_k(m)$ 的总数；$b_k(m)$ 表示第 $k$ 个用户的第 $m$ 个符号；$c_k(\cdot)$

是第$k$个用户在区间$[0,\ T)$的二进制码片序列，即扩频码；$T$表示符号周期。假设信号通过的信道在一个符号周期内是固定的。那么，接收的信号表示为

$$r(t)=\sum_{m=0}^{M-1}\sum_{k=1}^{K}A_k b_k(m)c_k(t-mT)+n(t) \tag{2-2}$$

这里的$A_k$表示第$k$用户的信道/幅度衰减因子；$K$表示用户总数；$n(t)$表示加性高斯白噪声；$c_k(t)$是连续的，不仅包含了二进制码片$c_k(i)$，而且包含了码片波形$p(t)$，具体的表示形式如下：

$$c_k(t)=\sum_{i=0}^{C-1}c_k(i)p(t-iT_c) \tag{2-3}$$

式中，码片长度$C=T/T_c$，$T_c$是码片周期；$p(t)$属于$[0,\ T_c]$区间的成型波形。考虑各个用户使用矩阵波形的$p(t)$，通过码片匹配滤波实现上述模型从连续到离散的时间变换。采用码片匹配的滤波，意味着在一个码片周期内做积分处理，表示如下：

$$r(i)=\int_{iT_c-T_c}^{iT_c}p\left[t-(i-1)T_c\right]r(t)\mathrm{d}t \tag{2-4}$$

使用一个符号周期处理窗的匹配滤波，可以得到如下的采样数据：

$$\boldsymbol{r}(m)=\sum_{k=1}^{K}A_k b_k(m)\boldsymbol{c}_k+\boldsymbol{n}(m) \tag{2-5}$$

式中，码片序列$\boldsymbol{c}_k$是$C\times1$的向量，噪声向量$\boldsymbol{n}(m)$是$C\times1$的向量。通过简单的数学处理后，可以得到紧凑的数据表示形式：

$$\begin{aligned}\boldsymbol{r}(m)&=A_1b_1(m)\boldsymbol{c}_{1(C\times1)}+\cdots+A_Kb_K(m)\boldsymbol{c}_{K(C\times1)}+\boldsymbol{n}(m)_{(C\times1)}\\&=[\boldsymbol{c}_1A_1,\cdots,\boldsymbol{c}_KA_K]_{C\times K}\boldsymbol{b}(m)_{(K\times1)}+\boldsymbol{n}(m)_{(C\times1)}\\&=\boldsymbol{G}\boldsymbol{b}(m)+\boldsymbol{n}(m)\end{aligned} \tag{2-6}$$

$(\cdot)^{\mathrm{T}}$表示转置。$\boldsymbol{c}_k=[c_{1k},c_{2k},\cdots,c_{Ck}]^{\mathrm{T}}$；$\boldsymbol{n}(m)=\left[n_1(m),n_2(m),\ \cdots,n_C(m)\right]^{\mathrm{T}}$和$\boldsymbol{b}(m)=\left[b_1(m),b_2(m),\cdots,b_K(m)\right]^{\mathrm{T}}$。更进一步，可以得到矩阵形式为

$$\boldsymbol{X}=\boldsymbol{G}\boldsymbol{B}+\boldsymbol{N} \tag{2-7}$$

其中$\boldsymbol{X}=\left[r(1),\cdots,r(M)\right]$，$\boldsymbol{B}=\left[b(1),\cdots,b(M)\right]$和$\boldsymbol{N}=\left[n(1),\cdots,n(M)\right]$。式(2-7)和盲源分离的基本模型是相同的。在下一节，我们将讨论关于式(2-6)和式(2-7)的 DS-CDMA 盲接收方法。

### 2.1.3 基于广义协方差矩阵的 DS-CDMA 盲分离检测

广义协方差矩阵可以计算为第二特征函数非原点处的 Hessian 矩阵，其理论来源于广义累积量[15]。广义累积量是为第二特征函数在事先选定的点处泰勒级数展开的系数。这个事先选定的点称为处理点，是一个非零点向量。如果将这个点

选为原点，则广义的累积量就演变为一般的累积量。考虑到提取统计信息能力的差异，文中将广义协方差矩阵代替高阶统计，设计盲自适应分离检测方案，用于DS-CDMA 系统，改善系统的性能。图 2.1 给出了基于盲自适应分离检测的DS-CDMA 系统框架。下面首先将分析基于广义协方差的盲分离方法，然后再讲述该方法在 DS-CDMA 系统中实现盲用户分离检测和盲扩频码估计。

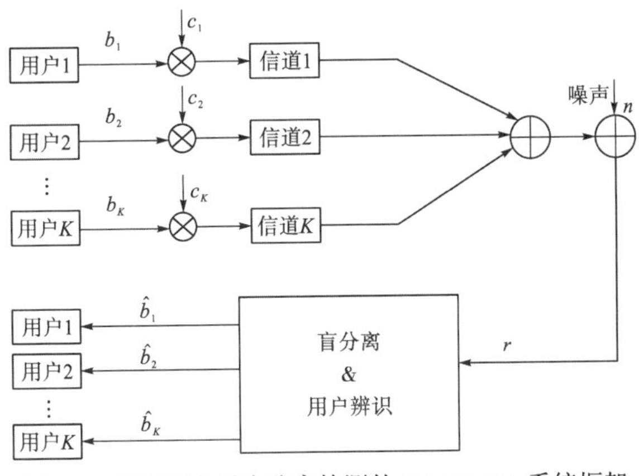


图 2.1 基于盲自适应分离检测的 DS-CDMA 系统框架

### 2.1.3.1 基于广义协方差的盲分离方法

考虑上述基于盲源分离的 DS-CDMA 系统模型，可以重写为

$$\boldsymbol{r}(m)=\boldsymbol{G}\boldsymbol{b}(m)+\boldsymbol{n}(m)\quad(m=1,\cdots,M) \tag{2-8}$$

从盲源分离的观点来看，随机向量$\boldsymbol{r}(m)$表示观测信号；随机向量$\boldsymbol{b}(m)$相当于未知的源信号；$\boldsymbol{n}(m)$表示高斯白噪声。未知的混合矩阵描述了信源在观测信号中混合方式的特征。盲源分离的目的是依据源信号的非高斯性和统计独立性，从观测的混合信号中估计混合矩阵$\boldsymbol{G}$和恢复源信号。从 DS-CDMA 系统单天线/传感器接收的观点来看，为了建立标准盲分离接收模型，源信号数$K$至多是$C$，即$K\leqslant C$。换种说法，即混合矩阵$\boldsymbol{G}$是列满秩的。式(2-8)是超定或正定盲分离模型。在盲分离执行步骤中，通常使用白化处理将式(2-8)转换为如下表达：

$$\begin{aligned}\tilde{\boldsymbol{r}}(m)&=\boldsymbol{Q}\boldsymbol{r}(m)\\&=\tilde{\boldsymbol{G}}\boldsymbol{b}(m)+\tilde{\boldsymbol{n}}(m)\end{aligned} \tag{2-9}$$

这里的$\boldsymbol{Q}$是一个白化矩阵，将在下一小节给出它的推导。白化处理后，可以得到$\tilde{\boldsymbol{r}}(m)$是$K\times1$的列向量，$\tilde{\boldsymbol{G}}$是$K\times K$矩阵和$\tilde{\boldsymbol{n}}(m)$是$K\times1$的列向量。下面，将说明基于广义协方差矩阵实现盲分离的原理。

设$\boldsymbol{u}$表示任意选定的处理点向量。观测向量的广义特征函数和广义第二特征函数分别定义如下：

$$\phi_{\tilde{r}}(\boldsymbol{u})\triangleq E\left\{\exp\left[\boldsymbol{u}^{\mathrm{T}}\tilde{\boldsymbol{r}}(m)\right]\right\} \tag{2-10}$$

$$\varphi_{\tilde{r}}(\boldsymbol{u}) \triangleq \log\left[\phi_{\tilde{r}}(\boldsymbol{u})\right] \tag{2-11}$$

式中，$E(\cdot)$表示期望运算。将$\tilde{\boldsymbol{r}}(m)$的表达式代入上述式(2-10)中(暂不考虑噪声项，后面仿真实验中加入噪声)，可以得到

$$\phi_{\tilde{r}}(\boldsymbol{u}) = E\left\{\exp\left[\boldsymbol{u}^{\mathrm{T}}\tilde{\boldsymbol{G}}\boldsymbol{b}(m)\right]\right\} = \phi_b\left(\tilde{\boldsymbol{G}}^{\mathrm{T}}\boldsymbol{u}\right) \tag{2-12}$$

考虑到源信号的统计独立性，广义的第二特征函数可以写为如下形式[7, 15]：

$$\varphi_{\tilde{r}}(\boldsymbol{u}) = \varphi_b\left(\tilde{\boldsymbol{G}}^{\mathrm{T}}\boldsymbol{u}\right) = \sum_{i=1}^{K}\varphi_{b_i}\left(\tilde{\boldsymbol{g}}_i^{\mathrm{T}}\boldsymbol{u}\right) \tag{2-13}$$

这里的$\tilde{\boldsymbol{g}}_i$是矩阵$\tilde{\boldsymbol{G}}$的列向量。可以通过计算$\varphi_{\tilde{r}}(\boldsymbol{u})$关于$\boldsymbol{u}$的二阶导数得到广义协方差矩阵，表示为$\boldsymbol{\Psi}_{\tilde{r}}(\boldsymbol{u})$。具体的广义协方差矩阵表示如下[7,9,15]，详细的推导见附录 A。

$$\boldsymbol{\Psi}_{\tilde{r}}(\boldsymbol{u}) = \tilde{\boldsymbol{G}}\boldsymbol{\Psi}_b\left(\tilde{\boldsymbol{G}}^{\mathrm{T}}\boldsymbol{u}\right)\tilde{\boldsymbol{G}}^{\mathrm{T}} \tag{2-14}$$

其中计算导数公式如下：

$$\boldsymbol{\Psi}_{\tilde{r}}(\boldsymbol{u}) = \nabla_{\boldsymbol{u}^{\mathrm{T}}}\left[\nabla_{\boldsymbol{u}}\varphi_{\tilde{r}}(\boldsymbol{u})\right] = \frac{\partial}{\partial\boldsymbol{u}^{\mathrm{T}}}\left[\frac{\partial\varphi_{\tilde{r}}(\boldsymbol{u})}{\partial\boldsymbol{u}}\right] \tag{2-15}$$

值得注意的是，由广义协方差矩阵的性质知，$\boldsymbol{\Psi}_b\left(\boldsymbol{G}^{\mathrm{T}}\boldsymbol{u}\right)$是一个对角矩阵(见附录 B 中推导证明其对角性)。在一个正定的盲分离模型中，源信号的分离是通过分离矩阵(混合矩阵的逆或伪逆)乘混合信号实现的。混合矩阵的估计通过近似联合对角化一系列广义协方差矩阵得到。具体的步骤是选定$L$个处理点$\{u_1,u_2,\cdots,u_L\}$，可以构建一系列广义协方差矩阵的核方程式(2-14)。混合矩阵的估计问题转换为如下的一个联合对角化问题：

$$\min_{\tilde{\boldsymbol{G}}}\sum_{i=1}^{L}\left\|\boldsymbol{\Psi}_{\tilde{r}}(\boldsymbol{u}_i) - \tilde{\boldsymbol{G}}\boldsymbol{\Psi}_b\left(\tilde{\boldsymbol{G}}^{\mathrm{T}}\boldsymbol{u}_i\right)\tilde{\boldsymbol{G}}^{\mathrm{T}}\right\|_{\mathrm{F}}^2 \tag{2-16}$$

这里的$\|\cdot\|_{\mathrm{F}}^2$表示 Frobenius 范数的平方。在盲源分离中，对角矩阵$\boldsymbol{\Psi}_b\left(\boldsymbol{G}^{\mathrm{T}}\boldsymbol{u}\right)$包含源信号的统计或结构性质。目标矩阵$\boldsymbol{\Psi}_{\tilde{r}}(\boldsymbol{u})$通常指关于观测混合的相似矩阵。$\boldsymbol{\Psi}_b\left(\boldsymbol{G}^{\mathrm{T}}\boldsymbol{u}\right)$的对角性质是辨识混合的关键条件，形成了联合对角化问题。本书采用 WEDGE①联合对角化算法[16]去最小化上述的代价函数，求混合矩阵或分离矩阵。当然也可以采用更新的联合对角化算法来优化上述代价函数，具体的联合对角化算法详见本章参考文献[16]～[18]。

#### 2.1.3.2 广义协方差矩阵的估计

在实际应用中，广义协方差矩阵$\boldsymbol{\Psi}_{\tilde{r}}(\boldsymbol{u})$是由随机变量的采样值估计的。观测向量的广义特征函数可以估计为

① WEDGE: Weighted exhaustive diagonalization with Gauss iterations，高斯迭代算子加权对角化。

$$\phi_{\tilde{r}}(\boldsymbol{u})=\frac{1}{M}\sum_{m=1}^{M}\exp\left[\boldsymbol{u}^{\mathrm{T}}\tilde{\boldsymbol{r}}(m)\right] \tag{2-17}$$

同样地，广义特征函数的一阶导数和二阶导数可以计算如下：

$$\Gamma_{\tilde{r}}(\boldsymbol{u})\triangleq\frac{\partial\phi_{\tilde{r}}(\boldsymbol{u})}{\partial\boldsymbol{u}}=\frac{1}{M}\sum_{m=1}^{M}\exp\left[\boldsymbol{u}^{\mathrm{T}}\tilde{\boldsymbol{r}}(m)\right]\tilde{\boldsymbol{r}}(m) \tag{2-18}$$

$$\Xi_{\tilde{r}}(\boldsymbol{u})\triangleq\frac{\partial^2\phi_{\tilde{r}}(\boldsymbol{u})}{\partial\boldsymbol{u}\partial\boldsymbol{u}^{\mathrm{T}}}=\frac{1}{M}\sum_{m=1}^{M}\exp\left[\boldsymbol{u}^{\mathrm{T}}\tilde{\boldsymbol{r}}(m)\right]\tilde{\boldsymbol{r}}(m)\tilde{\boldsymbol{r}}(m)^{\mathrm{T}} \tag{2-19}$$

基于上述的分析，容易推导出广义协方差矩阵$\boldsymbol{\Psi}_{\tilde{r}}(\boldsymbol{u})$为

$$\boldsymbol{\Psi}_{\tilde{r}}(\boldsymbol{u})=\frac{\Xi_{\tilde{r}}(\boldsymbol{u})}{\phi_{\tilde{r}}(\boldsymbol{u})}-\frac{\Gamma_{\tilde{r}}(\boldsymbol{u})\Gamma_{\tilde{r}}^{\mathrm{T}}(\boldsymbol{u})}{\phi_{\tilde{r}}^{2}(\boldsymbol{u})} \tag{2-20}$$

式中，$\Xi_{\tilde{r}}(\boldsymbol{u})$表示特征函数二阶导数的估计式。

#### 2.1.3.3 盲用户分离检测和盲扩频码估计

首先考虑DS-CDMA系统中盲用户分离检测问题，在进行盲分离工作前，一般先执行白化处理，目的是简化盲分离工作和抑制噪声。使用矩阵模型式(2-7)，白化处理，观测矩阵的自相关描述如下：

$$\begin{aligned}\boldsymbol{R}&=E(\boldsymbol{X}\boldsymbol{X}^{\mathrm{T}})=\boldsymbol{G}E(\boldsymbol{B}\boldsymbol{B}^{\mathrm{T}})\boldsymbol{G}^{\mathrm{T}}+\sigma^2\boldsymbol{I}\\&=\boldsymbol{U}\boldsymbol{\Sigma}\boldsymbol{U}^{\mathrm{T}}+\sigma^2\boldsymbol{I}\\&=\boldsymbol{U}\left(\boldsymbol{\Sigma}+\sigma^2\boldsymbol{I}\right)\boldsymbol{U}^{\mathrm{T}}\\&=\boldsymbol{U}\boldsymbol{\Lambda}\boldsymbol{U}^{\mathrm{T}}\end{aligned} \tag{2-21}$$

其中$\boldsymbol{\Lambda}=\mathrm{diag}(\lambda_1,\lambda_2,\cdots,\lambda_C)=\mathrm{diag}\left(\sigma_1^2+\sigma^2,\sigma_2^2+\sigma^2,\cdots,\sigma_K^2+\sigma^2,\sigma^2,\cdots,\sigma^2\right)$；$E\left[\boldsymbol{B}\boldsymbol{B}^{\mathrm{T}}\right]=\boldsymbol{\Sigma}$；$\sigma_i^2,i=1,2,\cdots$；$K$是信号子空间的特征值，是$\boldsymbol{R}$的$K$个降序排列的特征值。$\boldsymbol{I}$表示适度维数的单位矩阵。$\sigma^2$是噪声方差。在DS-CDMA系统中，活动用户数$K$是已知的。噪声方差可以估计为

$$\sigma^2\approx(\lambda_{K+1}+\cdots+\lambda_C)/(C-K),C>K \tag{2-22}$$

信号子空间对应的特征值可以估计为

$$\sigma_i^2=\lambda_i-\sigma^2\,(i=1,2,\cdots,K)$$

而且，

$$\boldsymbol{R}=[\boldsymbol{U}_B\quad\boldsymbol{U}_N]\begin{bmatrix}\underbrace{\boldsymbol{\lambda}_B+\sigma^2\boldsymbol{I}}_{K\times K}&0\\0&\underbrace{\sigma^2\boldsymbol{I}}_{(C-K)\times(C-K)}\end{bmatrix}\begin{bmatrix}\boldsymbol{U}_B^{\mathrm{T}}\\\boldsymbol{U}_N^{\mathrm{T}}\end{bmatrix} \tag{2-23}$$

式中，$\boldsymbol{U}_B$是$C\times K$维矩阵，含正则化的信号特征向量。$\boldsymbol{U}_N$是$C\times(C-K)$的矩阵，含噪声特征向量。$\boldsymbol{\lambda}_B=\mathrm{diag}\left(\sigma_1^2,\cdots,\sigma_K^2\right)$。通过上面的子空间分析，可以很方便地执行白化处理，观测矩阵$\boldsymbol{X}$可以被压缩为$\tilde{\boldsymbol{X}}$，即

$$\begin{aligned}\tilde{\boldsymbol{X}}&=\boldsymbol{Q}\boldsymbol{X}=\boldsymbol{\lambda}_B^{-1/2}\boldsymbol{U}_B^{\mathrm{T}}\left(\boldsymbol{G}\boldsymbol{B}+\boldsymbol{N}\right)\\&=\tilde{\boldsymbol{G}}\boldsymbol{B}+\tilde{\boldsymbol{N}}\end{aligned} \tag{2-24}$$

模型方程式(2-24)是一个白化后的盲源分离模型，$\boldsymbol{Q}=\boldsymbol{\lambda}_B^{-1/2}\boldsymbol{U}_B^{\mathrm{T}}$是一个白化处理矩阵。当式(2-16)的联合对角化问题最小化得到分离矩阵$\boldsymbol{W}$，盲用户分离检测可以通过下式实现：

$$\hat{\boldsymbol{B}}=\operatorname{sign}\left(\boldsymbol{W}\tilde{\boldsymbol{X}}\right) \tag{2-25}$$

理想情况下，存在关系$\boldsymbol{W}\tilde{\boldsymbol{G}}=\boldsymbol{I}$。实际中，在盲源分离中存在一个固有的模糊不确定问题。因此，$\boldsymbol{V}=\boldsymbol{W}\tilde{\boldsymbol{G}}$不是一个单位矩阵而是一个广义置换矩阵。模糊不确定问题包含了幅度和次序不确定性。幅度的不确定问题，可以通过设定源信号矩阵的协方差矩阵$E\left(\boldsymbol{B}\boldsymbol{B}^{\mathrm{T}}\right)=\boldsymbol{I}$来消除，在经过白化处理后，这个条件是很容易满足的；次序的不确定可以基于下面的原则来得以解决。

恢复的源信号可以表示为

$$\hat{\boldsymbol{B}}=\boldsymbol{W}\tilde{\boldsymbol{G}}\boldsymbol{B}=\boldsymbol{V}\boldsymbol{B} \tag{2-26}$$

由上述已知，$\boldsymbol{V}$是一个广义置换矩阵或称为全局矩阵，它的各列有且仅含一个非零元素，它的绝对值为1。值得注意的是，可以得到

$$E\left(\hat{\boldsymbol{B}}\boldsymbol{B}^{\mathrm{T}}\right)=\boldsymbol{V}E\left(\boldsymbol{B}\boldsymbol{B}^{\mathrm{T}}\right) \tag{2-27}$$

其中，$\boldsymbol{V}$矩阵可以通过求分离的信号矩阵$\hat{\boldsymbol{B}}$和源信号$\boldsymbol{B}$的互相关矩阵来估计得到。只要得到估计的$\tilde{\boldsymbol{V}}$，源信号的正确次序便可以得到，表示如下：

$$\boldsymbol{B}=\tilde{\boldsymbol{V}}^{\mathrm{T}}\hat{\boldsymbol{B}} \tag{2-28}$$

使用如下表 2.1 所示的步骤克服次序不确定问题，这里假设各个用户传输一个较短长度的$M_p$的导频序列用于估计。

**表 2.1　次序不确定消除步骤**

| 步骤 |
| --- |
| (a) 标准化导频序列：<br>$\left(1/M_p\right)\sum_{i=1}^{M_p}\boldsymbol{b}(i)\boldsymbol{b}^{\mathrm{T}}(i)=\boldsymbol{I}$； |
| (b) 估计$\boldsymbol{V}$：<br>$\tilde{\boldsymbol{V}}=\left(1/M_p\right)\sum_{i=1}^{M_p}\hat{\boldsymbol{b}}(i)\boldsymbol{b}^{\mathrm{T}}(i)$； |
| (c) 对于矩阵$\tilde{\boldsymbol{V}}$的各列，标准化使绝对最值为 1，其余为 0。表示标准化的全局矩阵为$\bar{\boldsymbol{V}}$； |
| (d) 还原盲分离输出的次序：$\boldsymbol{B}=\bar{\boldsymbol{V}}^{\mathrm{T}}\hat{\boldsymbol{B}}$。 |

下面讨论使用盲分离方法实现盲扩频码序列估计。根据模型式(2-7)，这里暂时不考虑噪声$\boldsymbol{N}$后面仿真实验中加入噪声的影响，可以得到如下表达式：

$$\boldsymbol{X}=\boldsymbol{G}\boldsymbol{B} \tag{2-29}$$

$\boldsymbol{X}$的自相关表示为$\boldsymbol{R}_X$，$\boldsymbol{R}_X$执行奇异值分解为

$$\boldsymbol{R}_X=\boldsymbol{U}\boldsymbol{D}\boldsymbol{U}^{\mathrm{T}} \tag{2-30}$$

设定$\boldsymbol{U}_B \in \boldsymbol{R}^{C\times K}$表示由$K$个信号特征值对应的特征向量，那么由$\boldsymbol{U}_B^{\mathrm{T}} \in \boldsymbol{R}^{K\times C}$的列向量扩展的空间属于$\boldsymbol{G}^{\mathrm{T}}$的列向量扩展空间。在$\boldsymbol{U}_B^{\mathrm{T}}$和$\boldsymbol{G}^{\mathrm{T}}$之间存在一个变换关系，如果设这个变换矩阵为$\boldsymbol{A}$，那么可以建立如下线性瞬时盲分离模型：

$$\boldsymbol{U}_B^{\mathrm{T}} = \boldsymbol{A}\boldsymbol{G}^{\mathrm{T}} \tag{2-31}$$

其中矩阵$\boldsymbol{A}$表示线性变换矩阵，相当于盲源分离中的混合矩阵，$\boldsymbol{G}^{\mathrm{T}}$是源信号矩阵，$\boldsymbol{U}_B^{\mathrm{T}}$是观测矩阵。因此，可以使用盲分离估计矩阵$\boldsymbol{G}^{\mathrm{T}}$。假设$\boldsymbol{Y}$表示分离的信号，在经过盲分离处理得到$\boldsymbol{Y}$后，硬判决得到

$$\hat{\boldsymbol{G}}^{\mathrm{T}} = \mathrm{sign}(\boldsymbol{Y}) \tag{2-32}$$

从式(2-32)中可以估计出扩频码序列为$\hat{\boldsymbol{G}} = [\tilde{c}_1, \cdots, \tilde{c}_K]_{C\times K}$。归纳总结本节提出方法的步骤，如表2.2所示：

**表2.2 DS-CDMA系统盲自适应接收处理步骤**

| |
|---|
| (a)观测模型方程的白化处理：使用式(2-21)和式(2-24)； |
| (b) $\boldsymbol{u}_i, i = 1,2,\cdots,L$ 初始化值，随机来自[-1, 1]范围； |
| (c)白化处理后信号的广义协方差矩阵估计：使用式(2-20)； |
| (d)执行 WEDGE 联合对角化算法最优化式(2-16)求分离矩阵； |
| (e)使用分离矩阵估计DS-CDMA用户信号：使用式(2-25)；使用式(2-27)和式(2-28)消除次序不确定性问题； |
| (f)基于模型方程式(2-7)使用式(2-30)、式(2-31)、式(2-32)估计DS-CDMA扩频码序列。 |

#### 2.1.3.4 性能分析

本小节内容主要是评估所提算法与常规方法(具体见仿真分析)和基于高阶统计的JADE算法的性能。由于广义协方差矩阵具有高阶统计特征，对高斯噪声不敏感。因此，所提方法与常规的方法相比可以在噪声环境中改善系统性能。另外，所提算法使用了“混合统计”(二阶统计和高阶统计)的方式提取统计信息，可以获得更完美估计的统计信息，在信号的采样值较少(不充足时)比单纯的基于高阶统计提取统计信息的JADE算法具有明显的优势。此外，JADE算法的原理是联合对角化估计的四阶累积量特征矩阵，所提算法的原理是联合对角化估计的广义协方差矩阵。从计算复杂度来看，累积量需要计算第二特征函数的四阶导数，而广义协方差矩阵只需计算二阶导数。JADE 和所提算法的计算复杂度分别近似为$O(K^4M)$和$O(K^3M)$。因而，可以知道新方法计算复杂度较低，并且能够从观测信号的采样中提取更为完善的统计信息[7, 8]。因此，可以推断所提方法可以得到改善算法的性能。

为了进一步执行评测性能，采用ISR性能指标进行相关的数学分析。ISR指标是通过计算实际的混合矩阵乘以估计的混合矩阵的逆，再平均各行最小到最大功率比的值。具体地说，如果定义$\boldsymbol{V} = \boldsymbol{W}\tilde{\boldsymbol{G}}$为全局矩阵，那么$\mathrm{ISR}_{ij} \triangleq E(\boldsymbol{V}_{ij}^2)$是表示源$j$对在重构源$i$的影响[16]。因而，在一个非混合条件$\tilde{\boldsymbol{G}} = \boldsymbol{I}_K$下，容易得到$\mathrm{ISR}_{ij} \approx E(\boldsymbol{W}_{ij}^2)$。JADE算法的ISR性能可以表示如下[9, 19]：

$$\mathrm{ISR}_{ij}^{\mathrm{JADE}} \approx \frac{1}{M}\frac{\kappa_j^4+\kappa_i^2+\kappa_j^2}{\left(\kappa_j^2+\kappa_i^2\right)} \tag{2-33}$$

同样地，考虑一个对角结构（$\tilde{\boldsymbol{G}}=\boldsymbol{I}_K$），可以近似得到提出算法的 ISR 性能，表示如下：

$$\mathrm{ISR}_{ij}^{\mathrm{Proposed}} \approx \frac{1}{M}\frac{\kappa_j^2}{\kappa_j^2+\kappa_i^2+\kappa_i^2\kappa_j^2} \tag{2-34}$$

这里的 $\kappa_i$ 和 $\kappa_j$ 分别是未知的第 $i$ 个用户和第 $j$ 个用户的统计矩参数。为了简单起见，又不失一般性，信源设定来自均匀分布。假设 $\kappa_i=\kappa_j=\kappa$，定义 ISR 比值来评估性能，可以得到

$$\eta=\mathrm{ISR}_{ij}^{\mathrm{Proposed}}\big/\mathrm{ISR}_{ij}^{\mathrm{JADE}}=\frac{4\kappa^6}{4\kappa^4+4\kappa^6+\kappa^8}=\frac{1}{1+\kappa^{-2}+\kappa^2/4}\leqslant\frac{1}{2} \tag{2-35}$$

基于上述的分析，可以得到 $\mathrm{ISR}_{ij}^{\mathrm{Proposed}}<\mathrm{ISR}_{ij}^{\mathrm{JADE}}$。ISR 性能与采样数 $M$ 成反比。ISR 性能的意义是，ISR 值越小，$\boldsymbol{V}$ 矩阵越近似为一个广义的置换矩阵，分离的性能越好。我们可以得知，所提算法优于 JADE，其 ISR 随着采样数的增加而性能随之改善。下面结合仿真实验，说明 DS-CDMA 系统在所提算法辅助下的分离检测性能，验证上述分析的结果。

### 2.1.4 仿真实验分析

本小节进行仿真实验分析，验证所提算法在 DS-CDMA 系统中的自适应处理的有效性能。DS-CDMA 系统的仿真实验基本设置为用户数 $K=4$，扩频码长 $C=31$，采用 Gold 序列作为扩频码，调制方式 BPSK。其他不同的参数设置，将在下面的分析中说明。仿真实验分析盲分离的 ISR 数值计算性能和误码率性能，用于评估 DS-CDMA 系统盲分离检测及其估计性能。仿真实验结果如图 2.2 至图 2.6 所示。仿真结果表明，在 ISR、BER 和扩频码估计性能方面评估，所提的方法在较短采样和较低信噪比条件下具有较好的性能优势。

ISR 性能的数值计算表达式为

$$\mathrm{ISR}_{\mathrm{num}}=\frac{1}{2K}\left[\sum_{i=1}^{K}\left(\sum_{j=1}^{K}\frac{\left|v_{ij}\right|^2}{\max_j\left|v_{ij}\right|^2}-1\right)+\sum_{j=1}^{K}\left(\sum_{i=1}^{K}\frac{\left|v_{ij}\right|^2}{\max_i\left|v_{ij}\right|^2}-1\right)\right] \tag{2-36}$$

其中 $\boldsymbol{V}=\left(v_{ij}\right)=\boldsymbol{W}\tilde{\boldsymbol{G}}$ 是全局矩阵，$\boldsymbol{W}=\tilde{\boldsymbol{G}}^{-1}$ 是估计的分离矩阵。图 2.2 中，考虑不同采样长度条件下的分离性能，对比了基于四阶累积量 JADE 算法的性能。其他不同参数见图 2.2 中标注。由图 2.2 性能曲线可知，所提算法优于 JADE 算法，具有较低的 ISR 性能。从原理上来说，容易解释图 2.2 中所显示的性能，因为所提算法是基于广义协方差矩阵的，广义协方差矩阵包含较为完善的统计信息，可以增

强分离性能，而 JADE 是基于四阶累积量的，累积量的估计易受采样长短的影响造成估计的偏差，从而影响分离性能。

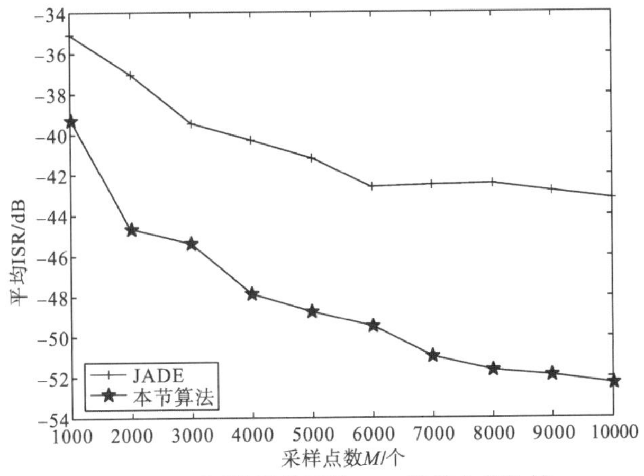

图 2.2 不同算法的平均 ISR 性能曲线比较

下面仿真分析 DS-CDMA 系统中用户信号分离检测的误码率性能，设置 4 用户信道衰落因子分别为[1, 0.8, 0.2, 0.05]，采样长度 $M$ =1000 个点，执行 10 次仿真实验。由图 2.3 性能曲线可知，在较低信噪比条件-5dB～0dB 时，本节所提算法具有较好的误码率性能，而当信噪比条件大于 0dB 时，两个算法的性能相似。由于广义协方差具有混合统计的特性，含有二阶和高阶的统计特性，可以增强算法的分离性能。而 JADE 算法会受到在较短采样数条件下提取高阶统计信息不完善(存在误差)的影响，致使其在低信噪比情况下分离性能表现较差。综合图 2.2 和图 2.3 结果可知，当采样数较少和接收信噪比较低时，本节算法优于 JADE 算法。

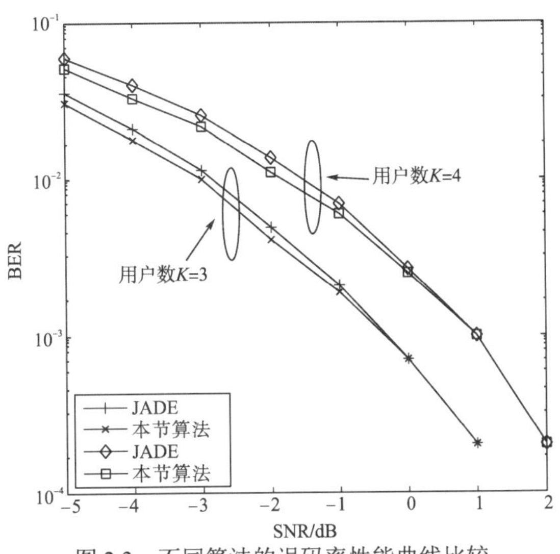

图 2.3 不同算法的误码率性能曲线比较

下面仿真分析对比 DS-CDMA 系统常规方法与盲分离方法的误码率性能。常规的方法包括解相关(DEC)、匹配滤波(MF)、最小均方误差(MMSE)、并行干扰消除(PIC)和串行干扰消除(SIC)。设置 4 用户信道衰落因子分别为[1, 0.8, 0.2, 0.05]，采样长度是 $M$=1000 个点，执行 10 次仿真实验。不同的参数标注见图 2.4 所示。根据图 2.4 所示结果，可以知道在较低信噪比条件下盲分离方法优于常规的方法，而且所提方法优于 JADE 算法。这样的性能归因于盲分离方法使用了高阶统计特性，对噪声具有抑制作用。

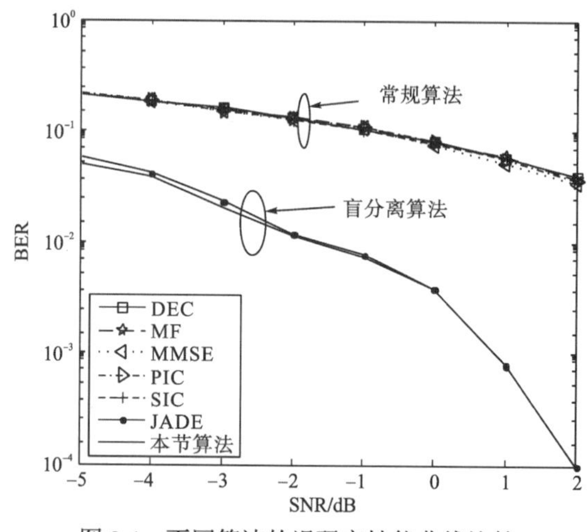


图 2.4　不同算法的误码率性能曲线比较

最后，仿真分析了盲扩频码序列的估计。仿真参数考虑 64 位的 Walsh 码，其他参数与上述相同。不同的参数设置，见图 2.5(SNR=−8dB)和图 2.6 中的具体标注。

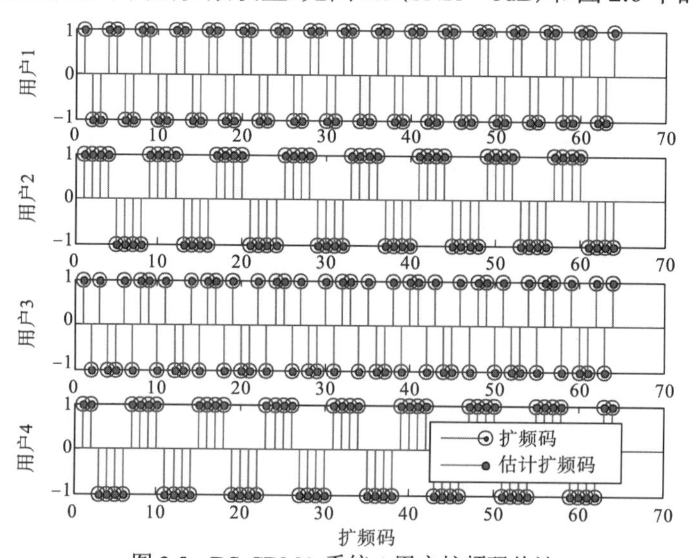


图 2.5　DS-CDMA 系统 4 用户扩频码估计

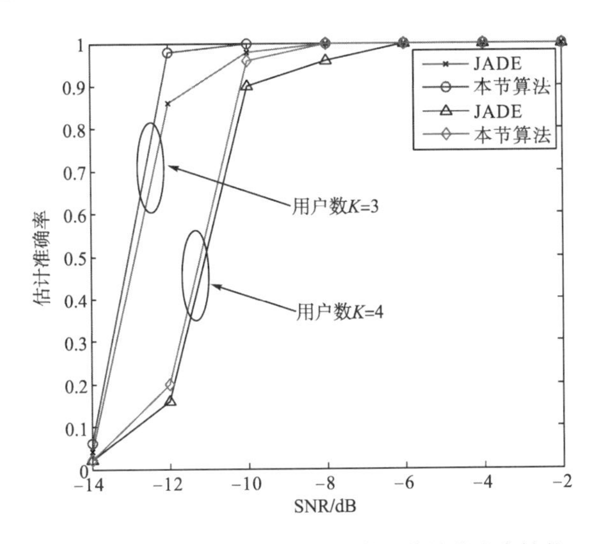


图 2.6 不同信噪比条件下的扩频码估计准确度性能

从图 2.5 和图 2.6 的结果可推知，扩频码序列可以在较低信噪比条件下被估计出来。从图 2.6 可知，本节所提算法具有更高的估计准确率，优于经典的 JADE 算法。综上仿真分析，可知本节所提算法在较低信噪比条件下具有较高估计扩频码的准确度，能够满足低信噪比条件下分离检测 DS-CDMA 系统用户信息的需求。

图 2.7 说明了不同用户数条件下的扩频码盲估计性能，由所示的性能曲线可以得知，随着用户数的增加，扩频码估计的准确度性能随之下降。产生这样的性能，可以从两方面解释说明：一方面，用户数增加会造成更大的多址干扰，影响估计性能；另一方面，用户数增加，从盲分离处理来看，会造成分离处理中矩阵维数增加，影响分离性能，进而造成扩频码估计性能的下降。

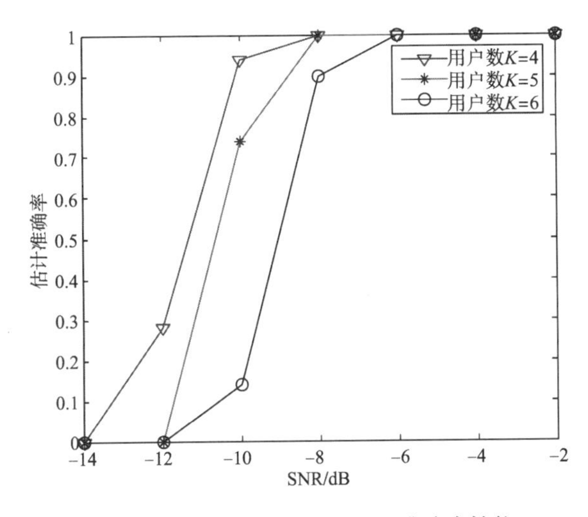


图 2.7 不同用户数扩频码估计准确度性能

## 2.2 基于二阶锥规划的DS-CDMA盲多用户分离检测方法

本节提出一种强健的DS-CDMA盲多用户检测方法，用于对抗系统中的特征序列波形不匹配(signature waveform mismatch，SWM)问题[20-22]，造成此问题的原因主要是时间异步和信道衰落。本节将特征序列波形不匹配条件下的盲检测问题表述为带二阶锥规划的盲源分离问题。对于该盲信号分离问题，采用拟牛顿迭代近似负熵最大化的方法解决。研究理论和仿真分析结果表明，提出的盲检测方法优于现存的DS-CDMA盲多用户检测方法。

### 2.2.1 研究背景

盲源分离技术放宽了对先验信息的需求，可以仅从接收的混合信号中恢复出期望信息，在无线通信系统的盲分离检测方面起到了重要的作用[9]。基于盲源分离的DS-CDMA系统盲分离检测研究，在解决卫星通信方面的抗干扰问题意义重大。在无线通信盲分离研究方面，基于源信号独立性的独立成分分析尤为突出，已经发展了众多的基于ICA的盲处理方法，改善了系统的接收性能。借助ICA技术，观测的混合信号可以分解为有意义的独立源信号，进而可以将感兴趣的源信号提取或分离出来[1-14, 20, 22]。

ICA技术用于DS-CDMA系统的接收，具有以下原因[9]：首先，ICA是一个对抗远近效应的接收方法，能够抵抗强干扰，因为ICA只需源信号是统计独立的，它们的强度是允许不同的；其次，ICA能够强健地抵抗参数估计误差，因为ICA是盲属性的，不需要系统参数的准确信息；再次，ICA技术能够与现存的接收机结构结合建立混合的接收机结构，此种结合能够明显地改善系统接收性能；最后，使用ICA技术，DS-CDMA的频谱效率可以得到提高，避免了(长)导频序列的使用。也就是说，盲检测器既可以避免使用训练序列，又可以防止信号吞吐量的丢失。因此，盲检测器对于未来高频谱效率的无线通信系统具有很大的吸引力。

盲多用户检测又称为共信道盲干扰抑制或盲干扰消除，它在信道遭遇时变多径衰落和多址干扰时具有重要的应用。现存的DS-CDMA盲多用户检测方法大致可以分为三类[9, 22]：第一类是基于准确的信道信息或感兴趣用户的信号波形的盲检测器(方法)。例如，基于线性最小均方误差(linear minimum mean square error，LMMSE)的约束最小输出能量(constraint minimum output energy，CMOE)盲检测器[23]。然而，在实际情况中，完全准确的信道参数信息估计是无法传送到接收机的，会导致系统性能下降。另外由于信道和数据相关矩阵估计误差的存在，也会造成盲检测器性能的下降。

第二类是基于子空间的盲检测器。此类盲检测器一般是通过对接收信号的二阶统计协方差矩阵使用特征值分解实现的。然而，这种类型的盲检测器，信号和噪声子空间的正交性会受到相关噪声子空间的严重影响，造成性能的下降[24, 25]。

第三类是基于 ICA 的盲检测器，也称为基于 ICA 的接收机[1-14]。基于 ICA 接收机的依据是源信号的独立性和非高斯性。在众多的基于 ICA 的接收机中，基于近似负熵最大化的FastICA和基于四阶累积量的JADE常用于执行盲分离工作[7-14]。对于基于 ICA 的盲检测方法，两个主要问题即内部干扰消除和外部干扰消除，得到了众多研究者的关注。在外部干扰消除问题中，把 DS-CDMA 信号和外部干扰看作是相互独立的，然后建模为基于两个接收天线的 ICA 模型，借助 ICA 盲分离算法抑制干扰，分离出 DS-CDMA 信号，最后对 DS-CDMA 信号采用常规的检测方式进行期望用户信息提取。对于内部干扰消除问题，把接收的 DS-CDMA 信号建模为一个 ICA 的模型，用盲分离抑制多址干扰，实现各个用户的分离检测。

然而，ICA 技术具有一个固有的模糊不确定性问题[7-9]。任何 ICA 方法都会存在这个不确定性特性，只能估计出一系列的独立源信号，但是这些信号的次序是不确定的。因此，将基于 ICA 的接收机直接应用(FastICA 或 JADE)去执行分离工作，得不到有意义的源信号。为了克服这个问题，相关文献提出了 ICA 与现存的接收机如 MMSE、RAKE 等相融合的方法，形成了 MMSE-ICA 和 RAKE-ICA 检测方法。这两种检测方法是通过选择恰当的初始迭代点来修正基于拟牛顿迭代的 FastICA 算法实现的。还有一些文献提出发短导频或通过期望用户的扩频码约束来实现消除 ICA 分离的不确定性问题。上述基于 ICA 的检测方法的分析，首先需要执行中心化和白化处理，然后选择适当的点初始化迭代得到最优的分离滤波向量。然而这些基于 ICA 的检测方法对色噪声比较敏感，会导致系统性能的下降。原因是基于特征向量投影的白化处理不能解相关混合信号。同样的，基于二阶统计的盲检测方法在色噪声环境中将失效，因为一些相关噪声的子空间将破坏信号子空间的正交性，尤其在较低信噪比条件下破坏性更大。

Cui 提出了一个基于二阶锥(second-order cone，SOC)规划的强健盲多用户检测方法，用于 DS-CDMA 系统中解决特征序列波形不匹配问题[21]。该方法将二阶锥规划融入 JADE 盲源分离算法，形成 SOC-JADE 检测方法。SOC-JADE 具有强健的抗波形不匹配和抗色噪声的能力，但是此算法具有较高的复杂度。考虑到当 DS-CDMA 系统中用户数较大时，分离工作太耗时不能适应通信中实时性的要求。因此，基于上述的分析，考虑设计低复杂度的强健盲多用户检测器，用于实际应用中的实时抗干扰。

本小节提出了一种将二阶锥规划基于近似负熵最大化的盲多用户检测方法，不仅可以克服基于 ICA 的接收机中分离次序不确定性问题，而且具有较低的复杂度。研究理论和仿真分析表明，所提盲多用户检测方法具有较优越的性能。

### 2.2.2 系统模型分析

DS-CDMA 信号的特征是用户在时域和频域是不可分的，各个用户使用各自的扩频码(或特征序列)扩展自身的窄带信息传输。扩频码是用户唯一的标识，可以辨识各个用户。接收机端得到的时域信号可以表示为[9, 20]

$$y(t)=\sum_{i=-M}^{M}\sum_{k=1}^{K}A_k b_k(i)s_k(t-iT-\tau_k)+\sigma n(t) \tag{2-37}$$

其中，$y(t)$ 表示接收的信号；$A_k$ 表示第 $k$ 用户的信号幅度或信道衰落因子；$b_k(i)$ 是第 $k$ 个用户发送的第 $i$ 个数据符号；$s_k(t)$ 表示第 $k$ 个用户信道中确定的序列波形；$T$ 是符号周期；$\tau_k$ 是第 $k$ 个用户的相对时偏；$\sigma$ 是噪声功率谱密度；$n(t)$ 是加性高斯白噪声。$K$ 和 $2M+1$ 是用户数和观测符号数。设定各用户的数据符号是独立同分布的。

考虑一个 DS-CDMA 系统模型，将信道失真或时间异步的影响建模为序列波形不匹配问题。一个符号周期的 DS-CDMA 模型可以简化表示如下：

$$y(t)=\sum_{k=1}^{K}A_k b_k s_k(t)+\sigma n(t) \tag{2-38}$$

采用码片率采样，$C$ 个相等间隔的采样值来自连续的时间周期 $T$。接收的第 $m$ 符号的接收信号 $\boldsymbol{y}(m)$ 是一个 $C\times1$ 的向量，可以表示为

$$\begin{aligned}\boldsymbol{y}(m)&=\sum_{k=1}^{K}A_{k,m}b_k(m)\boldsymbol{s}_k+\sigma\boldsymbol{n}(m)\\&=\sum_{k=1}^{K}A_k b_k(m)\boldsymbol{s}_k+\sigma\boldsymbol{n}(m)\end{aligned} \tag{2-39}$$

这里的 $\boldsymbol{s}_k$ 是 $C\times1$ 的向量，表示第 $k$ 个用户的特征序列，$\boldsymbol{n}(m)$ 是 $C\times1$ 的高斯噪声向量。设定用户的信号或信道衰落因子在 $M$ 个采样值间是不变的，即 $A_{k,m}=A_k$。在接下来的方法说明中，用户 1 设为期望用户，它的特征序列码是已知的，这样的假设是合理的，例如，在 DS-CDMA 下行链路中，被检测用户的特征序列码的先验信息是事先已知的。

### 2.2.3 基于二阶锥规划的 DS-CDMA 盲多用户检测

本小节介绍基于二阶锥规划的 DS-CDMA 盲多用户检测方法，首先结合上一小节的模型分析一下基于 ICA 的盲检测器原理，然后对 DS-CDMA 盲多用户检测器进行研究。

#### 2.2.3.1 基于 ICA 的盲检测原理

本小节介绍基于 ICA 的 DS-CDMA 盲检测器原理。图 2.8 是一个基于 ICA

的 DS-CDMA 盲检测器框图，接收的 DS-CDMA 信号可以建模为一个观测混合信号的盲信号分离模型，信道影响可以等效于盲分离模型中混合矩阵对源信号的影响。基于此观点，可以使用基于 ICA 的盲分离技术从接收的混合信号中分离或提取源信号。考虑接收模型式(2-39)，基于 ICA 的线性瞬时盲源分离模型可以按如下推导得到[9]，即

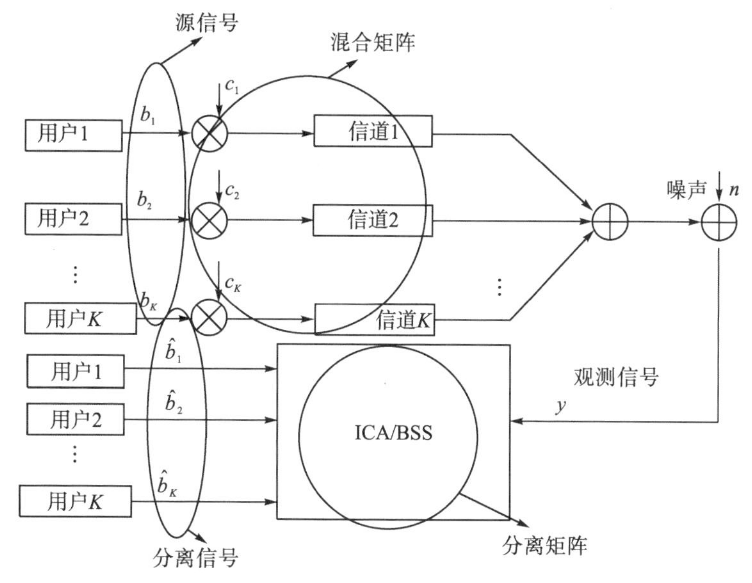


图 2.8 基于 ICA 的 DS-CDMA 盲检测器框图

$$y(m)=A_1b_1(m)\begin{bmatrix}s_{1,1}\\s_{2,1}\\\vdots\\s_{C,1}\end{bmatrix}+\cdots+A_kb_k(m)\begin{bmatrix}s_{1,K}\\s_{2,K}\\\vdots\\s_{C,K}\end{bmatrix}+\sigma n(m) \tag{2-40}$$

$$y(m)=[s_1,s_2,\cdots,s_K]_{C\times K}\begin{bmatrix}A_1&0&\cdots&0\\0&A_2&\cdots&0\\\vdots&\vdots&\ddots&\vdots\\0&0&\cdots&A_K\end{bmatrix}_{K\times K}\begin{bmatrix}b_1(m)\\b_2(m)\\\vdots\\b_K(m)\end{bmatrix}_{K\times 1}+\sigma n(m)_{C\times 1} \tag{2-41}$$

$$\begin{aligned}y(m)&=[s_1A_1,s_2A_2,\cdots,s_KA_K]b(m)+\sigma n(m)\\&=Gb(m)+\sigma n(m)\end{aligned} \tag{2-42}$$

在基于 ICA 的 DS-CDMA 系统盲检测模型中，$y(m)$ 是第 $m$ 个观测数据向量，$G$ 是一个未知的列满秩矩阵，$b(m)$ 是未知的独立非高斯信号。基于 ICA 盲检测器的目的是仅从观测的混合信号 $y(m)$ 中估计出源信号。估计源信号，需要求一系列向量(或滤波向量) $w_1,w_2,\cdots$，可以表示成分离矩阵 $W=[w_1,w_2,\cdots]$。分离滤波的

源信号估计表示为$\boldsymbol{w}_1^{\mathrm{H}}\boldsymbol{y},\boldsymbol{w}_2^{\mathrm{H}}\boldsymbol{y}\cdots$，即$\boldsymbol{z}=\boldsymbol{W}^{\mathrm{H}}\boldsymbol{y}$表示独立的各个用户分离估计的源信号。ICA 方法是一个统计型方法，一般都是基于高阶统计来形成盲分离代价函数。基于高阶统计的 ICA 算法是一个无监督或神经网络学习型算法，可以通过固定点迭代得到分离向量，进而实现分离。ICA 是基于信号的独立性和非高斯性原则分离的，通过最大化负熵提取分离信号。下面分析最大化负熵的原理，以便后续说明基于 ICA 盲检测的原则。

考虑连续的随机向量$\boldsymbol{z}=[z_1,z_2,\cdots,z_K]^{\mathrm{T}}$概率密度函数$f(\boldsymbol{z})$的微分熵为

$$H(\boldsymbol{z})=-\int f(\boldsymbol{z})\log f(\boldsymbol{z})\mathrm{d}z \tag{2-43}$$

第$k$个随机变量$\boldsymbol{z}_k$是零均值和单位方差的，$k=1,\cdots,K$。负熵可以简单地从微分熵得到，定义为

$$J(\boldsymbol{z})=H(\boldsymbol{z}_{\mathrm{Gauss}})-H(\boldsymbol{z}) \tag{2-44}$$

式中，$\boldsymbol{z}_{\mathrm{Gauss}}$表示高斯随机变量与$\boldsymbol{z}$有相同的协方差矩阵。互信息是随机变量独立性的理论测度。利用负熵的定义，互信息可以表示为

$$I(\boldsymbol{z}_1,\boldsymbol{z}_2,\cdots,\boldsymbol{z}_K)=J(\boldsymbol{z})-\sum_{k=1}^{K}J(\boldsymbol{z}_k) \tag{2-45}$$

其中$J(\boldsymbol{z})$在给定协方差条件下是一常量。式(2-45)中，在单位方差约束条件下的各分量最大负熵的和等效于最小化互信息去估计独立性的原则。因此，可以从式(2-45)中得到，最小化互信息是等效于寻找使负熵最大化的条件。第$k$个信号的负熵可以表示如下[9, 20]：

$$J(\boldsymbol{z}_k)\approx\xi\left\{E\left[G(\boldsymbol{z}_k)\right]-E\left[G(\boldsymbol{v})\right]\right\}^2 \tag{2-46}$$

其中$E[\cdot]$，$G$和$\xi$分别表示期望，任意的非二次函数和常量。$v$表示零均值和单位方差的高斯变量。式(2-46)近似负熵的公式本质上是执行 ICA 的一个代价函数，通过最大近似负熵测量数据序列的非高斯性。最大负熵可以解释为一个独立分量的估计，如果说$J(z_1)$是所有$J(z_k)$中最大的负熵，那么$z_1$有最大的非高斯性。

对于某个分离信号$\boldsymbol{z}_k=\boldsymbol{w}^{\mathrm{H}}\boldsymbol{y}$，可以得到代价函数，表示如下：

$$J(\boldsymbol{z}_k)=E\left[G\left(\left|\boldsymbol{w}^{\mathrm{H}}\boldsymbol{y}\right|^2\right)\right] \tag{2-47}$$

式(2-47)在约束条件$E\left[\left|\boldsymbol{w}^{\mathrm{H}}\boldsymbol{y}\right|\right]=1$下实现最大化，因此，ICA 的分离向量$\boldsymbol{w}$可以通过下面的最优化问题求得：

$$\underset{\boldsymbol{w}}{\mathrm{maximize}}\,E\left[G\left(\left|\boldsymbol{w}^{\mathrm{H}}\boldsymbol{y}\right|^2\right)\right],\mathrm{s.t.}^{①}\ E\left[\left|\boldsymbol{w}^{\mathrm{H}}\boldsymbol{y}\right|^2\right]=1 \tag{2-48}$$

为了得到不同的收敛点，在每次 ICA 迭代处理后使用 Gram-Schmidt 型正交技术去分离各个用户信号。然而，源分离的分离次序是不确定的。尽管期望的分

① subject to 的缩写，中文释义：受约束于。

离权重通过中心化和白化处理可以获得，但是它比较敏感于信道的影响。一般可以利用可获取的信息来解决分离权重分离次序问题，或者间接地选择适当接近ICA的迭代点以及直接使用额外的附加约束来解决此问题。

接下来，通过介绍负熵最大化原则加上额外的二阶锥规划，来增强ICA算法的鲁棒性和克服分离次序不确定性问题。其中，提出的算法可以有效解决由信道衰落引起的特征序列波形不匹配问题，增强DS-CDMA系统的抗干扰能力。

#### 2.2.3.2 基于二阶锥规划的ICA盲检测器

考虑时间延迟和信道衰落的影响因素，实际的特征序列表示为$\tilde{\boldsymbol{s}}_k=\boldsymbol{s}_k+\boldsymbol{e}_k$，其中$\boldsymbol{e}_k$是不匹配残差向量。$\|\boldsymbol{e}_k\|$表示特征序列波形匹配的测度。例如，在时间异步情况下，使用泰勒近似$s(t+\tau)-s(t)$的范围，这里的$\tau$是时间偏差。因此，特征序列波形的不匹配误差可以容易得到为$\|\boldsymbol{e}\|=\|\hat{\boldsymbol{s}}-\boldsymbol{s}\|\leqslant BC\tau$，其中$B$是连续信号波形$s(t)$导数的上界，$C$是扩频因子。在多径环境中，设$L$路径的信道响应为$\boldsymbol{h}$，实际的特征序列为$\hat{\boldsymbol{s}}_k=\boldsymbol{s}_k\otimes\boldsymbol{h}$。因此，可以得到下面的不匹配误差向量：

$$\begin{aligned}\|\boldsymbol{e}_k\|=\|\hat{\boldsymbol{s}}_k-\boldsymbol{s}_k\|&\leqslant\|\boldsymbol{s}_k\otimes\boldsymbol{h}-\boldsymbol{s}_k\|\\&\leqslant\|s_k\otimes(\boldsymbol{h}-\boldsymbol{h}_{\text{ideal}})\|\\&\leqslant\sqrt{L}\|\boldsymbol{h}-\boldsymbol{h}_{\text{ideal}}\|\end{aligned}\tag{2-49}$$

其中$\boldsymbol{h}_{\text{ideal}}$表示理想的信道响应。如果信道具有一个主径分量和较小的多径分量，那么$\|\boldsymbol{h}-\boldsymbol{h}_{\text{ideal}}\|$的值较小。假设用户1是期望用户，它的特征序列表示为$\boldsymbol{s}_1$，设定期望信号的不匹配误差向量$\boldsymbol{e}_1$限制在$\delta>0$的范围内，即$\|\boldsymbol{e}_1\|\leqslant\delta$。$\delta$的值可以通过例如式(2-49)估计。实际中，特征序列$\hat{\boldsymbol{s}}_1$可以表示为一个向量集，即

$$\boldsymbol{S}_1(\delta)=\left\{\tilde{\boldsymbol{s}}_1\,\middle|\,\tilde{\boldsymbol{s}}_1=\boldsymbol{s}_1+\boldsymbol{e}_1,\|\boldsymbol{e}_1\|\leqslant\delta\right\}\tag{2-50}$$

结合模型式(2-42)和特征序列波形不匹配问题，可以得到

$$\tilde{\boldsymbol{y}}(m)=\tilde{\boldsymbol{s}}_1A_1b_1(m)+\sum_{k=2}^{K}\tilde{\boldsymbol{s}}_kA_kb_k(m)+\sigma\boldsymbol{n}(m)\tag{2-51}$$

分离权重$\boldsymbol{w}$满足约束条件$\left|\boldsymbol{w}^{\mathrm{H}}\tilde{\boldsymbol{s}}_1\right|\geqslant1$。这个约束条件可以保证用户1的数据符号能够从混合系统中分离出来，无论它的特征序列波形是怎样的不匹配，只要其在$\delta$的范围。

基于ICA的盲检测器中为了求得向量$\boldsymbol{w}$，需要最大化代价函数$E\left[G\left(\left|\boldsymbol{w}^{\mathrm{H}}\tilde{\boldsymbol{y}}\right|^2\right)\right]$。基于负熵最大化的ICA检测器可以描述为最优化问题[20, 26]，即

$$\underset{\boldsymbol{w}}{\text{maximize}}E\left[G\left(\left|\boldsymbol{w}^{\mathrm{H}}\tilde{\boldsymbol{y}}\right|^2\right)\right],\text{s.t.}\left|\boldsymbol{w}^{\mathrm{H}}\tilde{\boldsymbol{s}}_1\right|\geqslant1,\|\boldsymbol{e}\|\leqslant\delta\tag{2-52}$$

进一步变换处理，式(2-52)可以表示为

$$\underset{\boldsymbol{w}}{\text{maximize}} E\left[G\left(\left|\boldsymbol{w}^{\mathrm{H}}\tilde{\boldsymbol{y}}\right|^{2}\right)\right], \text{s.t.} \min_{\|\boldsymbol{e}\|\leqslant\delta}\left|\boldsymbol{w}^{\mathrm{H}}\tilde{\boldsymbol{s}}_{1}\right| \geqslant 1 \tag{2-53}$$

ICA 的公式引入额外的二阶锥规划条件，上式的约束可以重写为

$$\min_{\|\boldsymbol{e}\|\leqslant\delta}\left|\boldsymbol{w}^{\mathrm{H}}\left(\boldsymbol{s}_{1}+\boldsymbol{e}\right)\right| = \left|\boldsymbol{w}^{\mathrm{H}}\boldsymbol{s}_{1}\right| - \delta\|\boldsymbol{w}\| \tag{2-54}$$

结合式(2-54)和式(2-52)，式(2-53)的问题可以描述为如下形式：

$$\underset{\boldsymbol{w}}{\text{maximize}} E\left[G\left(\left|\boldsymbol{w}^{\mathrm{H}}\tilde{\boldsymbol{y}}\right|^{2}\right)\right], \text{s.t.}\left|\boldsymbol{w}^{\mathrm{H}}\boldsymbol{s}_{1}\right| - \delta\|\boldsymbol{w}\| \geqslant 1 \tag{2-55}$$

代价函数式(2-55)的最大化要满足不等式约束，意味着当代价函数式(2-55)最大化时，等价于满足等式约束$\left|\boldsymbol{w}^{\mathrm{H}}\boldsymbol{s}_{1}\right| - \delta\|\boldsymbol{w}\| = \kappa$，其中$\kappa \geqslant 1$。此外，$\mathrm{Im}\left(\boldsymbol{w}^{\mathrm{H}}\boldsymbol{s}_{1}\right)$可以忽略，因为等式约束$\left|\boldsymbol{w}^{\mathrm{H}}\boldsymbol{s}_{1}\right| - \delta\|\boldsymbol{w}\| = \kappa$保证了$\boldsymbol{w}^{\mathrm{H}}\boldsymbol{s}_{1}$是正实数，其中$\mathrm{Im}(\cdot)$表示取复数的虚部。利用等式约束，权重向量$\boldsymbol{w}$求取的凸最优化问题描述为

$$\underset{\boldsymbol{w}}{\text{maximze}} E\left[G\left(\left|\boldsymbol{w}^{\mathrm{H}}\tilde{\boldsymbol{y}}\right|^{2}\right)\right], \text{s.t.}\frac{1}{\delta^{2}}\left|\boldsymbol{w}^{\mathrm{H}}\boldsymbol{s}_{1} - \kappa\right|^{2} = \boldsymbol{w}^{\mathrm{H}}\boldsymbol{w} \tag{2-56}$$

式(2-56)是一个二阶锥规划负熵最大化求最优分离问题，这个问题可以通过拟牛顿迭代最大化求分离向量。牛顿方法是基于拉格朗日函数的，表示为

$$J(\boldsymbol{w}) = E\left[G\left(\left|\boldsymbol{w}^{\mathrm{H}}\tilde{\boldsymbol{y}}\right|^{2}\right)\right] - \mu_{0}\left(\frac{1}{\delta^{2}}\left|\boldsymbol{w}^{\mathrm{H}}\boldsymbol{s}_{1} - \kappa\right|^{2} - \boldsymbol{w}^{\mathrm{H}}\boldsymbol{w}\right) \tag{2-57}$$

式中，$\mu_{0}$是拉格朗日乘子。利用近似牛顿迭代，分离向量的更新表示如下：

$$\begin{aligned}\boldsymbol{w} &= \boldsymbol{w} - \frac{\nabla J(\boldsymbol{w})}{\nabla\left\{\nabla J\left[\boldsymbol{w}(p)\right]\right\}} \\ &= \boldsymbol{w} - \frac{2E\left[\tilde{\boldsymbol{y}}\left(\boldsymbol{w}^{\mathrm{H}}\tilde{\boldsymbol{y}}\right)^{*}\right]g\left(\left|\boldsymbol{w}^{\mathrm{H}}\tilde{\boldsymbol{y}}\right|^{2}\right) - \mu_{0}\left[\frac{1}{\delta^{2}}\left(\boldsymbol{s}_{1}\boldsymbol{s}_{1}^{\mathrm{T}}\boldsymbol{w} - \kappa\boldsymbol{s}_{1}\right) - \boldsymbol{w}\right]}{2E\left[\tilde{\boldsymbol{y}}\tilde{\boldsymbol{y}}^{\mathrm{H}}\right]E\left[g\left(\boldsymbol{w}^{\mathrm{H}}\tilde{\boldsymbol{y}}\right) + \left|\boldsymbol{w}^{\mathrm{H}}\tilde{\boldsymbol{y}}\right|^{2}g'\left(\left|\boldsymbol{w}^{\mathrm{H}}\tilde{\boldsymbol{y}}\right|^{2}\right)\right] - \mu_{0}\left[\left(1/\delta^{2}\,\boldsymbol{s}_{1}\boldsymbol{s}_{1}^{\mathrm{T}}\right) - \boldsymbol{I}\right]}\end{aligned} \tag{2-58}$$

上式更新规则可以通过在两边乘$-(1/2)\boldsymbol{R}_{\tilde{y}}^{-1}\nabla\left(\nabla J(\boldsymbol{w})\right)$进一步简化。当取充分小的$\mu_{0}$时，可以设定式(2-58)左边的$\boldsymbol{w}$乘$-(1/2)\boldsymbol{R}_{\tilde{y}}^{-1}\nabla\left(\nabla J(\boldsymbol{w})\right)$为$\overline{\boldsymbol{w}} = \gamma\boldsymbol{w}$，其中$\gamma = -E\left[g\left(\left|\boldsymbol{w}^{\mathrm{H}}\overline{\boldsymbol{y}}\right|^{2}\right) + \left|\boldsymbol{w}^{\mathrm{H}}\overline{\boldsymbol{y}}\right|^{2}g'\left(\left|\boldsymbol{w}^{\mathrm{H}}\boldsymbol{y}\right|^{2}\right)\right] \in \boldsymbol{R}$。接着通过$\boldsymbol{w}(p+1) \leftarrow \overline{\boldsymbol{w}}/\sqrt{\overline{\boldsymbol{w}}\boldsymbol{R}_{\tilde{y}}\overline{\boldsymbol{w}}}$投影$\overline{\boldsymbol{w}}$，能够保证每次 ICA 迭代后单位方差的约束条件$E\left[\left|\boldsymbol{w}^{\mathrm{H}}\tilde{\boldsymbol{y}}\right|^{2}\right] = 1$。标量$\gamma$不影响收敛点。最后，得到简化的更新规则表示如下：

$$\begin{aligned}\overline{\boldsymbol{w}} = \boldsymbol{R}_{\tilde{y}}^{-1}E&\left[\tilde{\boldsymbol{y}}\left(\boldsymbol{w}^{\mathrm{H}}(p)\tilde{\boldsymbol{y}}\right)^{*}g\left(\left|\boldsymbol{w}^{\mathrm{H}}(p)\tilde{\boldsymbol{y}}\right|^{2}\right)\right] - E\left[g\left(\left|\boldsymbol{w}^{\mathrm{H}}(p)\tilde{\boldsymbol{y}}\right|^{2}\right)\right] \\ &+ \left|\boldsymbol{w}^{\mathrm{H}}(p)\tilde{\boldsymbol{y}}\right|^{2}g'\left(\left|\boldsymbol{w}^{\mathrm{H}}(p)\tilde{\boldsymbol{y}}\right|^{2}\right)\boldsymbol{w}(p) + \mu\boldsymbol{R}_{\tilde{y}}^{-1}\boldsymbol{s}_{1}\end{aligned} \tag{2-59}$$

$$\boldsymbol{w}(p+1) \leftarrow \overline{\boldsymbol{w}}/\sqrt{\overline{\boldsymbol{w}}^{\mathrm{H}}\boldsymbol{R}_{\tilde{y}}\overline{\boldsymbol{w}}} \tag{2-60}$$

这里的$\mu=\mu_0\kappa/2\delta^2$。期望的分离向量在单位方差约束下的求取步骤总结如下：

**步骤** 1：中心化处理$\tilde{y}$，取较小的初始特征向量(期望用户扩频码)，即$\boldsymbol{w}(0)=0.01\boldsymbol{s}_1$。设迭代次数$p=0$。

**步骤** 2：迭代更新规则，即

$$\bar{\boldsymbol{w}}=\boldsymbol{R}_{\tilde{y}}^{-1}E\left[\tilde{\boldsymbol{y}}\left(\boldsymbol{w}^{\mathrm{H}}(p)\tilde{\boldsymbol{y}}\right)^{*}g\left(\left|\boldsymbol{w}^{\mathrm{H}}(p)\tilde{\boldsymbol{y}}\right|^{2}\right)\right]-E\left[g\left(\left|\boldsymbol{w}^{\mathrm{H}}(p)\tilde{\boldsymbol{y}}\right|^{2}\right)\right.$$

$$\left.+\left|\boldsymbol{w}^{\mathrm{H}}(p)\tilde{\boldsymbol{y}}\right|^{2}g'\left(\left|\boldsymbol{w}^{\mathrm{H}}(p)\tilde{\boldsymbol{y}}\right|^{2}\right)\right]\boldsymbol{w}(p)+\mu\boldsymbol{R}_{\tilde{y}}^{-1}\boldsymbol{s}_1$$

$$\boldsymbol{w}(p+1)\leftarrow\bar{\boldsymbol{w}}\Big/\sqrt{\bar{\boldsymbol{w}}^{H}\boldsymbol{R}_{\tilde{y}}\bar{\boldsymbol{w}}}$$

其中$\boldsymbol{R}_{\tilde{y}}=E\left\{\tilde{y}\tilde{y}^{\mathrm{H}}\right\}$是接收数据的相关矩阵，$g$和$g'$分别表示$G$和$g$符号的导数。

**步骤** 3：判断$\boldsymbol{w}(p)$的收敛性，如果误差测量$\sum_{i=1}^{C}\left|\boldsymbol{w}_i(p+1)-\boldsymbol{w}_i(p)\right|>\varepsilon$，$\varepsilon$是实验误差值，设$p=p+1$，跳回到步骤 2，否则输出$\boldsymbol{w}(p)$。

关于上述研究的结合二阶锥规划的 DS-CDMA 盲检测器，可以不采用白化处理，直接通过二阶锥规划得到正确的解。二阶锥规划盲检测方法在基于负熵最大化的代价函数中引入了二阶锥规划，得到了式(2-59)的迭代更新规则，形成了 SOC-FastICA 算法。对于特征序列波形不匹配的 DS-CDMA 系统，提出的 SOC-FastICA 算法可以用于解决不匹配误差引起的性能下降问题。值得注意的是，在研究的迭代更新规则中，只需选择适当的$\mu$值，不需要估计$\delta$。因为式(2-59)的算法更新规则参数$\mu$包含了拉格朗日乘子$\mu_0$和恒定参数$\kappa$，以及未知的不匹配误差最值$\delta$，SOC-FastICA 算法拥有自我调整的计算可以自动地适应变化的不匹配值$\delta$。因此，SOC-FastICA 算法不受不匹配误差的影响，具有较强的鲁棒性，可以有效优化 DS-CDMA 系统的性能。在下面一节，将进行仿真实验讨论，验证所提算法在特征序列波形不匹配条件下的性能。

#### 2.2.3.3 计算复杂度分析

本小节分析多种现有的 DS-CDMA 盲多用户检测器的计算复杂度，包括 CMOE 检测器、基于子空间的 MMSE 检测器、基于 ICA 的盲检测器和研究的盲检测的计算复杂度。提出的二阶锥规划盲检测器的更新规则式(2-59)包括正交投影的计算复杂度、迭代更新总共大约是$O\left(C^2M\right)$，其中$M$表示采样数据长度。CMOE 检测器的主要复杂度体现在自相关矩阵$\boldsymbol{R}_{\tilde{y}}$和它的逆变换$\boldsymbol{R}_{\tilde{y}}^{-1}$，是$O\left(C^2M\right)+O\left(C^2\right)=O\left(C^2M\right)$。对于子空间 MMSE 检测器，其中自相关的矩阵的特征值分解具有$O\left(C^2M\right)+O\left(C^2K\right)$的复杂度，期望特征信号投影到信号子空间具有$O\left(C^2\right)$的复杂度。因而，子空间 MMSE 检测器的最终大约复杂度是$O\left(C^2M\right)$$(M\gg K)$。MMSE-ICA 盲检测器的复杂度包括自相关矩阵计算、子空间估计、接

收数据的白化处理和各个基于 ICA 的迭代处理$O\left(C^2M\right)$、$O\left(C^2\right)$、$O(CK)$ 和 $O(KM)$。因而，MMSE-ICA 盲检测器的计算复杂度可近似为$O\left(C^2M\right)$。由此可见，提出的盲检测方案与前述的几种盲检测器复杂度相当。而 SOC-JADE 的计算复杂度主要由计算累积量占据，大约是$O\left(C^4M\right)$。显然 SOC-JADE 的复杂度高于研究的 SOC-FastICA 盲检测器。

### 2.2.4 仿真实验分析

为了验证所提的盲检测方法的有效性，我们通过仿真实验评估 DS-CDMA 系统的盲检测性能，并且与 CMOE、Subspace-MMSE、MMSE-ICA 和 SOC-JADE 盲检测器方法进行了对比。考虑一个 DS-CDMA 系统受到色噪声影响。加性色噪声建模为滑动平均过程，由白高斯噪声序列相应的有限脉冲响应(FIR)滤波器生成，传输函数为$H(z)=1-\alpha z^{-1}$，$\alpha$ 是一个相关参数，设定为 0.75。我们测试所提盲检测方法对抗特征序列波形不匹配问题。特征序列波形不匹配的描述见式(2-50)，设计$e_k \sim N\left(0,\sigma^2\right)$。DS-CDMA 系统使用$C=31$的 Gold 序列，用户数$K=7$。对于$K=7$的用户中，具体干信比设置如下：

$$\mathrm{ISR}=20\log\left(\frac{A_k}{A_1}\right)=20\mathrm{dB}(k=2,\cdots,K)$$

其中，$A_k$表示接收信号的幅度，$A_1$是期望用户的接收信号幅度，一般由信道衰落引起，说明存在严重的远近效应。采用 QPSK 数据符号，符号个数(长度)为 10000 个，用于仿真测试。ICA 迭代的收敛门限$10^{-5}$，SOC-FastICA 迭代更新中的$\mu$值设为 0.92，仿真结果在图 2.9、图 2.10 和图 2.11 中显示。测试系统中的不匹配参数$\delta=0.3$，注意到$\delta$是不匹配参数的上界值。仿真中，不同的$\delta$值几乎得到相同的检测性能，可以得知研究的盲检测器可以有效对抗不匹配参数引起的性能丢失。图 2.9 中设定$\delta$在接收机端是已知的，使用这个值$\left(\bar{\delta}=\delta\right)$在式(2-55)中形成二阶锥规划。图 2.10 和图 2.11 表明当$\delta$过高$\left(\bar{\delta}>\delta\right)$和过低时$\left(\bar{\delta}<\delta\right)$的二阶锥规划盲检测方法的性能。从图 2.9、图 2.10 和图 2.11 的结果可以得知，二阶锥规划盲检测方法具有强健的对抗参数误差的性能。在其他的方法中，由于子空间 MMSE 和 MMSE-ICA 盲检测器比较敏感于色噪声中相关的参数，噪声子空间影响了信号子空间，破坏两者间的正交性，导致系统盲检测性能下降。SOC-JADE 和 SOC-FastICA 具有优于其他检测器的性能，但是 SOC-JADE 的计算复杂度较高。可以得出，提出的二阶锥规划盲检测器具有优越的性能和计算量优势，适用于实时的盲干扰消除方案。

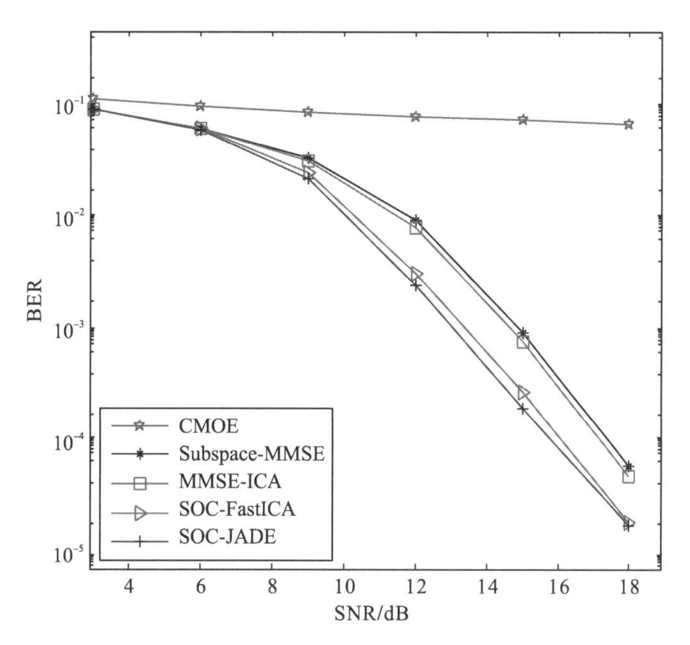


图 2.9 不同盲检测器误码率性能比较（$\delta=\bar{\delta}=0.3$）

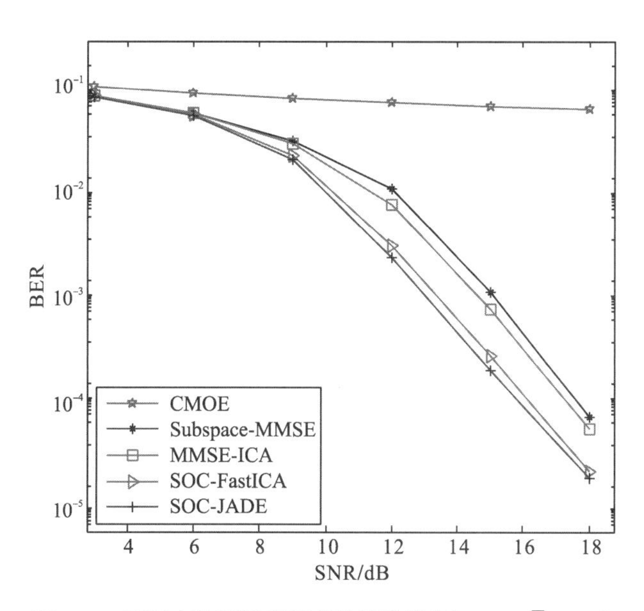


图 2.10 不同盲检测器误码率性能比较（$\delta=0.3<\bar{\delta}=0.5$）

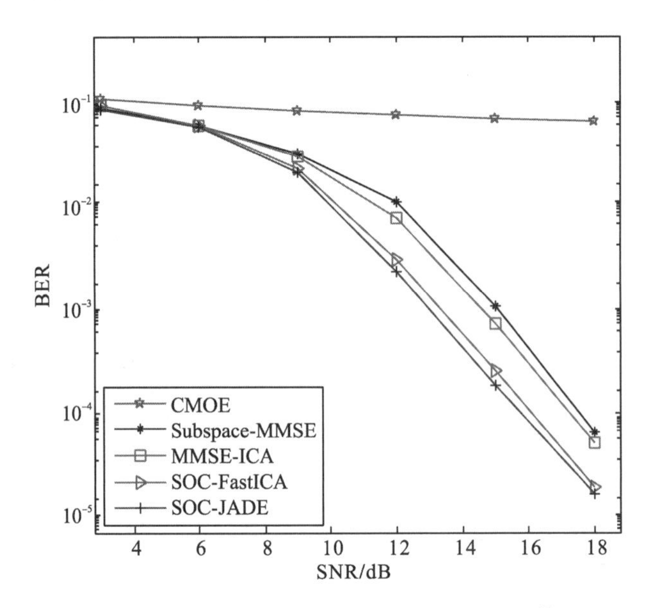


图 2.11 不同盲检测器误码率性能比较（$\delta=0.3>\bar{\delta}=0.1$）

为了进一步描述所提盲检测方法的性能，图 2.12 给出了在信噪比 12dB 不同匹配参数界值条件下的误码率曲线性能。由图 2.12 可知，所提算法具有优越的误码率性能。在图 2.13 中给出了不同符号数条件下的误码率性能，信噪比是 15dB。所提盲检测器方案获得了有效的性能，与其他检测器相比具有较好的性能优势。

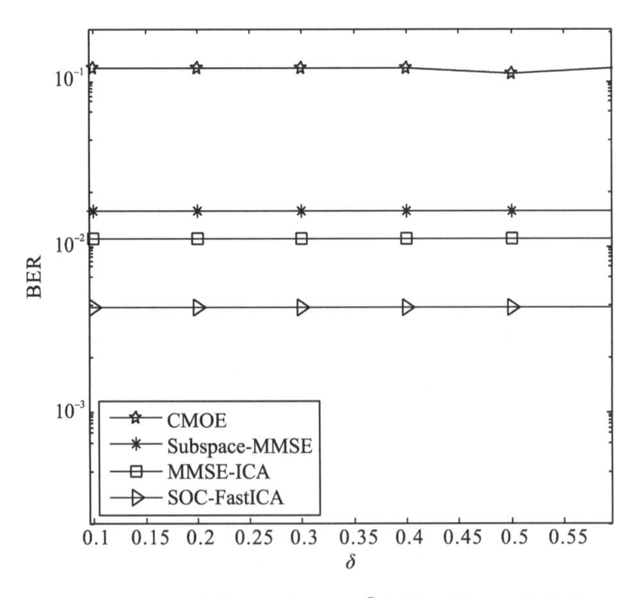


图 2.12 不同盲检测器在不同 $\delta$ 条件下的误码率性能

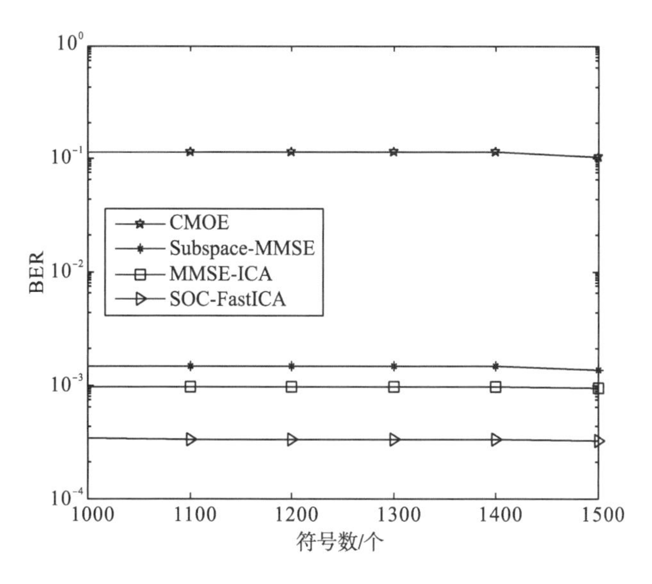


图 2.13 不同盲检测器在不同符号数条件下的误码率性能

## 2.3 本章小结

本章分析了 DS-CDMA 系统中盲信号分离检测问题，提出了两种盲检测分离算法，改善了 DS-CDMA 系统的接收检测性能，实现了系统的实时盲分离检测。其中提出的第一种盲分离方法是基于广义协方差的 DS-CDMA 系统盲自适应接收方法，用于实现盲用户分离检测和盲扩频码估计。该方法利用了广义协方差矩阵的计算结构简单性和提取统计信息有效性来进一步增强盲分离检测性能，利用广义协方差矩阵的性质构建联合对角化的代价函数，通过联合对角化法求分离矩阵，实现盲信号分离。研究表明，在较短采样值和较低信噪比条件下，所提盲检测方法具有较好的性能优势。另一种盲分离方法是基于二阶锥规划的 DS-CDMA 盲多用户分离检测方法，可以用于解决特征序列波形的不匹配参数误差问题。参数误差一般是由信道衰落和时间异步引起的，因此，研究对抗不匹配参数误差问题具有重要的意义。二阶锥规划盲检测方法是基于二阶锥规划负熵最大化原理的，简称为 SOC-FastICA。SOC-FastICA 检测方法能够解决不匹配参数误差引起的问题，具有较低的实现复杂度。此盲检测方法对于解决时变信道条件下的源信号分离检测具有重要的意义，对于未来实现卫星和军事抗干扰具有重要的应用价值。

# 参 考 文 献

[1] Belouchrani A, Amin M G. A two-sensor array blind beamformer for direct sequence spread spectrum communications[J]. IEEE Transactions on Signal Processing, 1998, 47(8):120-123.

[2] Belouchrani A, Amin M G. Jammer mitigation in spread spectrum communications using blind source separation[J]. Signal Processing, 2000, 80(4): 723-729.

[3] Belouchrani A, Amin M G, Wang C S. Interference mitigation in spread spectrum communications using blind source separation[C]. IEEE Conference on Signals, Systems and Computers, 1996, 718-722.

[4] 陆凤波, 黄知涛, 姜文利. 基于 FastICA 的 DS-CDMA 信号扩频序列盲估计及性能分析[J]. 通信学报, 2011, 32(8): 136-142.

[5] 任啸天, 徐晖, 黄知涛, 等. 基于 FastICA 同、异步系统短码 CDMA 信号扩频序列与信息序列盲估计[J]. 电子学报, 2011, 39(12): 2727-2732.

[6] 张江, 张杭, 崔志富, 等. 异步 DS-CDMA 系统中的盲联合干扰消除与多用户检测[J].信号处理, 2013, 29(6):668-676.

[7] Luo Z Q, Zhu L D. A charrelation matrix-based blind adaptive dectector for DS-CDMA systems[J]. Sensor, 2015, 15: 20152-20168.

[8] Luo Z Q, Zhu L D, Li C J. Exploiting charrelation matrix to improve blind separation performance in DS-CDMA systems[C]. International Conference on Communications and Networking in China, Maoming, 2014, 369-372.

[9] 骆忠强. 无线通信盲源分离关键技术研究[D]. 成都: 电子科技大学, 2016.

[10] Ristaniemi T, Joutsensalo J. Advanced ICA-based receiver for block fading DS-CDMA channels[J]. Signal Processing, 2002, 82(3): 417-431.

[11] Raju K, Ristaniemi T, Karhunen J, et al. Jammer suppression in DS-CDMA arrays using independent component analysis[J]. IEEE Transactions on Wireless Communications, 2006, 5(1): 77-82.

[12] Huovinen T, Ristaniemi T. Independent component analysis using successive interference cancellation for oversaturated data[J]. European Transactions on Telecommunications, 2006, 17(5): 577-589.

[13] 付卫红, 杨小牛, 刘乃安. 基于盲源分离的 CDMA 多用户检测与伪码估计[J]. 电子学报, 2008, 36(7): 1319-1323.

[14] Albataineh Z, Salem F. Robust blind multiuser detection algorithm using fourth-order cumulant matrices[J]. Circuits Systems and Signal Processing, 2015, 35(8): 2577-2595.

[15] Slapak A, Yeredor A. Charrelation and charm: generic statistics incorporating higher-order information[J]. IEEE Transactions on Signal Processing, 2012, 60(10): 5089-5106.

[16] Tichavský P, Yeredor A. Fast approximate joint diagonalization incorporating weight matrices[J]. IEEE Transactions Signal Processing, 2009, 57:878-891.

[17] Gong X, Wang X, Lin Q. Generalized non-orthogonal joint diagonalization with LU decomposition and successive

rotations[J]. IEEE Transactions on Signal Processing, 2015, 63(5): 1322-1334.

[18] 张贤达. 矩阵分析与应用[M]. 北京: 清华大学出版社, 2004.

[19] Yeredor A. Blind channel estimation using first and second derivatives of the characteristic function[J]. IEEE Signal Processing Letter, 2002, 9: 100-103.

[20] Luo Z Q, Li C J. Second-order cone programming based robust blind multiuser detector for CDMA systems[J]. International Journal of Future Generation Communication and Networking, 2016, 9(9): 1-16.

[21] Cui S G, Kisialion M, Luo Z Q, et al. Robust blind multiuser detection against signature waveform mismatch based on second-order cone programming[J]. IEEE Transaction on Wireless Communication, 2005, 4(4): 1285-1291.

[22] Jen C W, Jou S. Blind ICA detection based on second-order cone programming for MC-CDMA systems[J]. EURASIP Jounal on Adances in Signal Processing, 2014, 151: 1-14.

[23] Xu Z, Liu P, Wang X. Blind multiuser detection: from MOE to subspace methods[J]. IEEE Transactions on Signal Processing, 2004, 52(2): 510-524.

[24] Wang X D, Poor H V. Blind multisuer detection: a subspace approach[J]. IEEE Transactions on Information Theory, 1998, 44(2):677-690.

[25] Dogan M C, Mendel J M. Applications of cumulants to array processing. I. aperature extension and array calibration[J]. IEEE Transactions on Signal Processing, 1995, 43(5): 1200-1216.

[26] Luo Z Q, Yu W. An introduction to convex optimization for communications and signal processing[J]. IEEE Journal on Selected Areas in Communications, 2006, 24(8): 1426-1438.

# 3　跳频通信系统中智能处理技术

跳频信号作为在卫星通信和军事通信应用中的典型信号，在未知先验信息条件下关于它的盲接收处理一直以来备受学者们关注。本章研究了接收条件受限情况下跳频通信系统欠定盲源分离问题，提出了两种算法机制，分别是正交跳频体制下基于稀疏性的欠定盲源分离技术和非正交跳频信号在时域中的欠定盲源分离。

## 3.1　正交跳频体制下基于稀疏性的欠定盲源分离技术

### 3.1.1　研究背景

由于跳频信号具有比较高的安全性和良好的抗干扰能力，因此被广泛应用于军事通信系统中。本章提出并验证了一种新的跳频(FH)信号的盲源分离(BSS)算法。

盲源信号分离是指在混合矩阵和传输路径参数均未知的条件下恢复出原始信号的方法。盲源信号分离以不需要太多信号的先验知识的优势被用在很多领域，例如生物医学、地球科学、深空探测、深海搜寻等。盲源分离的流程框图如图 3.1 所示。

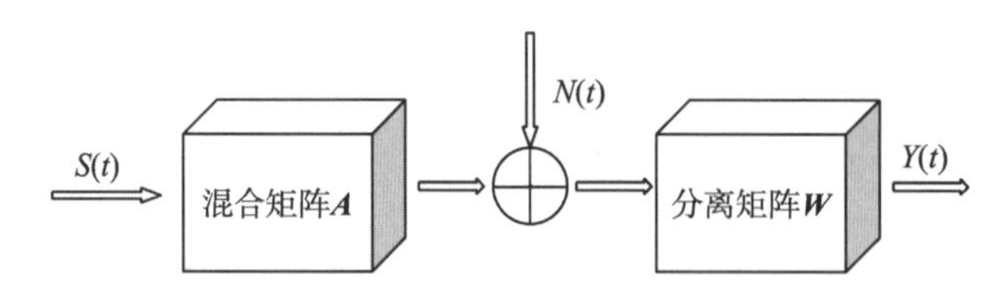


图 3.1　BSS 流程框图

到目前为止，科学家们已经提出了许多盲源分离算法，如 Infomax 算法、JADE 算法和 FastICA 算法等[1-3]。在盲源信号分离的算法中，如果先验信息比较少，则需要比信源更多的传感器，这就是所说的超定。此外，许多 BSS 算法假定源信号在统计上是独立的或混合矩阵是列满秩的，但是在实际应用中这些条件不一定得到满足[4]。因此，为了满足实际应用，需要研究欠定盲源分离(underdetermined blind source separation，UBSS)。在本节中，借助信号的稀疏性提出了一种欠定盲源信号分离方法，即密度聚类盲分离(density clustering blind separation，DCBS)算法。在这个算法中，构造算法的基础是时频域中的欧几里得距离和采样点密度，可以简洁地描述如下：在时频域中给定 $N$ 个采样点，算法的目的是把给定的 $N$ 个采样点分配给 $K$ 个聚类中的一个(源混合信号的个数是 $K$)。

数据聚类算法已广泛应用于盲源信号分离，比如 K-means 聚类算法、K-mold 聚类算法等，其特点是分类数据在一个类中尽可能相似，而在不同的类尽可能不同[5-7]。如 K-means 聚类算法的优点为：①简单；②高效[8-10]。缺点为：①聚类数必须为先知条件；②分类的性能在很大程度上依赖于初始质心选择，如果初始质心选择不恰当会使算法陷入局部最优；③频繁的局部优化[11]。

在本章中，盲源分离问题被转变为聚类问题。为了得到更好的分离效果，在进行盲源信号分离之前做了一些假设：①源混合信号满足稀疏性；②源混合信号中各信号能量差异尽可能大，以满足聚类中心被局部较高密度的数据包围。习惯上，评估时频域中相似数据之间的距离通常用欧氏距离来衡量。向量 $\boldsymbol{\alpha}$ 和 $\boldsymbol{\beta}$ 之间的欧氏距离描述如下[12]：

$$D(\boldsymbol{\alpha},\boldsymbol{\beta})=\left(\sum_{i=1}^{n}(\alpha_i-\beta_i)^p\right)^{\frac{1}{p}} \tag{3-1}$$

其中，$\boldsymbol{\alpha}=(\alpha_1,\alpha_2,\cdots,\alpha_n)$，$\boldsymbol{\beta}=(\beta_1,\beta_2,\cdots,\beta_n)$，$1\leqslant p<\infty$。

### 3.1.2 系统模型分析

本章提出的跳频体制下盲源信号分离算法的使用前提是源混合信号必须是正交的，也就是说源混合信号两两之间的内积为零，在这个前提下，可以保证混合信号在时频域中满足稀疏性。为了达到更好的分离效果，对源混合信号做了两点假设：①在时频域中，源混合信号必须正交；②源混合信号中各信号的能量差异尽可能大。因此，在这两点的假设下，可以根据采样点数据把对信号的盲源信号分离问题转化为对采样点数据的分类问题。为了更好地说明本节所提出的密度聚类盲分离算法，在本小节中，将介绍与其相关的模型，即稀疏的盲源信号分离模型和跳频信号模型。

#### 3.1.2.1 稀疏 BSS 模型

盲源信号分离(BSS)方法是通过观察接收到的混合信号恢复未被观察的源信号的过程。在本节中，研究基于线性瞬时混合模型，表示如下：

$$\boldsymbol{X}=\boldsymbol{AS}+\boldsymbol{N} \tag{3-2}$$

其中 $\boldsymbol{X}$ 是源信号的 $m\times T$ 的接收到的瞬时混合信号，$\boldsymbol{S}$ 是 $n\times T$ 源信号，$\boldsymbol{A}$ 是 $m\times n$ 未知混合矩阵，$\boldsymbol{N}$ 是噪声。BSS 的目标是根据式(3-2)求解混合矩阵 $\boldsymbol{A}$ 和 $\boldsymbol{S}$。实际上，通过优化接收混合信号分布属性的标量测度能够得到源信号分离，比如基于熵、互信息、高阶统计量等，但前提是源信号必须相互独立，这也是大多数盲源信号分离算法成立的前提。然而，在很多情况下，这个假设是不满足的。因此，在本节中讨论以信号稀疏性为前提的盲源信号分离算法。

信号的稀疏性意味着在同一频点同时出现两个或多个源信号的可能性很低。在跳频信号时频域中，稀疏性表示具有很好的分离性，因为在定义的基础系数中，根据任意时频点的大部分能量属于单一源。因此，稀疏度对于密度聚类盲分离算法来说是必不可少的，并且这一性质对于时频域中的跳频信号来说也是很容易满足的。根据稀疏假设，式(3-2)可以写为[13,14]

$$\boldsymbol{X}=\boldsymbol{ATC}+\boldsymbol{N} \tag{3-3}$$

其中，$\boldsymbol{T}$ 表示 $\boldsymbol{n}\times\boldsymbol{k}$ 传输矩阵，其表示独立信源和它们的基础稀疏系数矩阵 $\boldsymbol{C}$ 之间的相关度。因此，本章研究的主要目的是寻找混合矩阵 $\boldsymbol{A}$ 和传输矩阵 $\boldsymbol{T}$ 。为了得到更好的盲源信号分离效果，基础系数矩阵 $\boldsymbol{C}$ 必须尽可能地稀疏。

目前有一些现存的方法可以用来评价信号的稀疏性，例如用 $L_0$-*norm* 来衡量信号的稀疏性[15]；用 $L_1$-*norm* 和 $L_2$-*norm* 的归一化比值来完成对信号稀疏度的评估[16]。在本章中，考虑用 D-measure 法完成对跳频信号在时频域稀疏性度量的评估[17]。在图 3.2 中，给出了由 D-measure 计量的三个不同矩阵的稀疏度。从左到右对应于三个矩阵的 D-measure 的值分别为 0.1，0.5 和 0.8，可以看出，矩阵的稀疏度与 D-measure 的值是一致的。

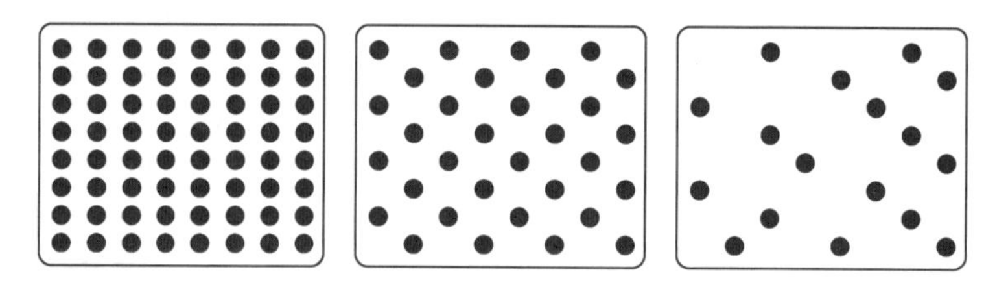

图 3.2 不同程度的稀疏程度描述图，对应于三个矩阵(从左到右)的 D-measure 的值分别为 0.1,0.5 和 0.8

### 3.1.2.2 跳频信号模型

作为一种非平稳信号，跳频信号随时间变化如下[18, 19]：

$$f(t)=\sqrt{2S}\sum_{k}\mathrm{rect}_{T_H}\left(t-kT_H-\alpha T_H\right)\cdot \mathrm{e}^{\mathrm{j}2\pi f_k\left(t-kT_H-\alpha T_H\right)+\mathrm{j}\theta}+n(t)\left(0<t\leqslant L\right) \tag{3-4}$$

其中，$L$ 是样本数据的长度；$T_H$ 是跳频周期；$\mathrm{rect}_{T_H}$ 是矩形窗，其宽度等于 $T_H$ 的值；$f_k$ 是第 $k$ 跳的载波频率；$\alpha T_H$ 是跳频时间；$\theta$ 是跳频信号的相位；$n(t)$ 是加性高斯白噪声；$S$ 是信号功率。

图 3.3 中，跳频图案出现在时频域，可以发现波形由以下三个参数决定：时域中的第 $k$ 跳的位置；频域中第 $k$ 跳的位置；时频域的长度[19]。

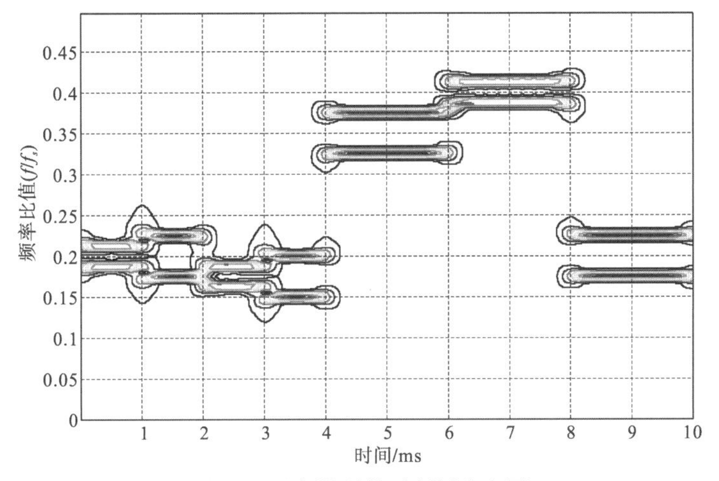


图 3.3 跳频信号的时频域分布图

注：$f$ 信号频率，$f_s$ 采样频率

## 3.1.3 基于密度聚类盲分离技术

### 3.1.3.1 构造代价函数对

本章提出的新型盲源信号分离的算法有两个假设：①在时频域中，源混合信号必须正交；②源混合信号中各信号的能量差异尽可能大。满足假设①是把盲源分离问题看作聚类问题的重要前提，满足假设②是使盲源信号分离的效果尽可能好。源混合信号在时频域的三维图如图 3.4 所示。

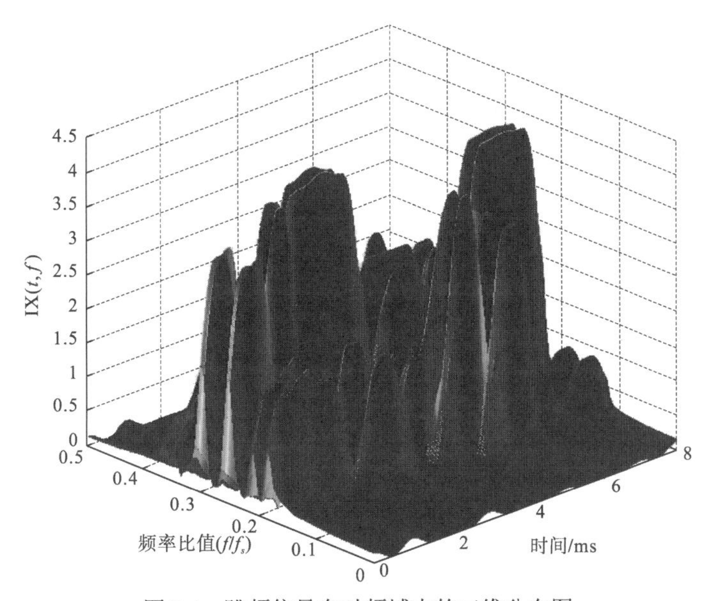


图 3.4 跳频信号在时频域中的三维分布图

图 3.4 中，纵轴是$\left|X(t,f)\right|$，$\left|X(t,f)\right|$ 可以表示为[20]

$$\left|X(t,f)\right| = \int_0^1 x(t)h(\tau - t)\mathrm{e}^{-\mathrm{j}2\pi f\tau}\mathrm{d}\tau \tag{3-5}$$

其中，$x(t)$是混合源信号，$h(\tau - t)$是汉明窗函数。在本章中，为了更好地完成盲源信号分离，对于每个采样点$i$，都需计算两个量[21]：

(1) $\rho_i$：采样点$i$的局部密度。

(2) $\delta_i$：采样点$i$和较高密度点的距离。

$\rho_i$和$\delta_i$只依赖于采样点之间的欧氏距离，满足三角不等式。局部密度$\rho_i$定义为

$$\rho_i = \sum_j \chi(d_{ij} - d_c) \tag{3-6}$$

在式(3-6)中，如果$x<0$则$\chi(x)=0$；否则$\chi(x)=1$，$d_c$是临界值。$\rho_i$的值表示距离采样点$i$的距离小于$d_c$的点的数量之和。该算法的鲁棒性与$d_c$的选择密切相关，$d_c$选择依赖于实际工程应用背景的专家经验。$\delta_i$的值被定义为

$$\delta_i = \min_{j:\rho_j>\rho_i}(d_{ij}) \tag{3-7}$$

其中，$\delta_i$是样本点$i$和其他更高密度的样本点之间的距离的最小值。根据以上分析，可以构建代价函数对$(\rho,\delta)$。基于代价函数对$(\rho,\delta)$，可以对采样点进行分类。

### 3.1.3.2 构建决策坐标系统

根据每个采样点的代价函数对构建决策坐标系统是本章算法的核心，通过图 3.5 中的点的位置来说明决策系统建立的方法和过程[22]。

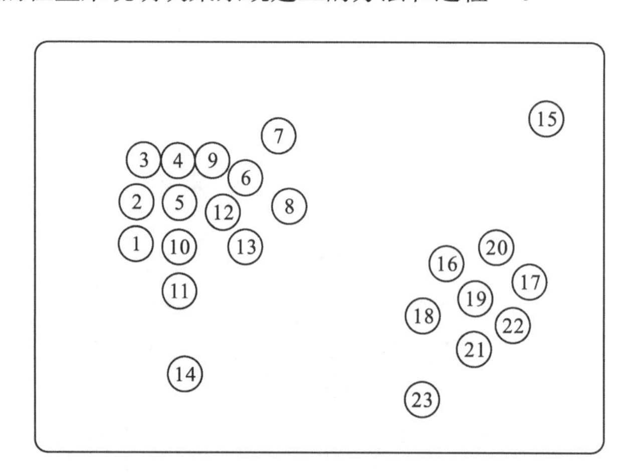


图 3.5 信号采样点二维分布图

在决策坐标系统中，水平轴为$\rho$，垂直轴为$\delta$。可以看出，虽然信号采样点 2 和 22 局部密度比较高，但由于它们具有较小的$\delta$值，所以它们不是聚类中心。

同时，从图 3.5 可以看出，数据 2 和 22 分别属于不同的聚类中心。在聚类中心的选择上，必须具有较高的$\delta$值和较高的$\rho$值。从图 3.5 的信号采样点可以看出数据编号 5 和 19 为聚类中心，这和最终计算的结果是一致的。信号采样点 14、15 和 23 具有相对高的$\delta$值，但是它们具有较低的$\rho$值，所以它们不能被当作聚类中心。图 3.6 中给出了信号采样点按$\rho$值和$\delta$值的大小分布的结果。

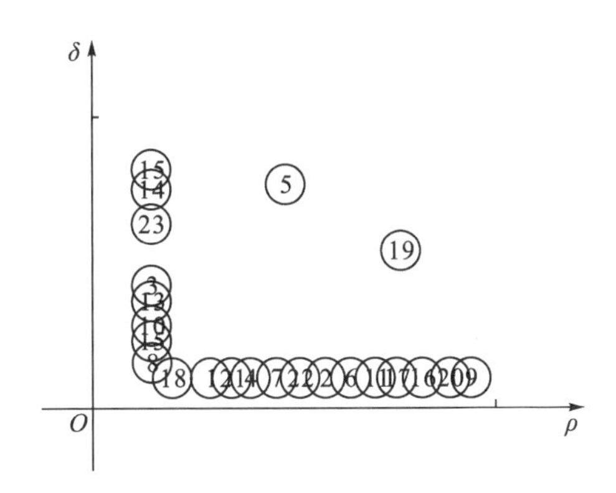


图 3.6 决策坐标系统图，采样点数据按密度递减的顺序排列

找到聚类中心后，每个信号采样点将会根据欧氏距离被分配到最近的聚类中心。

### 3.1.3.3 源信号数量估计

在本小节中，将估计源信号的个数。源信号的个数可以根据上一节中的决策坐标系统自动确认，源信号的个数和上一节中聚类中心的个数是一致的。经过大量的实验可以看出，信号采样点的分类结果对代价函数对$(\rho,\delta)$的值比较敏感。而代价函数对$(\rho,\delta)$又受源混合信号稀疏性的影响比较大，因此，源混合信号的稀疏性将不得不作为必要的条件。当然，源混合信号的稀疏性也会增加算法的复杂性。

一般来说，借助决策坐标系统来估计源混合信号的个数，由于信号的稀疏性，在决策坐标系统中聚类中心的个数和源混合信号的个数是一致的。在图 3.6 中，数据编号 5 和 19 是各自的源信号的中心，因此，源混合信号的个数也为 2。

## 3.1.4 算法性能分析

### 3.1.4.1 噪声影响分析

为了得到高效的分离，构造了代价函数，如下所示[23]：

$$\forall \min_{s_i} \|s_i\|_0, \text{s.t.} \|D_j s_i - R_i x_j\|_2^2 \leqslant (C\sigma)^2 \tag{3-8}$$

其中$s_i$是相应信号的稀疏系数；$D_j$是稀疏字典；$R_i$是拉普拉斯算子；$C$是一个常数因子；$\sigma$是噪声标准差；

为了寻求最优解，噪声不能被忽略，可以使用正交匹配追踪(orthogonal matching pursuit，OMP)算法对代价函数进行优化[24]。在寻求最优解时，在字典更新阶段，有一个重要的优点，即稀疏字典不会受到现有的噪声的影响。根据寻求最优解过程的特征，在寻求最优解时，如果根据稀疏字典来决定迭代的方向，将会使估计信号的性能得到提高。在下一次迭代中，字典原子将被细化。在寻求最优解的过程中，通过重复该渐进降噪环将能得到清晰的分离信号。

#### 3.1.4.2 密度聚类盲分离算法的鲁棒性

在本小节中，将讨论本节所提出算法的鲁棒性。

鲁棒性在这里定义为：在相同的测试时间下，Pearson 相关系数的数值大于 0.95 是可以接受的。Pearson 相关系数定义为

$$r=\frac{\sum_{i=1}^{n}(x_i-\overline{x})(y_i-\overline{y})}{\sqrt{\sum_{i=1}^{n}(x_i-\overline{x})^2\cdot\sum_{i=1}^{n}(y_i-\overline{y})^2}} \tag{3-9}$$

在这里不应该混淆算法的鲁棒性和敏感性，算法的敏感性是靠研究混合矩阵变化与分离性能之间的关系来表述的。

在表 3.1 中，可以看出本节的算法具有最高的可接受范围的百分比，并且相对于其他算法具有较好的鲁棒性。本节进行了 200 次实验，SAMFD①算法、FastICA 算法和 JADE 算法的 Pearson 相关系数超过 0.95 的次数分别是 180，174 和 186，而本节算法的 Pearson 相关系数超过 0.95 的次数是 194。从这个角度可以看出本节提出的算法具有比其他三个算法更好的鲁棒性。

**表 3.1 本章算法的鲁棒性与其他算法的比较**

| 算法名称 | 实验结果 | | |
|---|---|---|---|
| | 实验总次数 | 平均时间/s | Pearson 相关系数超过 0.95 的次数 |
| 密度聚类盲分离(DCBS)算法 | 200 | 14.6 | 194 |
| SAMFD 算法 | 200 | 17.2 | 180 |
| FastICA 算法 | 200 | 14.2 | 174 |
| JADE 算法 | 200 | 16.6 | 186 |

根据“没有免费午餐”的理论[25]，一个算法不可能在各方面都具有优越的性

① SAMFD: searching and averaging method in frequency domain，频域搜索和平均算法。

能。从表 3.1 也可以看出，虽然本节所提出的算法具有比 SAMFD 算法、FastICA 算法和 JADE 算法更好的鲁棒性，但是本节算法所用的平均时间不是最少的。

### 3.1.5　仿真实验分析与讨论

在本小节中，用一系列的实验验证本节中提出的算法。在以下的实验中，在不失一般性的情况下，进行跳频信号时频域的盲源信号分离。

在本章的实验中，每个参数定义如下：

- 采样频率是 $f_b = 2\times10^5$ Hz；
- 跳频速率是 500 hop/s；
- 传输比特率是 $R_b = 10^3$ bit/s；
- 调制频率是 $f_0 = 2\times10^3$ Hz；
- 比特数是 $m$=80；
- 原始混合信号个数是 $M_K$=3；
- 接收天线个数是 $R_K$=2。

在得到采样点之后，利用本节提出的密度聚类盲分离算法构造代价函数对 $(\rho,\delta)$，并进一步根据构造的代价函数对设计了一个决策坐标系统，采样点数据的分布在图中显示出来。图 3.7 中，可以确定采样点有三个聚类中心，也就是说，原始混合信号个数是 3，这与实验前设置的原始混合信号个数是一致的。

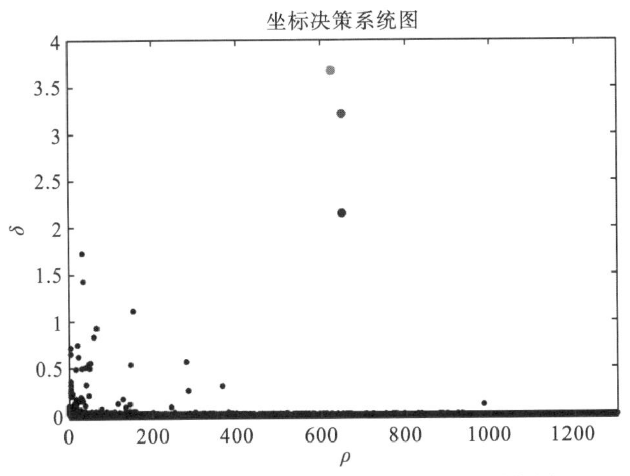


图 3.7　基于 $(\rho,\delta)$ 的采样点的决策坐标系统图

找到聚类中心后，将根据每个采样点数据密度分配给最近的聚类中心。分类结果显示在图 3.8 中。在图 3.8 中，横坐标表示的第一路混合信号采样数据的 $X_1(t,f)$ 值和纵坐标表示的第一路混合信号采样数据的 $X_2(t,f)$，$X_i(t,f)$（$i=1,2$）的计算公式在式(3-5)中已给出，正如我们所预期的一样，采样点数据被分成了三类。

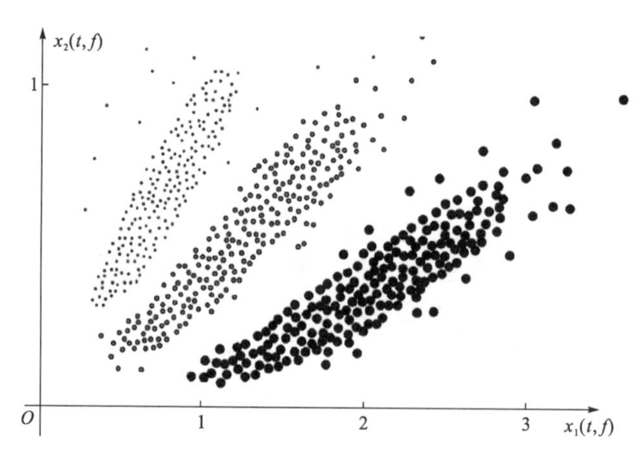


图 3.8 采样点数据根据密度分配给最近的聚类中心图

图 3.9 中，分别给出了源信号的波形。在以下实验中，目标是从接收的混合信号中分离出每个源信号。根据实际情况，考虑到信号的实际传输，采用两个接收天线，信号经过高斯信道后，接收的混合信号波形如图 3.10 所示(接收到的混合信号)。在图 3.9 到图 3.11 中显示，横坐标表示采样时间，纵坐标表示信号标准化后的幅度值，信号幅度值标准化公式为

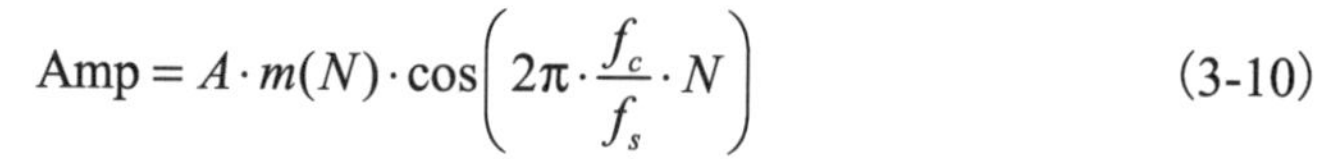

$$\mathrm{Amp} = A \cdot m(N) \cdot \cos\left(2\pi \cdot \frac{f_c}{f_s} \cdot N\right) \tag{3-10}$$

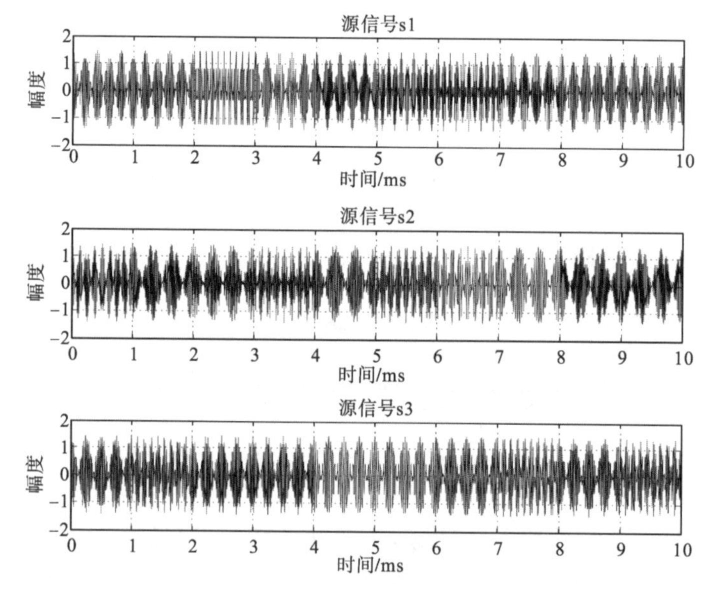


图 3.9 发送源信号的波形图(考虑 3 个源信号)

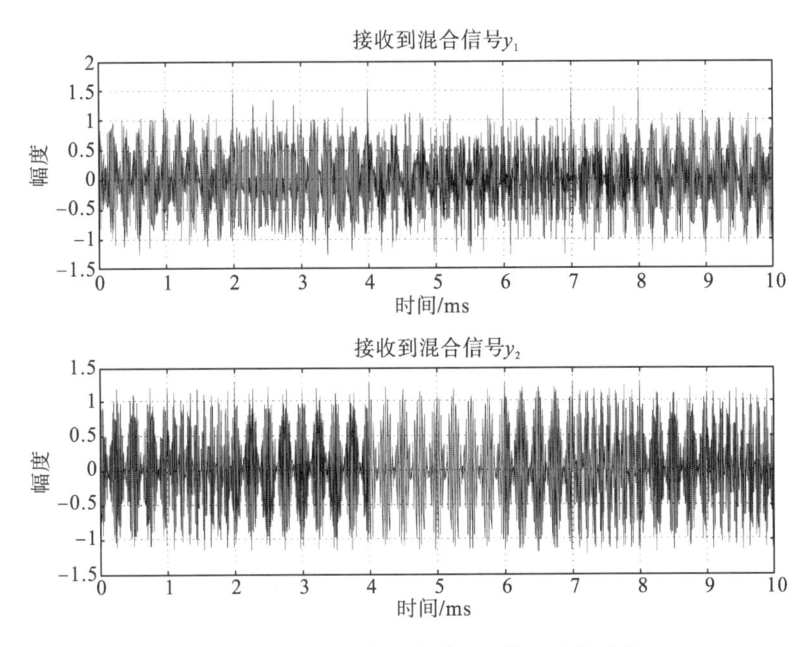


图 3.10 源信号经高斯信道之后的混合波形图

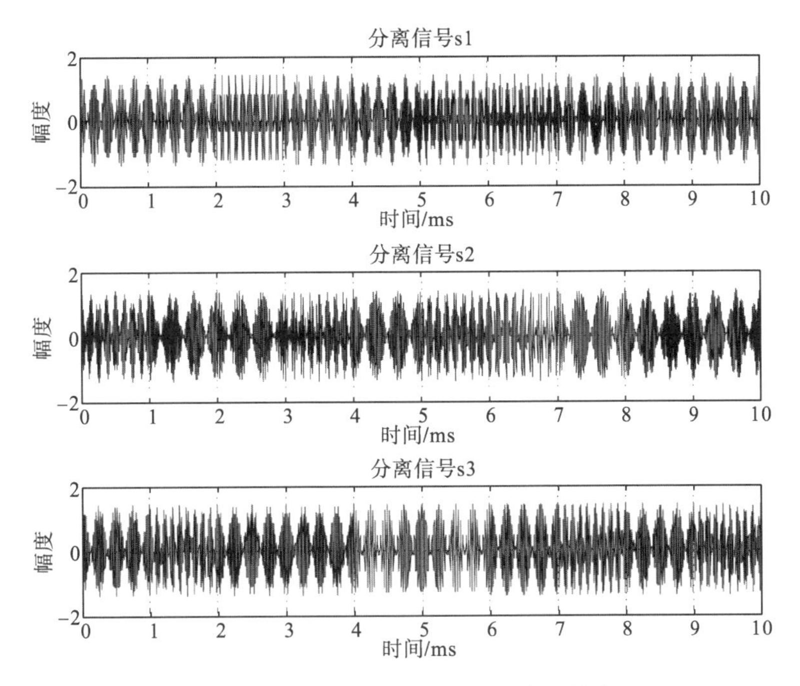


图 3.11 用密度聚类盲分离算法分离后的波形

### 3.1.5.1 对比分析实验一

使用本章中所提出的方法对原始混合信号进行盲源信号分离，由实验结果可以看出，接收到的混合信号被有效地恢复出来。恢复后信号波形在图 3.11 中被显示出来。从分离后的信号结果可以看出，得到了 3 个分离信号，这与原始混合信号的个数是一样多的，对比图 3.9 和图 3.11 发现，这两组信号的波形非常相似。为了衡量图 3.9 和图 3.11 的相似程度进行了以下实验。

使用 Pearson 相关系数作为客观评价函数，来评价图 3.9 和图 3.11 两组信号的相似程度，Pearson 相关系数的定义参照式(3-9)。为了说明本节算法的性能优势，把本节的密度聚类盲分离算法和 K-means 聚类算法进行比较[26]。实验比较的结果如图 3.12 所示。

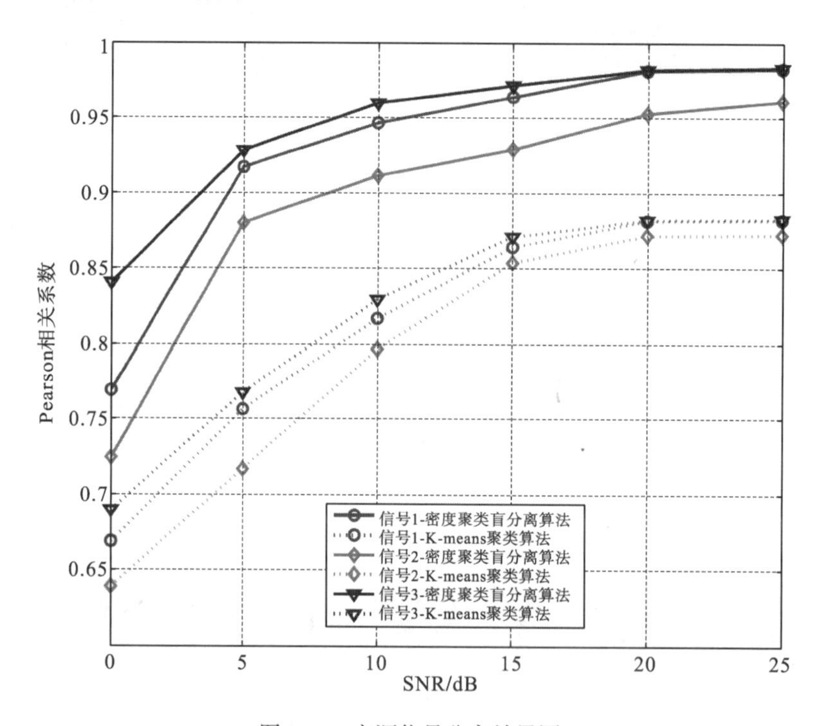


图 3.12 盲源信号分离效果图

从图 3.12 可以看出，当信噪比为 10dB 时，本节提出的密度聚类盲分离算法的分离性能较好，Pearson 相关系数达到 0.95 以上，并且本节所提出的密度聚类盲分离算法的分离性能一直比 K-means 聚类算法的盲源信号分离好。本节算法的主要部分如表 3.2 所示。

表 3.2 本节算法的主要部分

```
count=0;
while ~count
 A=rand (2, 3);
 A_hun= [A (1, 1)/A (2, 1) A (1, 2)/A (2, 2) A (1, 3)/A (2, 3)];
 count=1;
    for ii=1:2
        for jj=ii+1:3
            if abs(A_hun(ii)-A_hun(jj)) <1
                count=0;
            end
        end
    end
end
 min(A_hun)/max(A_hun)
until stopping condition is true
```

### 3.1.5.2 对比分析实验二

从上一节中，可以判断出密度聚类盲分离算法具有良好的分离效果。在本小节中，再进一步讨论本节所提出的盲源信号分离算法的有效性，为了进一步说明本章所提出的密度聚类盲分离算法具有优良的分离性能，再选择另一个评估函数，即误差性能分析函数(PI)作为评估标准，误差性能分析函数的定义如下：

$$\mathrm{PI} = E\left(\frac{\|A\| - \|\hat{A}\|}{\|A\|}\right) \tag{3-11}$$

将密度聚类盲分离算法与传统的基于比率矩阵聚类的盲源信号分离算法进行比较，比较结果如图 3.13 所示。从图 3.13 可以看出，密度聚类盲分离算法在信噪比为 0dB 时的 PI 值为 0.09，当信噪比为 5dB 时，PI 值有一个大幅度提高，PI 值达到 0.05，并且可以看出本节提出的密度聚类盲分离算法的分离性能优于基于比率矩阵聚类的盲源信号分离算法[27]。

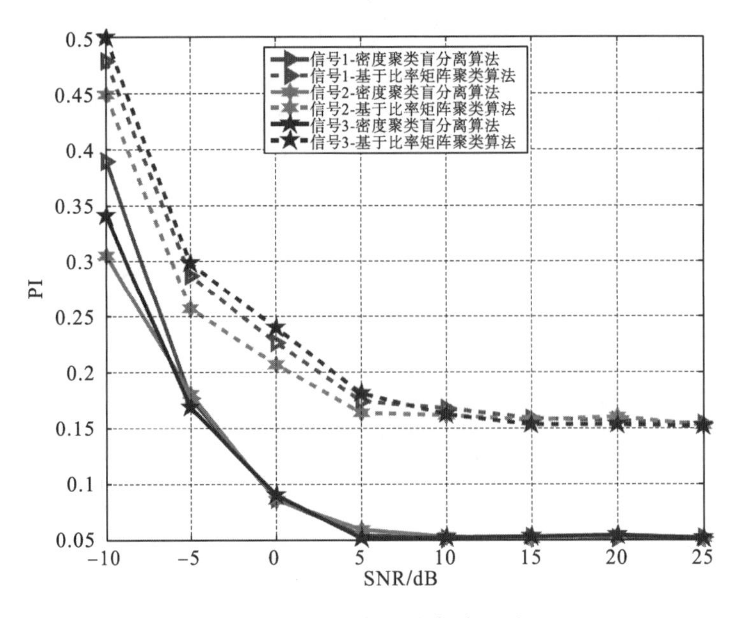


图 3.13 盲源信号分离效果图

## 3.2 非正交跳频信号在时频域中的欠定盲源分离

### 3.2.1 研究背景

近年来，许多盲源分离方法都是基于独立成分分析的，假设源信号是独立信号[28-30]。虽然也有一些基于维格纳-威利分布(Wigner-Ville distribution，WVD)的其他方法被提出，但在这些方法中时频聚集性和交叉干扰之间存在矛盾[31]。目前，最传统的盲源分离方法认为，源信号在统计上是独立的或混合矩阵是满秩的。然而，在许多情况下，这个假设不成立。因此，不能用与混合矩阵的伪逆相乘来恢复源信号。在实际应用中，超定或者正定的假设是不能满足的，于是有必要解决欠定盲源分离问题。和经典的盲源信号分离方法相比，本节所提的方法对源信号先验信息要求相对较少，如信号的平稳性和独立性。因此，本节的盲源信号分离算法更适合用于分离非平稳的源信号，比如跳频信号。

由于跳频信号的高安全性和良好的抗干扰能力[32]，已经被广泛用于军事领域和现代通信系统中。为了满足反侦察的需要，跳频信号盲源分离研究已经成为一个研究热点。近年来，一些研究者给出了基于稀疏性讨论正交跳频信号的欠定的盲源分离方法[33,34]，然而，非正交跳频信号的欠定盲源分离又是一个新的挑战。在本章中，提出了一种基于凸优化方法的非正交跳频盲源信号分离方法，也就是匹配优化盲分离(matching optimization blind separation，MOBS)算法。算法描述如下：①通过计算每一个观测采样数据的短时傅里叶变换(short-time Fourier transform，STFT)，可以得到信号的时频域分布图；②根据时频域分析中的样本数据构造盲源信号分离的优化代价函数；③利用最陡下降法求出优化代价函数的最优解。

### 3.2.2 系统模型分析

在本节中，根据非正交跳频信号的特点提出了匹配优化盲分离算法。由于信号是非正交的，因此，不能保证时频域采样数据的稀疏性，不能直接运用数据聚类的方法完成盲源信号分离。针对时频域采样数据的特征，把采样点数据分为两类：一类是没有发生碰撞的信号；另一类是发生碰撞的信号。对于没有发生碰撞的信号可以利用本节提出的密度聚类盲分离算法进行盲源信号分离；对于发生碰撞的信号，由于采样点数据的能量是几个信号之和，不能直接运用聚类算法进行分离，因此，本节提出匹配优化盲分离算法处理这种情形下的盲源信号分离。为了系统介绍匹配优化盲分离算法，首先介绍匹配优化盲分离算法的相关模型，如跳频通信系统模型。

跳频技术是将传统的窄带调制信号的载波频率由一个伪随机序列控制进行离散跳变，从而实现频谱扩展的扩频技术，主要用于传输数字信号，调制方式一般都采用二进制/多进制频移键控(BFSK/MFSK)或差分相移键控(differential phase shift keying，DPSK)。跳频技术的优点主要有：抗干扰能力强、具有选址能力、可实现码分多址通信、在多径和衰落信道中传输性能好、易于和其他调制类型的扩展频谱系统结合、易于与现有的常规通信体制兼容等优点。跳频的载波频率随时间变化，可以表示为[32]

$$f(t)=\sqrt{2S}\sum_{k}\mathrm{rect}_{T_H}\left(t-kT_H-\alpha T_H\right)\cdot \mathrm{e}^{\mathrm{j}2\pi f_k\left(t-kT_H-\alpha T_H\right)+\mathrm{j}\theta}+n(t)(0<t\leqslant L) \tag{3-12}$$

其中，$L$是样本数据的长度；$T_H$是跳频周期；$\mathrm{rect}_{T_H}$是矩形窗，其宽度等于$T_H$的值；$f_k$是跳频的第$k$跳的载波频率；$\alpha T_H$是跳频时间；$\theta$是跳频信号的相位；$n(t)$是加性噪声；$S$是信号功率。

跳频通信系统主要用于传输数字信号，频率跳变时间间隔的倒数称为跳频速率，简称跳速，用$R_h$表示。每一跳的载波频率是由“伪随机码产生器”产生的编码选定。调制方式一般都采用二进制/多进制频移键控或差分相移键控，其主要原因有以下几点：①跳频等效为用码序列进行多频频移键控的通信方式，可以直接和频移键控调制相对应。②要求发端和收端的频率合成器之间保持相位相干是很困难的。因此，在解跳后往往采用非相干解调方式，而多进制频移键控和差分相移键控具有良好的非相干解调性能。跳频通信系统的基本模型如图3.14所示。

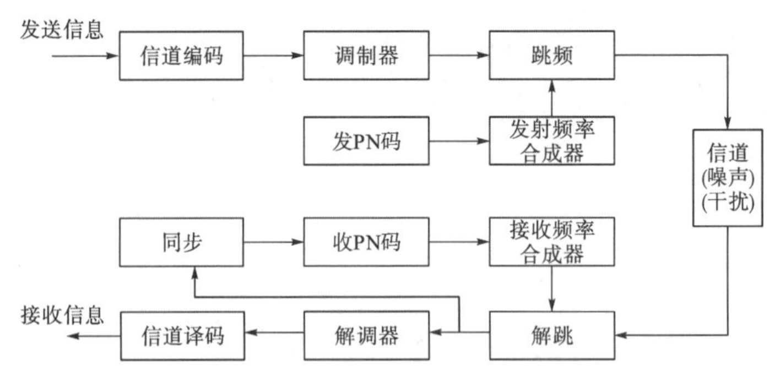


图 3.14 跳频通信系统的基本模型

## 3.2.3 匹配优化盲分离算法

### 3.2.3.1 问题描述

当混合信号非正交时，混合信号一定会在时频域发生碰撞，如图 3.15 所示。图 3.15 中，可以根据时频域中信号的个数是否等于源混合信号的个数判别出信号是否发生碰撞。在时频域中，如果在某个时刻的信号个数等于源信号的个数，则混合信号在该时刻没有发生碰撞；在时频域中，如果在某个时刻的信号个数小于源信号的个数，则混合信号在该时刻发生了碰撞。当混合信号不碰撞时，采用 3.1 节中的密度聚类盲分离算法分离信号[36]。运用密度聚类算法把没有发生碰撞的混合信号分离后组成信号矢量空间 $\boldsymbol{Y}_1$，把在频域发生碰撞的混合信号组成信号矢量空间 $\boldsymbol{Y}_2$。采用本章提出的匹配优化盲分离算法分离在时频域发生碰撞的混合信号。

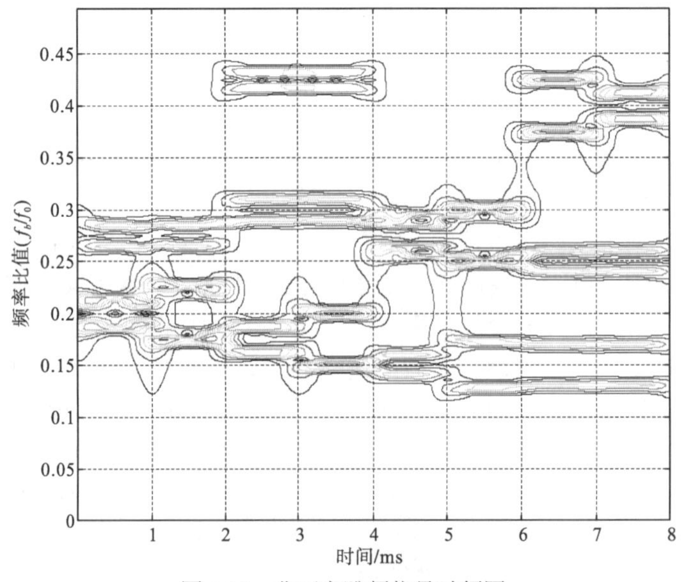


图 3.15 非正交跳频信号时频图

#### 3.2.3.2 构建匹配优化盲分离算法的代价函数

当源信号不发生碰撞时，用 3.1 节说明的密度聚类盲分离算法分离源混合信号，分离的信号将是信号矢量空间 $\boldsymbol{Y}_1$，混合碰撞信号将是信号矢量空间 $\boldsymbol{Y}_2$。可以用下面的匹配优化盲分离算法来分离混合信号矢量空间 $\boldsymbol{Y}_2$。

根据分离的信号矢量空间 $\boldsymbol{Y}_1$ 和混合碰撞源信号矢量空间 $\boldsymbol{Y}_2$，可以构建如下代价函数：

$$\min_{(A,E)}\left\|\boldsymbol{\beta}-\sum\lambda_i x_i\right\|_p+E,\ x_i\in X \tag{3-13}$$

其中，$\boldsymbol{\beta}$ 是发生碰撞的矢量，属于信号矢量空间 $\boldsymbol{Y}_2$；$\lambda_i$ 是 $x_i$ 的权重系数；$\sum x_i$ 是 $x_1,x_2,\cdots,x_n$（$\boldsymbol{x}_i\in\boldsymbol{Y}_1$）的随机矢量和，$\boldsymbol{A}=\left[x_{i+1},x_{i+2},\cdots,x_{i+k}\right]$。$E$ 是均方误差(mean squared error，MSE)，$E$ 的计算公式为

$$E=\sqrt{\frac{\sigma_1^2+\sigma_2^2+\cdots+\sigma_n^2}{n}} \tag{3-14}$$

其中，$\sigma_1,\sigma_2,\cdots,\sigma_n$ 是误差值。

通过使用最陡下降法找到该代价函数最优解。在最陡下降法中，取负梯度方向 $d=\dfrac{\nabla\min(\bullet)}{\left\|\nabla\min(\bullet)\right\|}$ 为最陡下降方向[37]。

### 3.2.4 匹配优化盲分离算法的性能分析

#### 3.2.4.1 算法过程分析

匹配优化盲分离算法的目的在于通过求解以下代价函数的优化问题，根据矢量空间 $\boldsymbol{Y}_1$ 和混合信号矢量空间 $\boldsymbol{Y}_2$ 重构混合矩阵和源信号：

$$\min_{(A,E)}\left\|\boldsymbol{\beta}-\sum\lambda_i x_i\right\|_p+\sqrt{\frac{\sigma_1^2+\sigma_2^2+\cdots+\sigma_n^2}{n}},\ x_i\in X \tag{3-15}$$

其中，第一项为惩罚非稀疏解，后一项是一个经典的数据保真项。因为信号矢量空间 $\boldsymbol{Y}_1$ 是分离向量空间，所以信号矢量空间 $\boldsymbol{Y}_1$ 是稀疏的，稀疏度常用 $l_p$-范数来测量，通常情况下，选择 $p$=1 或 $p=2$。已有研究[38, 39]已经具体讨论过如何选择特定的 $l_p$-范数作为稀疏惩罚项。如果 $E$ 被固定，则 $l_2$-范数是特别有吸引力的，因为它把对 $\boldsymbol{\beta}$ 的估算问题描述成为一个凸优化问题。在匹配优化盲分离算法中，将选择 $p=2$，具体的分离效果将在 3.2.5 节中展示出来。因此，在式(3-15)中优化问题用最陡下降法解决了。

根据式(3-15)，混合矩阵 $\boldsymbol{A}$ 可以通过寻找代价函数[式(3-16)]的凸优化问题的最优解来估计：

$$\min_{\mathrm{A}}\left\|\boldsymbol{\beta}-\sum\lambda_i x_i\right\|_p+E,\ x_i\in X \tag{3-16}$$

式(3-16)可以分解为两个项：①非凸 $P$-范数惩罚；②一个二次并且可微数据保真项 $E$。令 $\forall x_1, x_2 \in Y_1$，$\left|E(x_1)-E(x_2)\right| \leqslant L\left|x_1-x_2\right|$，二次项 $E$ 是可微分的并且它的梯度满足 L-Lipschitz 条件。以上表明，式(3-16)的优化问题可以使用前向分割算法解决[30]。该优化策略已被用于解决最速下降法，但它具有比较明显的弱点，前向分割算法增加了算法的计算成本[31]。在寻求式(3-16)的最优解时，如果确保混合矩阵 $\boldsymbol{A}$ 估计的有效性，必须付出比较大的计算成本。此外，在匹配优化盲分离算法的迭代过程中，源混合矩阵 $\boldsymbol{A}$ 都是被完全重新估计的，这大大增加了计算成本。因此，在一定的精度要求下，为了节约计算成本，不必每一步中都用高精确度混合矩阵 $\boldsymbol{A}$ 来更新。

#### 3.2.4.2 匹配优化盲分离算法的收敛性

因为式(3-15)中的优化问题是一个非凸优化问题，所以期待在迭代的过程中能收敛到一个关键点。对于固定的碰撞矢量 $\boldsymbol{\beta}(\boldsymbol{\beta} \in \boldsymbol{Y}_2)$，式(3-15)中的最小化问题可以转化为块坐标松弛(block coordinate relaxation，BCR)问题来解决[40,41]。因此，可以用解决凸最小化序列代替全局非凸问题。Tseng 已经证明了用于非可微和非凸代价函数最小化的 BCR 问题的收敛性，当参数 $\lambda_i$ 和 $x_i$ 固定时，式(3-16)中最小化函数收敛到一个关键点[42]。

首先，降低临界值是提高匹配优化盲分离算法、避开伪局部最小值的一种策略。在最优化领域中，该过程为固定点延拓技术，其被用来加速 $\|\bullet\|_p$ - 惩罚最小均方的最小化[43]。根据以上性质，只要式(3-16)对 $\lambda_i$ 取值是交替的，匹配优化盲分离算法的收敛性就会得到保证。

然而，在匹配优化盲分离算法的每次迭代中，阈值都会更新，虽然有助于算法速度的加快，但是也可能会导致算法无法收敛。最后，为了得到良好的收敛效果，权系数 $x_i$ 必须在 $\boldsymbol{Y}_2$ 中选择[44]。如果这个优化策略是可行的，那么匹配优化盲分离算法的收敛就具有了一定的理论基础。

在多次的实验中，为了显示所提出的算法具有更好的性能，用 $E_{ct}$ 的值测量收敛速度。测试的结果在图 3.16 中显示出来，横轴是迭代次数，竖轴是 $E_{ct}$，$E_{ct}$ 被定义为[45]

$$E_{ct}=\sum_{i=1}^{M}\left(\sum_{j=1}^{M}\frac{\left|c_{ij}\right|}{\max_k\left|c_{ik}\right|-1}\right)+\sum_{j=1}^{M}\left(\sum_{i=1}^{M}\frac{\left|c_{ij}\right|}{\max_k\left|c_{kj}\right|-1}\right) \tag{3-17}$$

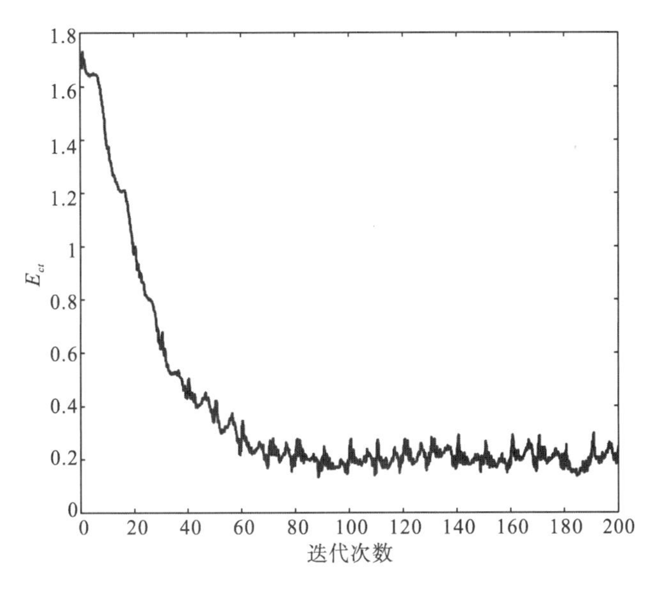


图 3.16 匹配优化盲分离算法的收敛性能图

从图 3.16 可以看出，匹配优化盲分离算法在迭代次数为 50 次时就趋于稳定，即匹配优化盲分离算法具有收敛性，通过匹配优化盲分离算法进行盲源信号分离是可行的。

#### 3.2.4.3 匹配优化盲分离算法参数的选择

匹配优化盲分离算法依赖于一个重加权过程，该过程会惩罚估计源的某些条目。该权重是混合矩阵 $\boldsymbol{A}$ 的列向量的 $\|\cdot\|_p$-范数的函数，会测量根据源混合信号给出的每个样本。直观地说，$p$ 的取值较低是很自然的，因为它在混合矩阵 $\boldsymbol{A}$ 列向量的稀疏和非稀疏列之间产生更多的对比。如果信号源是已知的，这个讨论将更有道理。因此，这种讨论发生在部分已知的混合源信号会更有意义。为了保证参数的选择更具有说服性，必须在以下两个选项之间进行权衡[46]：

(1) 参数 $p$ 的取值较大可能导致较少判别条目的欠惩罚。

(2) 参数 $p$ 的取值较小提供了混合矩阵 $\boldsymbol{A}$ 的非稀疏条目更大的惩罚，这对有效地分离稀疏源信号是更有帮助的。

然而，在匹配优化盲分离算法开始时，由于参数 $p$ 的取值不可靠，通常对混合矩阵 $\boldsymbol{A}$ 的估计值是有缺陷的。在这种情况下，$p$ 的取值太小可能错误惩罚混合矩阵 $\boldsymbol{A}$ 的条目，最终妨碍分离过程。为了克服该问题，可以通过从典型 $p$ 的高值开始，然后在每次迭代时将其减小到某个最终值 $p_f$ 来实现，但是这将会增加算法的复杂度。如何在分离效果和算法的复杂度之间有一个平衡，根据实际实验，已经测验过 $p_f$ 的几个值，结果证明在实施的所有实验中选择 $p_f = 0.001$ 会得到一个较好的平衡，如果 $p_f$ 的取值更小就不会带来明显的效果改善[47]。

#### 3.2.4.4 噪声影响分析

在本小节中，将讨论权重加权方案对匹配优化盲分离算法在噪声条件下的性能影响。首先，在匹配优化盲分离算法中，权重 $\lambda_i$ 是根据源混合信号的估计值估计的。这些源混合信号的估计值从匹配优化盲分离算法的步骤中获得。在较低信噪比的条件下，所提出的权重加权方案与混合矩阵 $\boldsymbol{A}$ 列向量的振幅成反比。更确切地说，这意味着由多个源共享的混合矩阵 $\boldsymbol{A}$ 的能量较大的采样矢量比在源之间具有相同分布的能量较小的采样矢量更容易受到惩罚。强烈惩罚能量较大的采样矢量是可取的，因为它们对混合矩阵和源的估计是不利的[48]。在噪声设置中，情况变得相当不同，振幅较小采样矢量比振幅较大的采样矢量更可能被噪声干扰。一方面，所提出的权重加权过程对于源混合信号的分离可能是灾难性的，无论它们是否部分相关。实际上，由于权重与源混合信号混合矩阵的列的振幅成反比，所以所提出的权重加权过程将倾向于偏好受噪声影响更多影响能量较小的混合矩阵的列矢量。另一方面，从公式(3-15)可以看出，匹配优化盲分离算法会避开噪声比预先设定的噪声小的采样点数据。从这个角度来说，降低噪声的影响对匹配优化盲分离算法的分离效果更有利[49]。Gorodnitsky等证明了匹配优化盲分离算法对附加噪声污染的鲁棒性[50]。当形态多样性成立时，这显然是成立的。在这种情况下，根据匹配优化盲分离算法进行盲源信号分离的分离效果受最具判别性的源混合信号的采样列矢量的影响比较大，这部分采样列矢量的振幅也不一定是最大的。因此，在稀疏成分分析源的情况下，判别源不一定是大振幅样本。从这个角度来说，本节所提出的算法对噪声比较敏感。接下来，从仿真实验的角度分析本节所提的匹配优化盲分离算法的性能。

### 3.2.5 仿真实验分析及讨论

在本节中，用具体实验来验证匹配优化盲分离算法的性能。在实验中，时频域中的非正交跳频信号将从混合信号中分离出来。在实际实验中，每个参数定义如下：采样率率 $f_b = 2\times10^5\,\text{Hz}$，传输比特率 $R_b = 10^3\,\text{bit/s}$，跳频速度 $v = 500\,\text{hop/s}$，调制频率 $f_0 = 2\times10^3\,\text{Hz}$，比特数 $m = 80$，原始信号数 $M_K = 3$，接收天线数 $R_K = 2$。

发送源混合信号的时频图如图 3.17 所示。实验目的是从接收到的混合信号中分离出每个目标信号。源混合信号在经过高斯信道后，接收的混合信号时频域图像如图 3.18(接收复合信号)所示。在实验中，采用两个信道进行信号的传输。

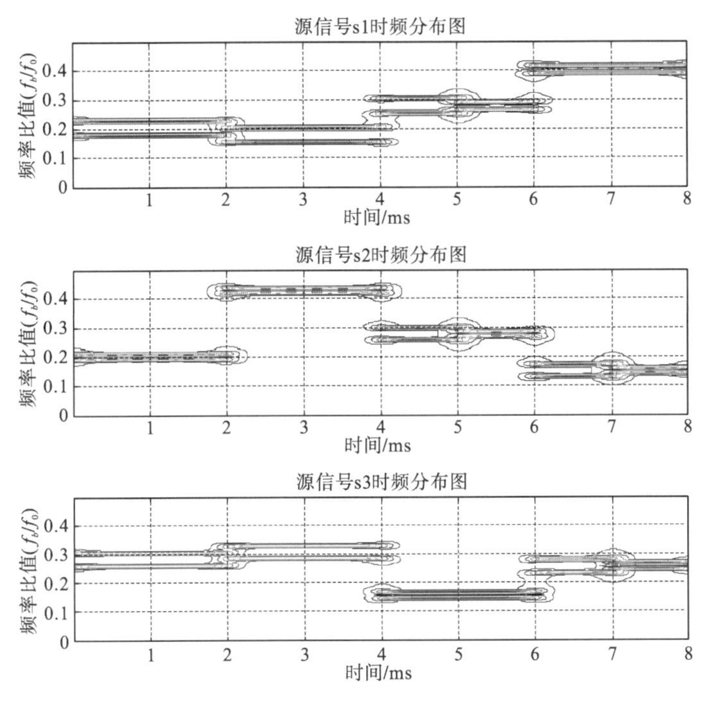


图 3.17 源信号波形时频图

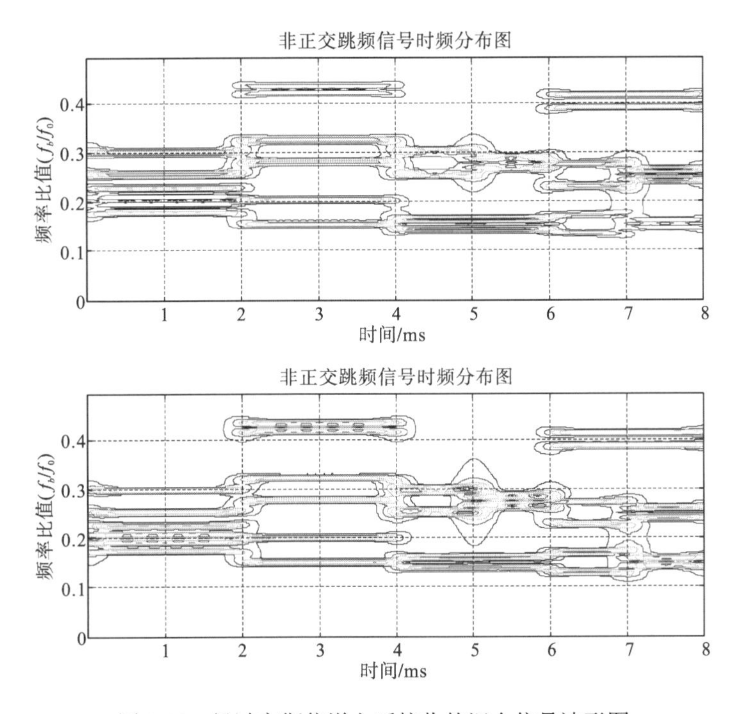


图 3.18 经过高斯信道之后接收的混合信号波形图

### 3.2.5.1 对比分析实验一

使用本节所提出的匹配优化盲分离算法进行盲源信号分离，最终分离信号的波形如图 3.19 所示，从图 3.19 可以看出，分离得到的信号为 3 个信号，这与源混合信号的个数是一样多的。对比源信号的波形图(图 3.17)和分离后的信号波形图(图 3.19)可以看出，两组信号的波形非常相似。

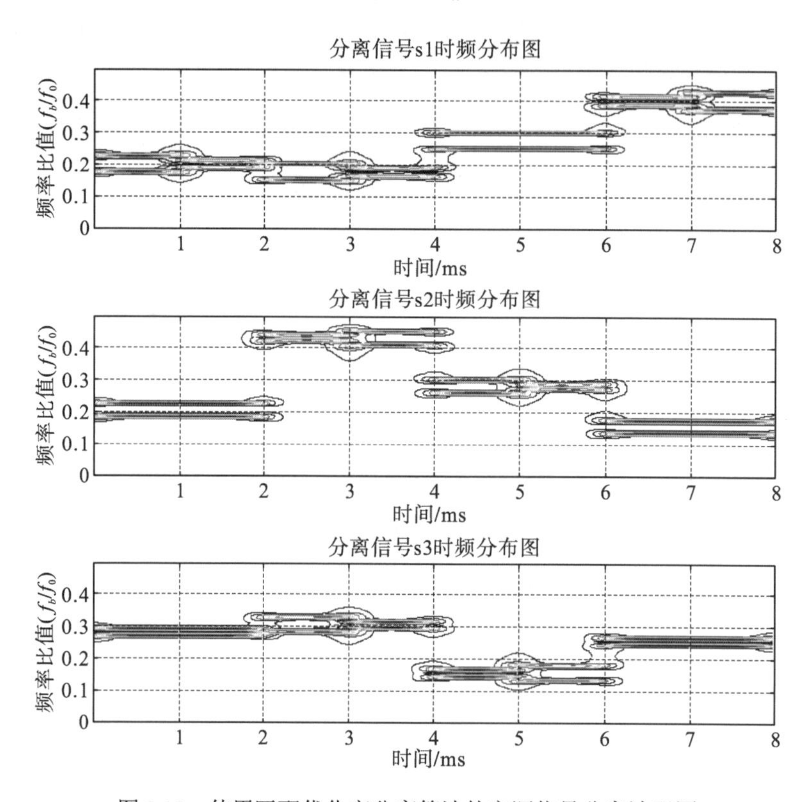


图 3.19 使用匹配优化盲分离算法的盲源信号分离波形图

通过客观评价比较图 3.17 至图 3.19 信号波形的相似程度来验证本节所提出的算法的分离性能，并进一步与频域搜索和平均算法 SAMFD 比较分离性能[51]。使用 Pearson 相关系数作为客观评价函数来衡量，Pearson 的相关系数定义参照式(3-9)[52]。

性能仿真结果如图 3.20 所示，可以看到，信噪比为 10dB 时，分离性能有比较大幅度的提升，Pearson 相关系数值达到 0.95 左右。因此，源混合信号可以由本节所提出的匹配优化盲分离算法更有效地分离，并且本节所提出的匹配优化盲分离算法的性能比传统的搜寻和平均算法更好。

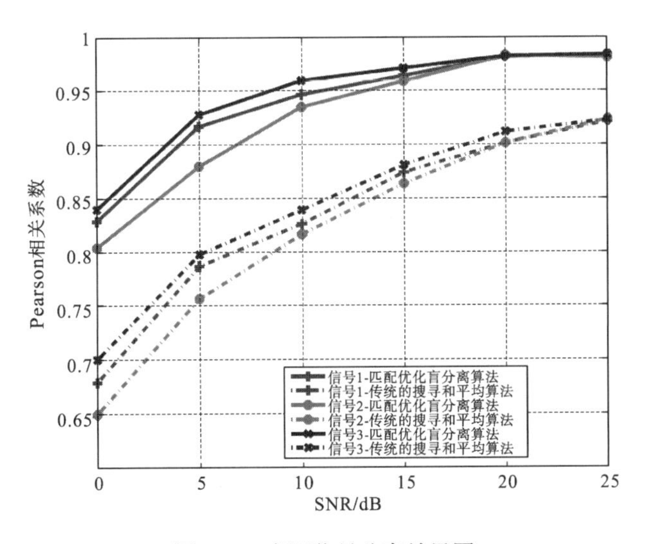


图 3.20　盲源信号分离效果图

### 3.2.5.2　对比分析实验二

从上一节中可以看出，匹配优化盲分离算法具有令人满意的分离效果。在本节中，将使用误差性能分析作为另一个评估标准来继续分析分离本节所提出的匹配优化盲分离算法的分离效果。在误差性能分析中，进一步与传统的基于比率矩阵聚类算法来比较分离性能[53]，其中误差性能分析的函数使用 PI 值作为衡量标准。PI 值的计算公式如式(3-10)所示。

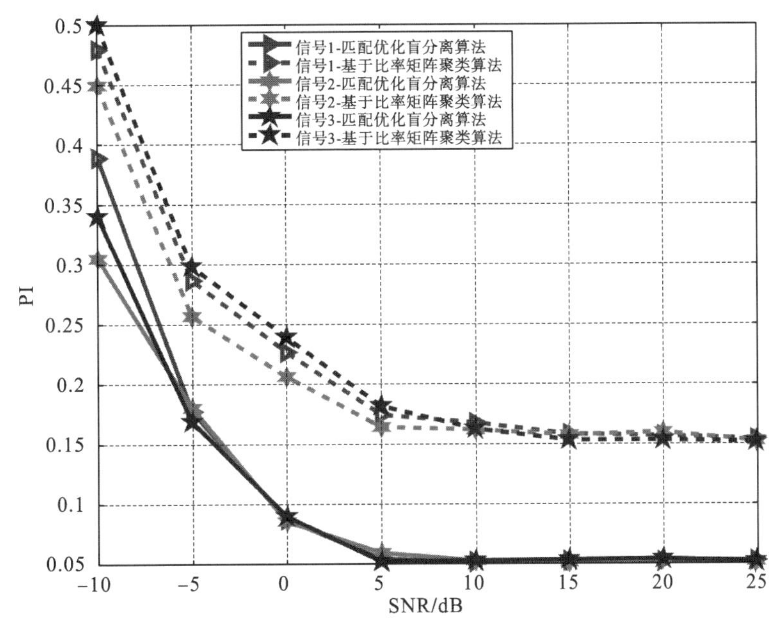


图 3.21　盲源信号分离效果图

图 3.21 中，匹配优化盲分离算法在信噪比为 5dB 时 PI 值接近 0.1，当信噪比为 10dB 时算法的分离性能趋于稳定。因此，可以得出盲源信号可以用本节所提出的匹配优化盲分离算法有效分离，比传统的基于比率矩阵聚类算法的性能更好。

## 3.3 本章小结

在 3.1 节中，提出了密度聚类盲分离算法。该算法是在两个假设前提下进行的：①在时频域中，源混合信号必须正交；②源混合信号中各信号的能量差异尽可能大。在这两点假设的前提下，首先，通过计算每个采样点的短时傅里叶变换来获得源混合信号的时频域数据。其次，根据采样信号的时频域数据特征构建了代价函数对$(\rho,\delta)$和决策坐标系统。在决策坐标系统中，根据对采样点数据的分类结果可以判断出源混合信号的数量，并且根据欧几里得距离将每个采样点数据分配给最近的聚类中心，进而完成盲源信号分离。在该节的最后，进行了一系列的实验，验证该节提出的密度聚类盲分离算法的性能。实验结果证明了该方法的有效性和鲁棒性。

3.2 节是在 3.1 节基础上进一步开展的研究，解决的是在跳频体制下源混合信号是非正交的盲源信号分离问题。在该节中，针对非正交跳频信号欠定盲源信号分离问题，提出把采样信号分为两类，一类是没有发生碰撞的采样信号，这类采样信号组成一个样本空间，对于这类信号可以采用密度聚类盲分离算法进行分离；另一类是产生碰撞的采样信号，由于每个采样点的能量值都是几个信号能量之和，因此不能直接运用聚类的方法进行盲源信号分离，对于这类采样信号构造了代价函数，把盲源信号分离问题转化为优化问题，用最陡下降法完成了代价函数的优化。通过该节所提的匹配优化盲分离算法完成了非正交跳频信号的盲源信号分离。在该节最后，从参数选择和对噪声的敏感度方面分析了算法的性能，并且通过两个性能评价函数对比了该节所提出的匹配优化盲分离算法和传统的搜寻和平均算法以及基于比率矩阵聚类算法的分离性能。

## 参考文献

[1] Duarte L T, Romano J M T, Jutten C, et al. Application of blind source separation methods to ion-selective electrode arrays in flow-injection analysis[J]. IEEE Sensors Journal, 2014, 14(7): 2228-2229.

[2] Hyvarinen A. Gaussian moments for noisy independent component analysis[J]. IEEE Signal Processing Letters, 1999, 6(6): 145-147.

[3] Gu F L, Zhang H, Zhu D S. Maximum likelihood blind separation of convolutively mixed discrete sources[J]. China Communications, 2013, 4(3): 61-67.

[4] Tichavský P, Koldovsky Z, Oja E. Performance analysis of the fastica algorithm and cramer-crao bounds for linear independent component analysis[J]. IEEE Trans on Signal Processing, 2006, 54(4): 1189-1230.

[5] Belouchrani A, Abed-Meraim K, Cardoso J F, et al. A blind source separation technique using second order statistics[J]. IEEE Transactions on Signal Processing, 1997, 45(2): 434-444.

[6] Barbakh W, Wu Y, Fyfe C. Review of clustering algorithms in: non-standard parameter adaptation for exploratory data analysis[J]. Springer, 2009, 11(3): 27-28.

[7] Jain A K. Data clustering: 50 years beyond K-means[J]. Pattern Recognition Letters, 2010, 3(1): 651-666.

[8] Proakis J G. Digital Communications[M]. 4th Ed. Beijing: Publishing House of Electronics Industry, 2009, 11(4): 556-558.

[9] Boutsidis C, Zouzias A, Mahoney M W, et al. Randomized dimensionality reduction for k-means clustering[J]. IEEE Transactions on Information Theory, 2015, 61(2):1045-1062.

[10] Xu Y, Yu L C, Xu H T, et al. Vector sparse representation of color image using quaternion matrix analysis[J]. IEEE Trans on Image Processing, 2015, 24(4): 1315-1329.

[11] Ning Y, Zhu X J, Zhu S N, et al. Surface EMG decomposition based on K-means clustering and convolution kernel compensation[J]. IEEE Journal of Biomedical and Health Informatics, 2015, 19(2): 471-477.

[12] Schouten T E, van den Broek E L. Fast exact euclidean distance (FEED): a new class of adaptable distance transforms[J]. IEEE Trans on Pattern Analysis and Machine Intelligence, 2014, 36(11): 2159-2172.

[13] Loghmari M A, Naceur M S, Boussema M R. A new sparse source separation-based classication approach[J]. IEEE Trans on Geoscience and Remote Sensing, 2014, 52(11): 6924-6936.

[14] Meganem I, Deville Y, Hosseini S, et al. Linear-quadratic blind source separation using NMF to unmix urban hyperspectral images[J]. IEEE Trans on Signal Processing, 2014, 62(7): 1822-1833.

[15] Koldovsky Z, Malek J, Gannot S. Spatial source subtraction based on incomplete measurements of relative transfer function[J]. IEEE/ACM Trans on Audio, Speech, and Language Processing, 2015, 23(8): 1335-1347.

[16] Hoyer P O. Non-negative matrix factorization with sparseness constraints[J].Journal of Machine Learning Research, 2004, 5(1): 1457-469.

[17] Yang Z Y, Xiang Y, Xie S L, et al. Nonnegative blind source separation by neural networks and learning systems, 2012, 23(10): 1601-1610.

[18] Li C J, Zhu L D, Zhang Z. Non-orthogonal frequency hopping signal underdetermined blind source separation in time-frequency domain[J]. Infocommunications Journal, 2016, 8(3):1-7.

[19] Reju V G, Koh S N, Soon I Y. Underdetermined convolutive blind source separation via time-frequency masking[J]. IEEE Trans on on Audio, Speech, and Language Processing, 2010, 18(1):101-116.

[20] Tichy O, Smidl V. Bayesian blind separation and deconvolution of dynamic image sequences using sparsity priors[J]. IEEE Trans on Medical Imaging, 2015, 34(1): 258-266.

[21] Rodriguez A, Laio A. Clustering by fast search and find of density peaks[J]. Science, 2014, 344 (6191): 1492-1496.

[22] Zhou G X, Yang Z Y, Xie S L, et al. Mixing matrix estimation from sparse mixtures with unknown number of sources[J]. IEEE Trans on Neural Networks, 2011, 22(2): 211-221.

[23] Abolghasemi V, Ferdowsi S, Sanei S. Blind separation of image sources via adaptive dictionary learning[J]. IEEE Trans on Image Processing, 2012, 21(6): 2921-2930.

[24] Tropp J A, Gilbert A C. Signal recovery from random measurements via orthogonal matching pursuit[J]. IEEE Trans on Information Theory, 2007, 53(12): 4655-4666.

[25] Wolpert D H, Macready W G. No free lunch theorems for optimization[J]. IEEE Transactions Evolutionary Computation, 1997, 1(1): 67-82.

[26] Yi Q M. Blind source separation by weighted K-means clustering[J]. Journal of Systems Engineering and Electronics, 2008, 19(5): 882-887.

[27] Fu W H, Hei Y Q, Li X H. UBSS and blind parameters estimation algorithms for synchronous orthogonal FH signals[J]. Journal of Systems Engineering and Electronics, 2014, 25(6): 911-920.

[28] Tichy O, Smidl V. Bayesian blind separation and deconvolution of dynamic image sequences using sparsity priors[J]. IEEE Transactions on Medical Imaging, 2015, 34(1): 258-266.

[29] Atcheson M, Jafari I, Togneri R, et al. On the use of contextual time-frequency information for full-band clustering based convolutive blind source separation[C]. IEEE International Conference on Acoustic, Speech and Signal Processing (ICASSP), 2014, 2114-2118.

[30] Duarte L T, Romano M T, Jutten C, et al. Application of blind source separation methods to ion-selective electrode arrays in flow-injection analysis[J]. IEEE Sensors Journal, 2014, 14(7): 2228-2229.

[31] Sha Z C, Huang Z T, Zhou Y Y, et al. Frequency hopping signals sorting based on underdetermined blind source separation[J]. IET Communications, 2013, 7(14): 1456-1464.

[32] Bobin J, Rapin J, Larue A, et al. Sparsity and adaptivity for the blind separation of partially correlated sources[J]. IEEE Transactions on Signal Processing, 2015, 63(5): 123-134.

[33] Wang S L, Chen W, Zhu N H, et al. A novel optical frequency-hopping scheme for secure WDM optical communications[J]. IEEE Photonics Journal. 2015, 7(3): 135-147.

[34] Nan F Y. SVD reconstruction algorithm and determination of signal number by frequency domain information[J]. Antennas and Propagation Society International Symposium, 1995, 1(4) : 428-430.

[35] Loghmari M A, Naceur M S, Boussema M R. A new sparse source separation-based classification approach[J]. IEEE Transactions on Geoscience and Remote Sensing, 2014, 52(11):6924-6936.

[36] Bertsekas D P. On the goldstein-levitin-polyak gradient projection method[J]. IEEE Transactions on Automatic Control, 1976, 21(2): 174-183.

[37] Ganesh A, Zhou Z H, Ma Y. Separation of a subspace-sparse signal: algorithms and conditions[C]. ICASSP, London, 2009, 3141-3144.

[38] Bobin J, Starck J L, Fadili M J, et al. Sparsity and morphological diversity in blind source separation[J]. IEEE Transactions on Image. Image Process, 2007,16(11): 2662-2674.

[39] Bobin J, Starck J L, Moudden Y, et al. Blind source separation: the sparsity revolution[J]. Advances in Imaging and Elearon Physics[J], 2008, 152(3): 221-306.

[40] Combettes P L, Wajs V R. Signal recovery by proximal forward backward splitting[J]. SIAM J. Multiscale Model.

Simulat., 2005, 4(4): 1168-1200.

[41] Widrow B, Mccool J. A comparison of adaptive algorithms based on the methods of steepest descent and random search[J]. IEEE Transactions on Antennas and Propagation, 1976, 23(12): 615-637.

[42] Bruce A, Sardy S, Tseng P. Block coordinate relaxation methods for nonparametric signal denoising[J]. Proceedings of SPIE-The internationd Society for Optical, 1998, 3391(21): 75-86.

[43] Tseng P. A coordinate gradient descent method for non-smooth separable minimization[J]. Mathematical Programming, 2009, 117(1): 387-423.

[44] Yin W, Osher S, Goldfarb D, et al. Bregman iterative algorithms for 1-minimization with applications to compressed sensing[J]. SIAM Journal on Imaging Sciences, 2011, 1(1): 143-168.

[45] Candes E J, Wakin M B, Boyd S P. Enhancing sparsity by reweighted l1 minimization[J]. Journal of Fourier Analysis & Applications 2007, 14(2): 877-905.

[46] Li B, Li R G, Eryilmaz A. On the optimal convergence speed of wireless scheduling for fair resource allocation[J]. IEEE/ACM Transactions on Networking, 2015, 23(2): 631-643.

[47] Bobin J, Rapin J, Larue A, et al. Sparsity and adaptivity for the blind separation of partially correlated sources[J]. IEEE Transactions on Signal Processing, 2015, 63(5): 1199-1213.

[48] Canny J. Computational approach to edge detection[J]. IEEE Transactions on Pattern Analysis and Machine Intelligence, 1986, 8(6): 679-698.

[49] Candes E J, Romberg J, Tao T. Robust uncertainty principles: exact signal reconstruction from highly incomplete frequency information[J]. IEEE Transactions on Information Theory, 2006, 52(2): 489-509.

[50] Gorodnitsky I F, Rao B D. Sparse signal reconstruction from limited data using FOCUSS: a re-weighted minimum norm algorithm[J]. IEEE Transactions on Signal Processing, 1997, 45(3): 600-616.

[51] Bobin J, Starck J L, Fadili M J, et al. Sparsity and morphological diversity in blind source separation[J]. IEEE Transactions on. Image Processing, 2007, 16(11): 2662-2674.

[52] Meste O, Rix H, Caminal P, et al. Ventricular late potentials characterization in time frequency domain by means of a wavelet transform[J]. IEEE Transactions on Biomedical Engineering, 1994, 41(7): 625-634.

[53] Hassan S M, Vakilian M, Gevork B. Comparison of transformer detailed models for fast and very fast transient studies[J]. IEEE Transactions on Power Delivery, 2008, 23(2): 733-741.

# 4 正交频分复用系统中自适应干扰消除与源信号恢复

本章介绍 OFDM 系统的盲信号分离方法，用于实现 OFDM 系统的盲载波间干扰抑制与源信号恢复。主要提出两种盲分离处理方法：第一种是基于独立成分分析(ICA)的 OFDM 盲载波间干扰抑制与源信号恢复方法，该方法提高了系统的频谱效率，可以避免烦琐的信道估计，有效地克服了估计误差带来的性能损伤，提高了源信号恢复的鲁棒性，能够自适应地实现系统的同步接收；第二种是Vandermonde 约束的 OFDM 盲载波同步接收张量分解方法，该方法利用了建立的OFDM张量分解接收模型中Vandermonde矩阵的结构约束，得到了新的辨识条件，提升了分解性能，而且比起传统的平行因子张量分解方法具有较低的计算复杂度。

## 4.1 基于 ICA 的 OFDM 盲干扰抑制与源信号恢复方法

本节介绍基于 ICA 的 OFDM 盲载波间干扰抑制与源信号恢复方法，目的是抑制 OFDM 系统在遭遇未知频偏和多径信道引起的子载波间干扰时，自适应地实现源信号的恢复。本方法利用 OFDM 各个子载波信号间的独立性，结合盲源分离的原理，可以得知源信号的恢复等效于实现盲均衡处理。由此接收的 OFDM 信号可以被看作一个混合观测信号，载波频偏和多径信道对源信号的影响可以等效于盲源分离模型中的混合矩阵。本节先建立了一个基于 ICA 的 OFDM 系统盲信号分离模型，然后依据源信号的统计独立性和非高斯性，设计了基于 ICA 的盲检测方法，从接收的混合信号中提取源信号。使用盲源分离技术不仅可以提高系统的频谱效率，而且可以对抗参数估计误差问题引起的性能损伤。研究表明，与传统的信号检测方法相比，基于 ICA 的 OFDM 系统盲分离方法具有有效的干扰抑制和源信号恢复性能。

### 4.1.1 研究背景

OFDM 是一种很有前景的复用技术，能够强有力地对抗信道的频率选择性衰落，是未来无线通信系统中不可或缺的关键技术。目前 OFDM 技术已经在数字语音广播、数字电视、WiFi IEEE 802.11a、长期演进技术(long term evolution，LTE)和宽带卫星通信等系统中得到了广泛的应用[1-3]。

在 OFDM 方案中，由于子载波间引起的载波间干扰和多径衰落信道传输引起的码间干扰会严重阻碍 OFDM 系统中期望信号的检测接收，一般都需要借助均衡技术减轻信道影响，对抗码间干扰和子载波间干扰，改善接收机的信号检测性能[1-3, 6-14]。一般地，常规的检测处理方式是，先辨识未知的信道矩阵，再使用常规的检测方法如迫零(zero-forcing，ZF)或最小均方误差借助估计的信道条件来恢复源信号。这种常规方法的主要缺点是需要估计烦琐的参数，例如信道矩阵，但在实际中，大多数情况下感兴趣的是源信号。信道状态信息通常是基于导频序列估计的，这些基于导频机制的方法会降低系统的频谱效率。此外，不准确的信道估计也会对源信号检测性能造成损伤[6, 7]。

从原理上来说，OFDM 对频率选择性衰落信道的影响不敏感，与单载波系统相比，对载波频率偏移(carrier frequency offset，CFO)的影响更敏感[1-3]。CFO 的出现将产生严重的载波间干扰，如果不恰当地补偿，将会严重降低系统的接收性能。为了对抗载波频偏引起的不利影响，通常需要采用载波同步方法。载波同步方法一般分为两步执行。首先，估计载波频偏；然后，根据估计的载波频偏进行相应的频偏补偿。然而，这种常规的方法存在着负面的影响。很多载波频偏的估计算法都是基于导频估计的，需要消耗额外的带宽，导致频谱效率下降。尽管一些盲载波频偏估计算法可以避免此问题，但是这些算法的复杂度较高，而且会因为估计的载波频偏不精确导致源信号性能的下降。

针对由信道和频偏引起的载波间干扰和码间干扰的不利影响，本节提出了利用基于源信号统计独立的盲源分离来自适应实现干扰抑制和源信号恢复，不需要估计信道和频偏，而是将信道和频偏的影响融入盲源分离模型中的混合矩阵。ICA 是一种强有力的统计信号方法，依据源信号的独立性，可以仅从观测的混合信号中提取或分离出源信号[4-11]。ICA 在无线通信系统中具有重要的应用，可以实现无线通信中的盲信号处理接收。例如，Luo 等研究了在 DS-CDMA 系统中使用 ICA 辅助源信号估计和干扰抑制，增强了系统的抗干扰性能[4,5]。Wong 等研究了基于高阶统计的 ICA 方法去实现 MIMO 系统的盲辨识和盲均衡[6,7]。Zarzoso 等研究了基于 ICA 的 MIMO-OFDM 的接收系统，有效地解决了信道估计、峰均功率比等问题[8-14]。

正是由于前人的研究，激发了我们进一步研究基于 ICA 的 OFDM 系统并改善其性能的兴趣。为了对抗由未知频偏和多径信道引起的干扰，克服传统方法的负面性能影响，本节首先建立了 OFDM 系统基于 ICA 的盲源分离模型，提出了源信号恢复的方法。然后分析了抑制由频偏和多径信道引起的载波间干扰的盲分离原理。由于利用盲处理的方式，可以放宽对先验信息条件的需求，可以避免信道状态信息估计、频偏估计和相应的纠正处理。计算机仿真分析，验证了借助源信号独立性的盲分离方法的性能，实现了 OFDM 系统中源信号恢复的性能优化。

### 4.1.2 系统模型分析

考虑一个频率选择性衰落信道下的 OFDM 通信系统[14]，第 $n$ 个 OFDM 数字调制符号表示为 $\boldsymbol{S}(n)=\left[S_0^n,S_1^n,\cdots,S_{N-1}^n\right]^{\mathrm{T}}$，其中 $S_i^n,(i=0,\cdots,N-1)$ 表示来自多进制相移键控(M-ary phase shift keying，MPSK)或多进制正交幅度调制(M-ary quadrature amplitude modulation，MQAM)调制星座点。时域的 OFDM 符号可以通过逆傅里叶变换(IFFT)得到，表示为 $\boldsymbol{s}(n)=\left[s_0^n,s_1^n,\cdots,s_{N-1}^n\right]^{\mathrm{T}}$，具体的计算可以表示如下：

$$\boldsymbol{s}(n)=\boldsymbol{F}_N^{\mathrm{H}}\boldsymbol{S}(n)=\frac{1}{\sqrt{N}}\begin{bmatrix} W^{0.0} & \cdots & W^{0.(N-1)} \\ W^{1.0} & \cdots & W^{1.(N-1)} \\ \vdots & \ddots & \vdots \\ W^{(N-1).0} & \cdots & W^{(N-1)(N-1)} \end{bmatrix}\begin{bmatrix} S_0^n \\ S_1^n \\ \vdots \\ S_{N-1}^n \end{bmatrix} \tag{4-1}$$

其中，$N$ 表示子载波个数，$W=\mathrm{e}^{-\mathrm{j}2\pi/N}$；$\boldsymbol{F}_N$ 表示 $N$ 点傅里叶矩阵，$\boldsymbol{F}_N^{\mathrm{H}}$ 表示对应的逆傅里叶矩阵；傅里叶矩阵的 $(i,k)$ 元素表示为 $F(i,k)=W^{(i-1)(k-1)}$；$(\cdot)^{\mathrm{H}}$ 表示共轭转置，$(\cdot)^{\mathrm{T}}$ 表示转置；$\boldsymbol{F}_N\boldsymbol{F}_N^{\mathrm{H}}=\boldsymbol{F}_N^{\mathrm{H}}\boldsymbol{F}_N=\boldsymbol{I}_N$，$\boldsymbol{I}_N$ 表示 $N\times N$ 单位矩阵。为了避免子块间干扰，需要在各个 OFDM 符号前添加足够长的循环前缀进行传输。

在接收机端，考虑到信道影响和去除循环前缀后，接收的 OFDM 信号形式可以表示为(暂不考虑噪声)

$$\boldsymbol{y}(n)=\boldsymbol{\Phi}_h\boldsymbol{s}(n)=\begin{bmatrix} h_0 & h_{N-1} & \cdots & h_1 \\ h_1 & h_0 & \cdots & h_2 \\ \vdots & \vdots & \ddots & \vdots \\ h_{N-1} & h_{N-2} & \cdots & h_0 \end{bmatrix}\begin{bmatrix} s_0^n \\ s_1^n \\ \vdots \\ s_{N-1}^n \end{bmatrix} \tag{4-2}$$

其中，$\boldsymbol{\Phi}_h$ 是一个信道卷积矩阵，由于循环前缀作用的影响，是一个 $N\times N$ 的循环矩阵，由 $N\times 1$ 的列向量 $\boldsymbol{h}=\left[h_0,h_1,\cdots,h_{L-1},\cdots,h_{N-1}\right]^{\mathrm{T}}$ 作为第一列；$L$ 是信道的最大延迟，即信道可以看成一个 $L$ 阶的 FIR 滤波器，具有脉冲响应 $h_k$ 满足条件 $h_k=0,k<0$ 或 $k>L$。注意到信道循环矩阵 $\boldsymbol{\Phi}_h$ 具有一个重要的性质，即循环矩阵可以通过傅里叶矩阵对角化：$\boldsymbol{\Phi}_h=\boldsymbol{F}_N^{\mathrm{H}}\boldsymbol{\Lambda}\boldsymbol{F}_N$，$\boldsymbol{\Lambda}$ 是一个 $N\times N$ 的对角矩阵。

考虑循环前缀和噪声的影响，式(4-2)的接收信号模型表示为

$$\boldsymbol{x}(n)=\boldsymbol{\Delta}\boldsymbol{\Phi}_h\boldsymbol{s}(n)+\boldsymbol{z}(n) \tag{4-3}$$

式中，$\boldsymbol{\Delta}$ 是一个 $N\times N$ 的对角频偏矩阵，具有元素值 $\boldsymbol{\Delta}=\mathrm{diag}\left\{1,\mathrm{e}^{\mathrm{j}2\pi\xi/N},\cdots,\mathrm{e}^{\mathrm{j}2\pi(N-1)\xi/N}\right\}$；$\xi$ 是经子载波间隔归一化的 CFO 值。当没有频偏时，$\xi=0$，此时的 $\boldsymbol{\Delta}=\boldsymbol{I}_N$。$\boldsymbol{z}$ 是圆对称高斯白噪声向量，即 $\boldsymbol{z}\sim CN\left(0,N_0\boldsymbol{I}\right)$，其中 $N_0$ 是噪声方差。

接收信号经过 $N$ 点 FFT 变换后得到输出的 OFDM 符号块，可以表示为

$$\begin{aligned}\boldsymbol{X}(n)&=\boldsymbol{F}_N\boldsymbol{x}(n)=\boldsymbol{F}_N\left(\boldsymbol{\Delta\Phi}_h\boldsymbol{s}(n)+\boldsymbol{z}(n)\right)\\&=\boldsymbol{F}_N\boldsymbol{\Delta F}_N^{\mathrm{H}}\boldsymbol{F}_N\boldsymbol{\Phi}_h\boldsymbol{F}_N^{\mathrm{H}}\boldsymbol{F}_N\boldsymbol{s}(n)+\boldsymbol{F}_N\boldsymbol{z}(n)\\&=\boldsymbol{C\Lambda S}(n)+\boldsymbol{Z}(n)\\&=\boldsymbol{AS}(n)+\boldsymbol{Z}(n)\end{aligned}\tag{4-4}$$

其中，$\boldsymbol{C}=\boldsymbol{F}_N\boldsymbol{\Delta F}_N^{\mathrm{H}}$ 是循环CFO矩阵，含有元素值为 $[C]_{p,q}=(1/N)\sum_{n=0}^{N-1}\mathrm{e}^{\mathrm{j}2\pi n(-p+q+\xi)/N}$；$\boldsymbol{\Lambda}=\boldsymbol{F}_N\boldsymbol{\Phi F}_N^{\mathrm{H}}$ 是频域形式的信道响应，含有对角元素值 $[\Lambda]=\sum_{n=0}^{N-1}h_n\mathrm{e}^{-\mathrm{j}2\pi mn/N}$；$\boldsymbol{Z}(n)=\boldsymbol{F}_N\boldsymbol{z}(n)$ 是噪声向量。

式(4-4)等效于 BSS 或 ICA 的线性瞬时混合模型，$\boldsymbol{A}=\boldsymbol{C\Lambda}$ 相当于混合矩阵，是由信道矩阵和频偏矩阵的影响构成。$\boldsymbol{S}(n)$ 是统计独立和非高斯性的源信号。基于式(4-4)的模型，实现载波频率同步和信道均衡，只需要从接收的混合信号 $\boldsymbol{X}(n)$ 中分离出源信号，无须频偏估计和信道估计。基于 ICA 的载波频率同步模型式(4-2)的分离原则和分离算法及性能分析，将在下一小节讨论。

### 4.1.3 OFDM 盲自适应干扰抑制与源信号恢复

基于上节建立的 OFDM 盲信号分离模型，本小节介绍 OFDM 盲自适应干扰抑制与源信号恢复方法。首先，介绍基于信号独立性的盲分离方法；然后，进行性能分析和讨论，最后给出相关方法的复杂度分析与比较。

#### 4.1.3.1 基于 ICA 的盲分离方法

基于上述建立的 OFDM 盲信号分离模型，在此模型中的盲信号分离处理中，接收的混合数据一般需要进行白化处理，这是基本的预处理，可以用于简化后续的分离处理工作。经过白化处理后，随后的盲分离处理变得更简单，因为分离矩阵可以建模为一个简化的标准正交矩阵。白化处理通常是通过主成分分析(principle component analysis，PCA)执行的。在 PCA 处理中，不需要明确的关于向量的概率密度函数，只要接收数据的第一阶和第二阶的统计信息是已知或是可以从混合数据中估计出就能满足执行 PCA 处理的条件[15, 16]。

PCA 处理的本质是基于下述的问题，考虑模型式(4-4)中多维的观测向量 $\boldsymbol{X}(m)=\left[X_1(m),X_2(m),\cdots,X_N(m)\right]^{\mathrm{T}}$，求得线性变换矩阵 $\boldsymbol{W}$，使得变换后得到的分量是不相关的，即

$$\boldsymbol{U}(m)=\boldsymbol{W}\left\{\boldsymbol{X}(m)-E\left[\boldsymbol{X}(m)\right]\right\}\tag{4-5}$$

以至于满足下面的条件，即

$$\begin{aligned}\boldsymbol{\Sigma}_u &= E\left\{\left[\boldsymbol{u}-E(\boldsymbol{u})\right]\left[\boldsymbol{u}-E(\boldsymbol{u})\right]^{\mathrm{H}}\right\} \\ &= E\left(\boldsymbol{u}\boldsymbol{u}^{\mathrm{H}}\right), E(\boldsymbol{u})=0\end{aligned} \tag{4-6}$$

其中，$\boldsymbol{\Sigma}_u$ 是对角的，可以表示为 $\boldsymbol{X}(m)$ 的协方差形式，表示如下：

$$\begin{aligned}\boldsymbol{\Sigma}_u &= E\left\{\boldsymbol{W}\left(\boldsymbol{X}-E(\boldsymbol{X})\right)\left(\boldsymbol{X}-E(\boldsymbol{X})\right)^{\mathrm{H}}\boldsymbol{W}^{\mathrm{H}}\right\} \\ &= \boldsymbol{W}E\left\{[\boldsymbol{X}-E(\boldsymbol{X})][\boldsymbol{X}-E(\boldsymbol{X})]\right\}\boldsymbol{W}^{\mathrm{H}} \\ &= \boldsymbol{W}\boldsymbol{\Sigma}_u\boldsymbol{W}^{\mathrm{H}}\end{aligned} \tag{4-7}$$

设 $\boldsymbol{E}_X$ 是由得到协方差矩阵 $\boldsymbol{\Sigma}_X$ 的标准化特征向量形成的矩阵，那么

$$\boldsymbol{D}_X = \boldsymbol{E}_X^{\mathrm{H}}\boldsymbol{\Sigma}_X\boldsymbol{E}_X \tag{4-8}$$

其中，$\boldsymbol{D}_X$ 是对角的特征值矩阵。PCA 白化处理的信号向量可以表示为

$$\boldsymbol{u}(m) = \boldsymbol{D}_X^{1/2}\boldsymbol{E}_X^{\mathrm{H}}\left\{\boldsymbol{X}(m)-E\left[\boldsymbol{X}(m)\right]\right\} = \boldsymbol{W}\left\{\boldsymbol{X}(m)-E\left[\boldsymbol{X}(m)\right]\right\} \tag{4-9}$$

白化处理可以促进 ICA 算法的快速收敛。在接下来的分离处理中，使用互信息作为标准来评估输出信号的统计独立性，分离处理表示为 $\boldsymbol{y}(m)=\boldsymbol{V}\boldsymbol{u}(m)$，其中 $\boldsymbol{V}$ 是线性变换分离矩阵，需要通过最优化互信息代价函数得到。更具体地说，$\boldsymbol{V}$ 是矩阵 $\boldsymbol{G}(\boldsymbol{G}=\boldsymbol{W}\boldsymbol{A})$ 的逆矩阵，$\boldsymbol{G}$ 可以看作未知的混合矩阵，因为 $\boldsymbol{u}(m)=\boldsymbol{G}\boldsymbol{S}(m)$。下面详细说明通过互信息最小化标准的 ICA 得到分离矩阵的原理过程。

考虑 $N$ 维分离处理后的信号向量表示为 $\boldsymbol{y}(m)$，它的互信息表示为 $J(\cdot)$，定义为如下形式：

$$J(y_1,\cdots,y_N) = \sum_{n=1}^{N}H(y_n) - H(y_1,y_2,\cdots,y_N) = \int p(y)\log\frac{p(y)}{\prod_{n=1}^{N}p_n(y_n)}\mathrm{d}y \tag{4-10}$$

当输出分量 $(y_1,y_2,\cdots,y_N)$ 满足相互独立时，有 $p(y_1,y_2,\cdots,y_N)=p(y_1)p(y_2)\cdots p(y_N)$，此时的 $J(y_1,y_2,\cdots,y_N)=0$。在此情况下，信号输出的最大联合熵 $H(y_1,y_2,\cdots,y_N)$ 由各个输出分量最大化的边缘熵构成，这些输出分量也可用于最小化互信息 $J(y_1,y_2,\cdots,y_N)$。$\boldsymbol{y}$ 的概率密度函数为 $p(\boldsymbol{y})$，它的联合熵 $H$ 定义为

$$H(\boldsymbol{y}) = H(y_1)+\cdots+H(y_N)-J(\boldsymbol{y}) \tag{4-11}$$

其中各个边缘熵定义为

$$H(y_i) = -E\left[\log p(y_i)\right], (i=1,\cdots,N) \tag{4-12}$$

输出概率密度函数和输入概率密度函数存在如下关系：

$$p(\boldsymbol{y}) = \frac{p(\boldsymbol{u})}{\left|\det(\boldsymbol{V})\right|} \tag{4-13}$$

下面，推导解决最小互信息问题的方法，通过求互信息关于 $\boldsymbol{V}$ 的自然梯度来迭代优化求解。基于自然梯度的梯度迭代方法更新 $\boldsymbol{V}$ 的最优化算法描述为：

$$
\begin{aligned}
\boldsymbol{V} &= \boldsymbol{V} + \Delta \boldsymbol{V} \\
&= \boldsymbol{V} - \frac{\partial J(y_1,\cdots,y_N)}{\partial \boldsymbol{V}} \boldsymbol{V}^{\mathrm{H}} \boldsymbol{V}
\end{aligned} \tag{4-14}
$$

为了推导自然梯度算法，结合式(4-11)，可以得到输出分量的互信息表示如下：

$$
J(y_1,\cdots,y_N) = E\left[\log p(\boldsymbol{u})\right] - \log(\det \boldsymbol{V}) - \sum_{i=0}^{N} E\left[\log p(y_i)\right] \tag{4-15}
$$

当输出分量的互信息 $J(\boldsymbol{y})$ 等于 0 时，说明这些变量是统计独立的。计算 $J(y_1,\cdots,y_N)$ 关于 $\boldsymbol{V}$ 的梯度表示为

$$
\begin{aligned}
\frac{\partial J(y_1,\cdots,y_N)}{\partial \boldsymbol{V}} &= \frac{1}{\det \mathbf{V}} \frac{\partial \det \boldsymbol{V}}{\partial \boldsymbol{V}} + \sum_{i=1}^{N} E\left[\frac{1}{g_i(y_i)} \frac{\partial g_i(y_i)}{\partial y_i} \frac{\partial y_i}{\partial \boldsymbol{V}}\right] \\
&= \left(\boldsymbol{V}^{-1}\right)^{\mathrm{H}} + E\left[\frac{1}{g(\boldsymbol{y})} \frac{\partial g(\boldsymbol{y})}{\partial \boldsymbol{y}} \boldsymbol{u}^{\mathrm{H}}\right]
\end{aligned} \tag{4-16}
$$

因为在式(4-16)中，第一项 $E\left[\log p(\boldsymbol{u})\right]$ 没有涉及 $\boldsymbol{V}$，所以梯度直接为 0。在 ICA 的算法中，采用非线性函数来近似各个分量 $y_i$ 的概率密度函数。$g(\boldsymbol{y})$ 表示的是 $\left(g_1(y_1),\cdots,g_N(y_N)\right)$。最终计算的自然梯度更新规则为

$$
\begin{aligned}
\Delta \boldsymbol{V} &= -\frac{\partial J(\boldsymbol{y})}{\partial \boldsymbol{V}} \boldsymbol{V}^{\mathrm{H}} \boldsymbol{V} \\
&= \boldsymbol{V} + E\left\{\varphi(\boldsymbol{y}) \boldsymbol{y}^{\mathrm{H}}\right\} \boldsymbol{V}
\end{aligned} \tag{4-17}
$$

其中

$$
\varphi(\boldsymbol{y}) = \frac{1}{g(\boldsymbol{y})} \frac{\partial g(\boldsymbol{y})}{\partial \boldsymbol{y}} \tag{4-18}
$$

可以证明式(4-17)自然梯度更新规则不仅保留了梯度的下降方向，而且可以加快收敛速度。基于互信息最小的 ICA 算法需要重复地执行 $\boldsymbol{V}$ 矩阵的迭代更新。

$$
\boldsymbol{V} = \boldsymbol{V} + \alpha \Delta \boldsymbol{V} \tag{4-19}
$$

式(4-19)是更新规则表达式，其中 $\alpha$ 是更新学习参数，数值上小于 1，控制着收敛速度。式(4-19)需要 $g(\boldsymbol{y})$ 满足是一个对称分布的非线性函数。$\varphi_i(y_i)$ 表示互信息最小 ICA 方法中的激活函数或核函数，定义如下：

$$
\varphi_i(y_i) = \frac{1}{g_i(y_i)} \frac{\partial g_i(y_i)}{\partial y_i} = \frac{\mathrm{d} \log_2 g_i(y_i)}{\mathrm{d} y_i} \tag{4-20}
$$

由于在无线通信中的源信号一般都是亚高斯信号，所以激活函数可以选择如下：

$$
\varphi_i(y_i) = -|y_i|^3 \operatorname{sgn}(y_i) \tag{4-21}
$$

在初始化分离权重矩阵 $\boldsymbol{V}_0$ 后，选择充分恰当小的 $\alpha$，例如 0.0001。根据更新规则式(4-19)执行迭代更新分离权重矩阵。$\varphi(\boldsymbol{y}) = -|\boldsymbol{y}|^3 \operatorname{sgn}(\boldsymbol{y})$。学习更新过程通

常依据于权重$\boldsymbol{V}$、学习率$\alpha$和混合的输入与输出值。

$$\boldsymbol{V}_{p+1}=\boldsymbol{V}_p+\alpha\left(\boldsymbol{I}+\varphi(\boldsymbol{y})\boldsymbol{y}^H\right)\boldsymbol{V}_p \tag{4-22}$$

其中，$p$是迭代次数指标；$\boldsymbol{I}$是适当维度的单位矩阵。初始的输出估计为$\boldsymbol{y}^0(m)=\boldsymbol{V}_0\boldsymbol{u}(m)$。最终的基于自然梯度的算法执行步骤如下：

(a)接收混合信号$\boldsymbol{X}(m)$的白化预处理，

$$\boldsymbol{u}(m)=\boldsymbol{D}_X^{1/2}\boldsymbol{E}_X^{\mathrm{H}}\left\{\boldsymbol{X}(m)-E\left[\boldsymbol{X}(m)\right]\right\}$$

(b)选择初始分离点$\boldsymbol{V}_0$和学习率因子$\alpha$；

(c)估计初始输出，$\boldsymbol{y}^0(m)=\boldsymbol{V}_0\boldsymbol{u}(m)$；

(d)通过迭代更新规则，更新分离矩阵

$$\boldsymbol{V}_{p+1}=\boldsymbol{V}_p+\alpha\left(\boldsymbol{I}+\varphi(\boldsymbol{y})\boldsymbol{y}^{\mathrm{H}}\right)\boldsymbol{V}_p$$

(e)解相关和标准化$\boldsymbol{V}_{p+1}$；

(f)判断如果$\left|\left(\boldsymbol{V}_{p+1}\right)^{\mathrm{H}}\boldsymbol{V}_p\right|$不接近1，那么$p=p+1$，返回到步骤(e)；否则输出矩阵$\boldsymbol{V}_p$，则输出信号为$\boldsymbol{y}(m)=\boldsymbol{V}_p\boldsymbol{u}(m)$。

#### 4.1.3.2 性能分析与讨论

本小节将给出OFDM系统在盲处理方法下的性能分析与讨论。考虑模型式(4-2)，重写表示如下：

$$\boldsymbol{X}(m)=\boldsymbol{AS}(m)+\boldsymbol{N}(m) \tag{4-23}$$

从前面的模型分析中，我们可以知道混合矩阵$\boldsymbol{A}=\boldsymbol{C\Lambda}$，即载波间干扰矩阵。一般地，研究的互信息最小ICA方法可以直接用于盲干扰抑制和源信号恢复。然而，ICA中固有的模糊不确定性问题需要解决。因为任何ICA方法中都有模糊不确定性问题的存在，所以会得到式(4-23)的变换形式。注意到矩阵$\boldsymbol{\Lambda}$是一个$N\times N$的对角矩阵，矩阵$\boldsymbol{\Lambda}$中对角元素是$\boldsymbol{\Phi}_h$的特征值，即$\boldsymbol{\Phi}_h=\boldsymbol{F}_N^{\mathrm{H}}\boldsymbol{\Lambda}\boldsymbol{F}_N$。$\boldsymbol{\Lambda}$矩阵可以被融入源信号矩阵$\boldsymbol{S}$，$\boldsymbol{\Lambda}$矩阵的影响等效于ICA模型中幅度不确定性影响。然而，此影响可以通过后面介绍的解决幅度不确定的方法克服。式(4-23)可以变换为下面的模型形式，以便于性能的分析与讨论，即

$$\boldsymbol{X}(m)=\boldsymbol{A}'\boldsymbol{B}'(m)+\boldsymbol{N}(m) \tag{4-24}$$

从分离性能上来看是允许这样处理的，式(4-24)中$\boldsymbol{A}'=\boldsymbol{C}$，$\boldsymbol{S}'=\boldsymbol{\Lambda S}$。不过为了直观和标注的使用习惯，使用模型式(4-25)的标注用于性能评测与讨论，即

$$\begin{cases}\boldsymbol{X}(m)=\boldsymbol{AS}(m)+\boldsymbol{N}(m)\\ \boldsymbol{A}=\boldsymbol{C},\boldsymbol{S}=\boldsymbol{\Lambda S}\end{cases} \tag{4-25}$$

其中，$\boldsymbol{A}=\boldsymbol{C}=\boldsymbol{F}_N\Delta\boldsymbol{F}_N^{\mathrm{H}}$是一个频域形式的CFO矩阵，具有元素值$\left[\boldsymbol{C}\right]_{p,q}=(1/N)\sum_{n=0}^{N-1}\mathrm{e}^{\mathrm{j}\frac{2\pi n}{N}(-p+q+\xi)}$。

根据模型式(4-25)，可以进行盲干扰抑制和源信号恢复处理。基于ICA的盲处理，可以在传统OFDM同步方案中避免CFO估计和纠正处理。因此，不精确估计，例如有限采样值对CFO估计的影响，使CFO估计存在偏差，造成载波间干扰致使源信号检测性能丢失。基于ICA的盲处理，因为使用了各个载波信号的统计独立性，不需要导频，也可以避免上述的不精确估计问题，进而在ICA的辅助下改善系统的性能。ICA 方法直接用于恢复源信号不需要额外的参数估计(CFO参数、信道参数)任务，简化了信号处理工作。如图4.1所示为常规处理方案，图4.2所示为基于ICA的盲处理方案。

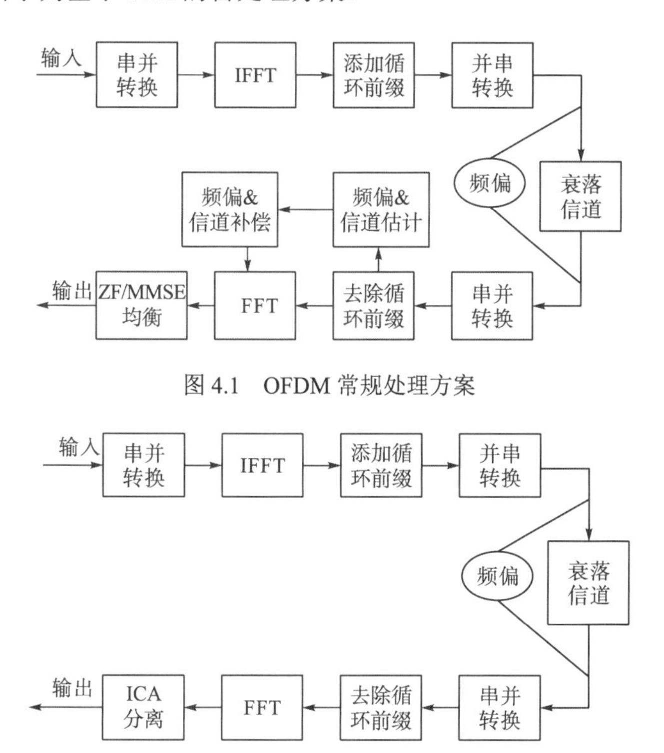


图4.1 OFDM常规处理方案

图4.2 基于ICA的OFDM盲处理方案

下面将分析OFDM系统中执行基于ICA的盲处理方法的性能，突出基于ICA方法的技术优势。考虑模型式(4-23)中的混合矩阵 $\boldsymbol{A}$，可以证明其具有下面的重要性质。首先，$\boldsymbol{A}$ 是一个循环矩阵，因为 $\boldsymbol{A}=\boldsymbol{F}_N\boldsymbol{\Delta}\boldsymbol{F}_N^{\mathrm{H}}$；其次，$\boldsymbol{A}$ 是一个酉矩阵，即 $\boldsymbol{A}^{-1}=\boldsymbol{A}^{\mathrm{H}}$。下面证明 $\boldsymbol{A}$ 是一个酉矩阵，由于 $\boldsymbol{A}=\boldsymbol{F}_N\boldsymbol{\Delta}\boldsymbol{F}_N^{\mathrm{H}}$，$\boldsymbol{A}$ 的逆矩阵可以表示为

$$\boldsymbol{A}^{-1}=\boldsymbol{F}_N\boldsymbol{\Delta}^{-1}\boldsymbol{F}_N^{\mathrm{H}} \tag{4-26}$$

张贤达已证明循环矩阵的逆同样是循环矩阵[16]。因而 $\boldsymbol{A}$ 矩阵的逆也是循环矩阵。$\boldsymbol{A}$ 矩阵的共轭转置表示为

$$\boldsymbol{A}^{\mathrm{H}}=\boldsymbol{F}_{N}\boldsymbol{\Delta}^{\mathrm{H}}\boldsymbol{F}_{N}^{\mathrm{H}} \tag{4-27}$$

容易得知$\boldsymbol{\Delta}^{-1}=\boldsymbol{\Delta}^{\mathrm{H}}$，因为$\boldsymbol{\Delta}$是对角的 CFO 矩阵，结合式(4-26)和式(4-27)，可以得到矩阵$\boldsymbol{A}$是一个酉矩阵，即

$$\boldsymbol{A}^{-1}=\boldsymbol{A}^{\mathrm{H}} \tag{4-28}$$

载波间干扰矩阵$\boldsymbol{A}$中的参数$a_{pq}$表示为

$$\begin{aligned}[\boldsymbol{A}]_{p,q}&=\frac{1}{N}\sum_{n=0}^{N-1}\mathrm{e}^{\frac{\mathrm{j}2\pi n}{N}(-p+q+\xi)}\\&=\frac{1}{N}\mathrm{e}^{\mathrm{j}\pi\frac{N-1}{N}(-p+q+\xi)}\frac{\sin\left(\pi(-p+q+\xi)\right)}{\sin\left(\frac{\pi}{N}(-p+q+\xi)\right)}\end{aligned} \tag{4-29}$$

当$|\xi|<0.5$时，$\boldsymbol{A}$中的对角元素的幅度值大于任意非对角元素，即得到

$$\left|a_{pp}\right|>\left|a_{pq}\right|,p\neq q \tag{4-30}$$

由上述分析得到混合矩阵$\boldsymbol{A}$的性质，可以预测研究基于 ICA 盲分离检测的源信号恢复性能。一方面，注意到$\boldsymbol{A}$矩阵是酉矩阵，即白化处理可以被简化，因为此时的白化矩阵是一个单位矩阵（$\boldsymbol{W}=\boldsymbol{I}$）。考虑到模型式(4-25)中，$\boldsymbol{N}(m)$是独立同分布的高斯随机变量，具有零均值和噪声方差$N_0$。由此可得，$\boldsymbol{X}(m)$也是独立同分布的，因此可得混合矩阵和源信号的最大似然函数，表示为

$$L\left(\boldsymbol{A},\boldsymbol{S}(n)\right)=\frac{1}{\left(2\pi N_0\right)^{M/2}}\exp\left\{-\frac{1}{N_0}\left(\boldsymbol{X}(m)-\boldsymbol{A}\boldsymbol{S}(m)\right)^{\mathrm{H}}\left(\boldsymbol{X}(m)-\boldsymbol{A}\boldsymbol{S}(m)\right)\right\} \tag{4-31}$$

上式关于$\boldsymbol{X}(m)$最大似然估计可等效转换为关于$\boldsymbol{X}(m)$最小化$L'\left(\boldsymbol{A},\boldsymbol{S}(n)\right)$，这里的$L'\left(\boldsymbol{A},\boldsymbol{S}(n)\right)$表示如下：

$$L'\left(\boldsymbol{A},\boldsymbol{S}(m)\right)=\left(\boldsymbol{X}(m)-\boldsymbol{A}\boldsymbol{S}(m)\right)^{\mathrm{H}}\left(\boldsymbol{X}(m)-\boldsymbol{A}\boldsymbol{S}(m)\right) \tag{4-32}$$

$L'\left(\boldsymbol{A},\boldsymbol{S}(n)\right)$关于$\boldsymbol{S}(m)$的导数为

$$\frac{\partial L'\left(\boldsymbol{A},\boldsymbol{S}(m)\right)}{\partial\boldsymbol{S}(m)}=2\boldsymbol{S}(m)-2\boldsymbol{A}^{\mathrm{H}}\boldsymbol{X}(m) \tag{4-33}$$

令式（4-31)等于 0，即$\boldsymbol{S}(m)$的最大似然估计计算为

$$\boldsymbol{S}(m)=\boldsymbol{A}^{\mathrm{H}}\boldsymbol{X}(m) \tag{4-34}$$

由于$\boldsymbol{A}$是酉矩阵，式(4-34)可以变换为

$$\hat{\boldsymbol{S}}(m)=\boldsymbol{A}^{-1}\boldsymbol{X}(m) \tag{4-35}$$

根据上述的数学分析，我们可以发现基于 ICA 的盲处理方案的源信号恢复性能等效于最大似然估计处理的性能。一般来说，最大似然估计具有较高的复杂度，实际中不可操作，因此借助 ICA 分析，可以得到简化的处理和优越的性能。

另一方面，$\boldsymbol{A}$作为载波间干扰矩阵，可以表示为

$$\boldsymbol{A}=\begin{bmatrix} a_{0,0} & \cdots & a_{0,N-1} \\ \vdots & \ddots & \vdots \\ a_{N-1,0} & \cdots & a_{N-1,N-1} \end{bmatrix} \tag{4-36}$$

$\boldsymbol{A}$ 中元素表示为$\left(a_{l,k},l,k=0,\cdots,N-1\right)$。如果无频偏，即$\xi=0$时，有$a_{l,k}=1,l=k$和$a_{l,k}=0,l\neq k$；如果$\xi\neq 0$，那么有$\left|a_{l,k}\right|\leqslant 1,l=k$和$a_{l,k}\neq 0,\ l\neq k$。在此种情况下，OFDM 的子载波将不正交，即存在子载波干扰。基于源统计独立的独立成分分析，可以提高输出信号的信噪比。考虑期望信号$S_k(m)$有相同的信号能量$\sigma_S^2$，接收的$X_l(m)$在 ICA 块输入时的信噪比表示为

$$\mathrm{SNR}_{\mathrm{in}}=\frac{\left|a_{0,0}\right|^2\sigma_S^2}{\sum_{k=1}^{N-1}\left|a_{0,k}\right|^2\sigma_S^2+\sigma_Z^2} \tag{4-37}$$

OFDM 接收的混合信号在基于 ICA 的盲分离处理后，利用$\boldsymbol{A}$是酉矩阵的性质，可以得到信号和噪声的能量计算为

$$\sum_{k=0}^{N-1}\left|a_{l,k}\right|^2\frac{N_0}{2}=\frac{N_0}{2} \tag{4-38}$$

ICA 分离后输出的信噪比表示为

$$\mathrm{SNR}_{\mathrm{out}}=\frac{\sigma_S^2}{N_0} \tag{4-39}$$

对比式(4-37)和式(4-39)的信噪比公式，由于$\left|a_{0,0}\right|^2<1$，可以得知经过 ICA 分离处理后的接收信号比得到了提升。这是因为基于 ICA 的源信号恢复方法可以利用混合信号中其他子载波干扰信号来提取期望信号，利用干扰的功率来转换期望子载波上信号的信号功率。除此之外，从式(4-39)可以得知，信噪比是独立于 CFO 的，与无 CFO 时的接收信号$X_l(m)$信噪比相同。因此，基于 ICA 的算法，可以去除 CFO 的不利影响，源信号的恢复不受 CFO 的影响。

综上分析可得出，基于 ICA 的盲处理方法可以去除 CFO 的不利影响，估计的源信号性能与最大似然估计的性能相似，可以提高输出信号的信噪比。

#### 4.1.3.3 模糊不确定性解决方法

1. 次序不确定性问题

假设求得的分离矩阵是$\boldsymbol{B}$（这里的分离矩阵包含了白化处理矩阵，可以认为$\boldsymbol{B}=\boldsymbol{VW}$，当不考虑白化处理即$\boldsymbol{W}=\boldsymbol{I}$时，$\boldsymbol{B}=\boldsymbol{V}$），那么源信号分离表示为

$$\begin{aligned}\tilde{\boldsymbol{S}}&=\left[\tilde{S}_0(m),\cdots,\tilde{S}_n(m),\cdots,\tilde{S}_{N-1}(m)\right]^{\mathrm{T}}\\&=\boldsymbol{BX}(m)\end{aligned} \tag{4-40}$$

其中，分离矩阵$\boldsymbol{B}$中的第$l$行第$k$列元素表示为$b_{l,k}$。假设无次序问题的估计源信

号为$\hat{\boldsymbol{S}}(m)$，表示为

$$\hat{\boldsymbol{S}}(m)=\left[\hat{S}_0(m),\cdots,\hat{S}_n(m),\cdots,\hat{S}_{N-1}(m)\right]^{\mathrm{T}} \tag{4-41}$$

在矩阵$\boldsymbol{B}$的第$l$行，找到最大的绝对值元素$b_{l,k}$。在式(4-38)中，矩阵$\boldsymbol{B}$的第$l$行恢复的$\tilde{S}_l(m)$实际上等价于期望的信号$\hat{S}_k(m)$。因而，$\hat{S}_k(m)$表示为

$$\hat{S}_k(m)=\tilde{S}_l(m) \tag{4-42}$$

2. 幅度增益不确定性问题

经过基于ICA的盲源信号恢复处理后，$\hat{S}_k(m)$可以表示为

$$\hat{S}_k(m)=\beta_k H_k \hat{S}_k(m) \tag{4-43}$$

其中，未知的复因子$\beta_k$表示幅度不确定性因子，$\hat{S}_k(m)$表示发射源信号$S_k(m)$的估计。

式(4-41)中，幅度因子$\beta_k$能被融入信道传输因子$H_k$。因而，幅度不确定性可以在解调过程中解决。对于相干解调的OFDM系统，信道估计可以辨识$\beta_k H_k$的值；对于差分解调的OFDM系统，不需要信道信息，$\beta_k$的影响可以在解调过程中消除。

#### 4.1.3.4 不同技术方案复杂度分析

如图4.1所示，常规的方案需要均衡处理来进一步恢复源信号。即使信道信息和频偏是完全获知的，在噪声模型下的源信号估计也不是一件容易事。在信源的估计中，最大似然序列估计是一个最优估计器，但是由于它的计算负荷，在涉及较多参数和高斯色散信道时不宜采用。考虑到计算复杂度，可以采用一些次优标准的线性检测器来恢复源信号。源信号数据的检测，基本的形式表示为

$$\boldsymbol{S}(m)=\boldsymbol{B}\boldsymbol{X}(m) \tag{4-44}$$

迫零均衡器的目标是在不考虑噪声的情况下，联合最小化码间干扰和子载波间干扰，可以表示为一个最小二乘问题，即

$$\boldsymbol{B}_{\mathrm{ZF}}=\arg\min_{B}\left\|\boldsymbol{B}\boldsymbol{A}-\boldsymbol{I}_N\right\|_{\mathrm{F}}^2 \tag{4-45}$$

式(4-45)的解可以表示为

$$\boldsymbol{B}_{\mathrm{ZF}}=\left(\boldsymbol{A}^{\mathrm{H}}\boldsymbol{A}\right)^{-1}\boldsymbol{A}^{\mathrm{H}} \tag{4-46}$$

在噪声模型情况下，ZF均衡器具有噪声放大的不利影响。对于此缺点，可以通过使用最小均方误差均衡器克服。

$$\boldsymbol{B}_{\mathrm{MMSE}}=\arg\min_{B}E\left[\left\|\boldsymbol{B}\boldsymbol{X}(m)-\boldsymbol{S}(m)\right\|^2\right] \tag{4-47}$$

式(4-47)具有闭合形式解$\boldsymbol{B}_{\mathrm{MMSE}}=\boldsymbol{R}_{\boldsymbol{X}}^{-1}\boldsymbol{A}$，这里的$\boldsymbol{R}_{\boldsymbol{X}}=E\left[\left\|\boldsymbol{X}\boldsymbol{X}^{\mathrm{H}}\right\|\right]$。由于考虑

噪声的影响，MMSE 均衡器与 ZF 均衡器相比可以提供增强的性能。考虑到一些不完美估计影响，如有限采样值，在信道估计或式(4-47)中的协方差矩阵估计都将对传输数据符号的检测器造成一定的影响。

为了克服上述的不利因素损伤系统性能的缺点，考虑结合子载波信号的统计独立性，利用盲源分离的原则从混合的信号中分离出源信号。在 OFDM 接收机端，接收的信号可以建模为源信号向量在多径衰落信道和频偏矩阵影响下的线性混合。模型式(4-2)相当于一个盲分离线性瞬时混合模型，源信号的估计可以直接执行，不需要估计信道和频偏。基于 ICA 的方案，如图 4.2 所示，此方案模型中，避免使用导频，提高了频谱效率，避免了估计误差导致的性能损失。

另外，结合一些可以获取的系统先验信息，可以考虑使用辅助 ICA 实现盲分离，进一步改善系统的性能；可以将一般方法和基于 ICA 的方法结合，进一步优化系统的性能。用一般方法获取的信息来辅助 ICA 分离的基本原理是利用获取的频偏和信道信息矩阵作为 ICA 自然梯度搜索的初始点。这种辅助分离可以得到两点好处：其一，利用 ICA 自适应地消除由估计误差带来的性能损伤；其二，可以使用 CFO 和信道辨识的粗估计值，虽然存在一定的误差，但由它们提供的初始点已经相当靠近 ICA 梯度优化搜索的值，可以提高收敛率和收敛的准确性。混合方案中，白化处理后的混合数据，在 ZF 或 MMSE 获取的粗估计值先验条件下初始化，辅助的 ICA 分离，本文称为 ZF-ICA 或 MMSE-ICA 算法。最后得到 ICA 收敛下的分离矩阵，用于恢复源信号。ICA 的分离处理选择自然梯度的算法，具有较低复杂度、快速和等变自适应性质，可以有效地抵抗病态的信道影响。

下面分析不同技术方案下的计算复杂度，包括 ZF 检测器、子空间 MMSE 检测器、基于 ICA 的检测器、ZF-ICA 和 MMSE-ICA 检测器。假设数据符号块长度为 $M$。对于子空间 MMSE，自相关矩阵的特征值分解具有复杂度 $O\left(N^2M\right)+O\left(N^3\right)$，期望信号向量子空间投影的复杂度为 $O\left(N^2\right)$。因而，子空间 MMSE 的总的复杂度为 $O\left(N^2M\right)+O\left(N^3\right)+O\left(N^2\right)\approx O\left(N^2M\right)(M\gg N)$。对于 MMSE-ICA 检测器中，自相关矩阵、子空间估计和分离 ICA 迭代的计算复杂度分别为 $O\left(N^2M\right)$、$O\left(N^2\right)$ 和 $O(NM)$。因而，最终的 MMSE-ICA 计算复杂度可以近似为 $O\left(N^2M\right)$ 阶的。对于 ZF 检测器，逆矩阵和向量投影的总的复杂度近似为 $O\left(N^2M\right)$，相应的 ZF-ICA 检测器可以得到 $O\left(N^2M\right)$。上述分析是基于当符号长度远大于子载波数情况的，即 $M\gg N$。

### 4.1.4 仿真实验分析与讨论

为了验证提出方法的有效性，利用仿真实验来评估 OFDM 系统在频偏和多径信道条件影响下的性能。基于 ICA 盲分离检测的 OFDM 性能分析中，仿真参数设置如表 4.1 所示。

**表 4.1 仿真参数**

| | |
|---|---|
| 调制星座点 | 四相相对相移键控 C(DQPSK) |
| 载波数 | 32 个 |
| 相对频偏 | 0.35 |
| 多径衰落信道 | 3 路径衰落 |
| OFDM 符号数 | 10000 个 |
| 仿真次数 | 100 次 |

其中循环前缀的长度大于多径信道阶数 $L$。随机选择的 $L=4$ 路径衰落信道脉冲响应 $h(k)=\{0.5931,-0.5421-0.4391j,0.397j,0.0524-0.0678j\}$，产生这样的信道是为了得到有影响意义的衰落特性。信道脉冲响应傅里叶变换的幅度表示如图 4.3 所示。

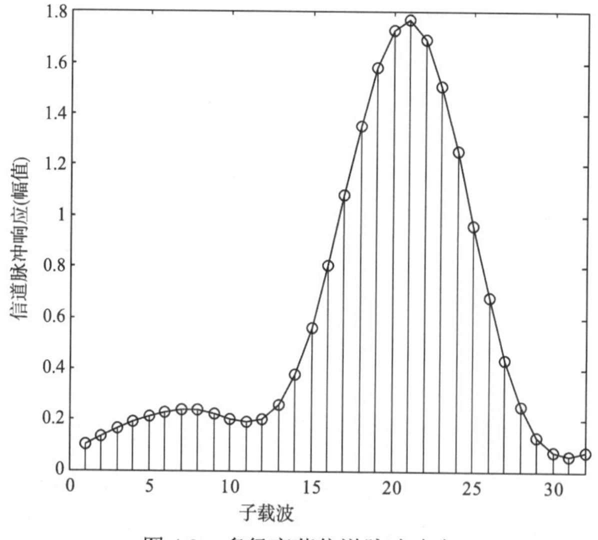


图 4.3 多径衰落信道脉冲响应

图 4.4 是在不同相对 CFO 条件下的基于 ICA 载波频率同步的误码率曲线。为了比较性能差异，无载波频率同步和一般载波频率同步在相同系统下的误码率曲线也在图 4.4 中给出。一般的同步方案，分为 CFO 估计和 CFO 补偿两步来执行。估计方法需要发送一定导频，但受到信道条件的影响，一般存在一定的偏差。采用的补偿方式是直接补偿方式[6, 17]。如图 4.4 所示，当 $\xi=0$ 时，三者的误码率几乎相同的，都没有受到频偏的影响；当相对频偏较小时，两种同步算法的误码率非常相似，随着 CFO 值的增大，一般的载波算法的性能有所降低，主要是估计误差造成的补偿性能损伤。而基于 ICA 的载波频率同步算法，可以克服这个问题，

误码率的曲线几乎不受载波频偏的影响。在$|\xi| \leqslant 0.5$ 范围内，基于 ICA 载波频率同步算法的误码率曲线几乎是一常量，与无频偏$\xi$时的性能一致。总而言之，基于 ICA 的载波同步频率算法，可以成功地去除 CFO 的不利影响。

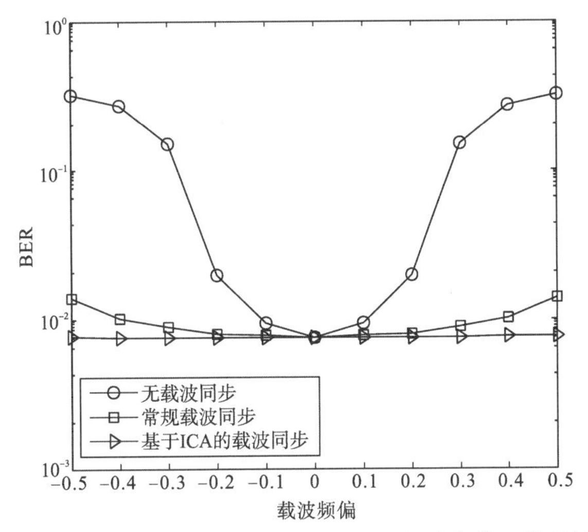


图 4.4 OFDM 不同载波频率同步方法在不同频偏条件下的误码率曲线

图 4.5 是基于 ICA 的载波同步、常规同步和无同步方案时的误码率曲线图。为了更好地突出克服频偏的影响，设定信道状态信息已经获取或估计，如图 4.5 所示，对比常规的同步方法，研究的 ICA 载波同步算法改善了系统的性能，基于 ICA 的载波同步算法与 OFDM 系统无频偏时的性能非常接近，和上述的理论分析一致。

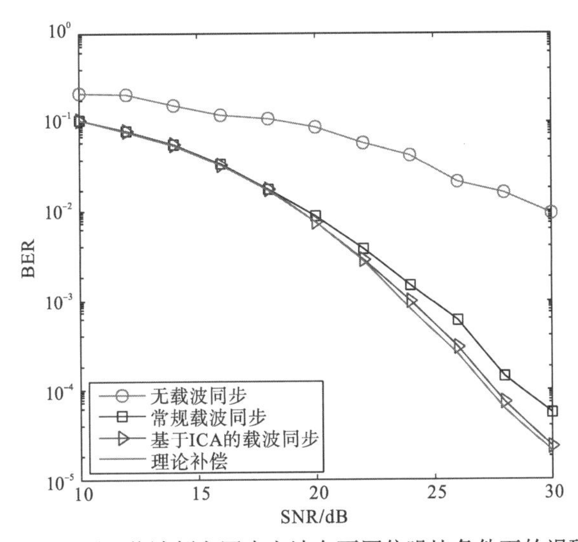


图 4.5 OFDM 不同载波频率同步方法在不同信噪比条件下的误码率曲线

图 4.6 考虑了在不同信噪比条件下 OFDM 不同均衡处理方法的误码率曲线性能对比。如图 4.6 所示，由于受到信道估计误差和噪声放大的影响，ZF 的性能是相对适中的；尽管 MMSE 考虑了噪声的影响，但会受到信号子空间和系统信道估计偏差问题的影响；基于 ICA 的方法可以避免上述的不利影响，利用信号的统计独立性来增强源信号恢复性能，不需要估计信道参数；在以 ZF 或 MMSE 获取一定先验信息后，可以辅助 ICA 分离工作，进一步优化分离，改善收敛速度和收敛的准确性，优化源信号恢复性能，即 ZF-ICA 和 MMSE-ICA 分离性能。

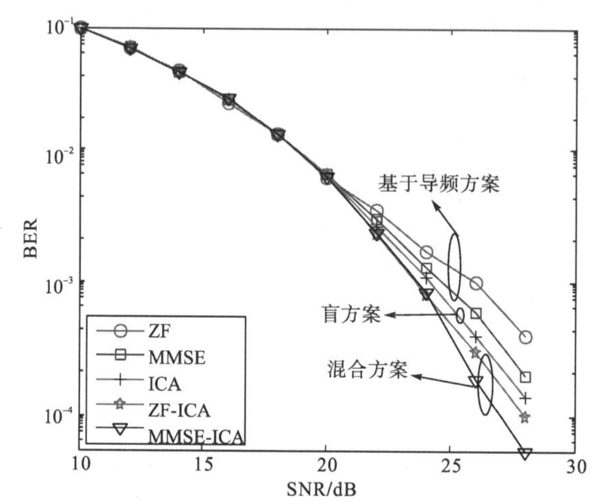


图 4.6　OFDM 不同均衡方法在不同信噪比条件下的误码率曲线

图 4.7 说明了上述图 4.6 中不同均衡方法关于不同符号个数的符号估计性能，信噪比条件是 25dB。由图 4.7 的曲线可以得知，ICA 辅助的检测器增强了信号恢复能力，符合前面的理论分析和仿真分析结果。

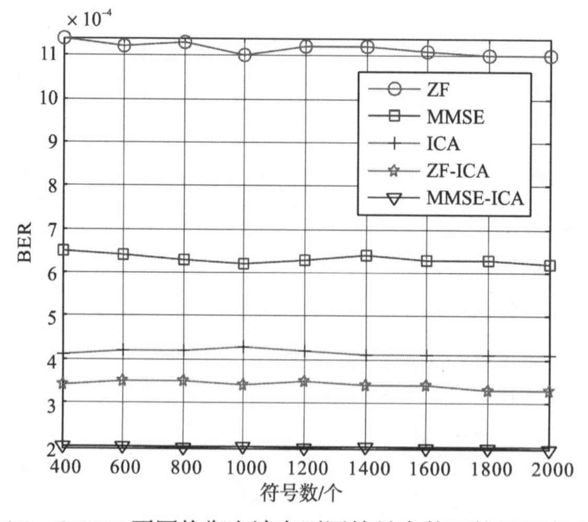


图 4.7　OFDM 不同均衡方法在不同符号个数下的误码率曲线

## 4.2 基于Vandermonde约束张量分解的OFDM载波同步方法

本节介绍关于 OFDM 系统盲信号分离的另一个研究工作，同样是针对遭遇未知频偏和多径信道条件下引起 OFDM 载波间干扰的问题，提出了一种基于Vandermonde 约束张量分解的盲接收机方案。主要的思路是利用 OFDM 张量分解接收模型中含 Vandermonde 矩阵结构因子的约束，使用一种有效的线性代数方法计算因子矩阵，从而抑制载波间干扰和恢复源信号。结合 Vandermonde 结构约束的张量模型，不仅可以提高源信号估计的性能，而且具有较低的计算复杂度。与现存的无约束张量分解方法相比，所提方法具有优越的性能。

### 4.2.1 研究背景

OFDM 由于其抗频率选择性衰落信道的技术优势，使其被当前和未来的无线通信标准作为关键技术部署，如 WiFi IEEE 802.11a、LTE 和宽带卫星等[1-3]。然而，OFDM 对载波频率偏移敏感的特征，使 OFDM 系统的实现面临极大的挑战。载波频率偏移通常是由一些原因引起的，如发射机和接收机中本机振荡器频率不匹配，无线通信系统移动造成的多普勒效应等。载波频偏的存在会破坏 OFDM 中子载波间的正交性，从而导致载波间干扰，造成 OFDM 系统性能的恶化[1-3, 6-14]。

针对 OFDM 中载波频率偏移影响造成的接收性能恶化问题，接收机需要执行载波同步处理，克服频偏的不利影响。一般来说，现有相关文献报道的无线接收同步处理方法可以分为数据辅助(导频)和非数据辅助(盲)方法。数据辅助的同步方法需要发重复码或导频，非数据辅助的同步方法需要利用没有传数据符号的虚子载波或者发射信号固有的结构和特征实现同步处理。为了达到较高的频谱效率，盲同步方法更具吸引力，因为它可以不使用导频序列，避免了带宽效率的损失。

基于张量分解的盲信号分离是一种盲技术方案，近年来得到了众多研究学者的广泛关注[18-37]。张量分解的典型代表是平行因子分解(parallel factor factorizootion，PARAFAC)，又可称为典型规范分解(canonical polyadic decomposition，CPD)。PARAFAC 将矩阵分解的形式扩展到了张量(多维阵列)分解，具有一个强有力的唯一性分解性质，可以实现盲接收处理。借助基于张量分解唯一性性质的盲处理方法，可以实现阵列信号处理[19]、CDMA 系统盲多用户检测[20, 21]、OFDM 系统载波频偏估计[22, 23]、MIMO 系统盲均衡[24, 25]和 SC-FDMA 载波同步传输[26]等，使其在无线通信系统中具有重要的应用价值。

针对 OFDM 系统受载波频偏和信道衰落影响的问题，Jiang 等首次提出了使用张量分解方法用于实现 OFDM 的盲载波同步接收，该盲接收处理方法是基于

PARAFAC 实现的[22]。本节将扩展此盲载波同步方法，考虑结合基于 OFDM 张量接收模型中固有的 Vandermonde 结构约束来优化和增强盲载波同步接收性能。现存的一些约束张量分解模型基本都是考虑通信信号的特性，如恒模性和字符有限性来增强通信信号的传输接收性能[27-30]。本节将研究基于 Vandermonde 结构约束张量分解的 OFDM 盲载波同步接收模型和方法。该约束的信号模型可以形成一个约束的张量分解问题，再采用一个有效的线性代数算法解决，进而实现 OFDM 系统中载波频偏估计和源信号恢复。通过结合 Vandermonde 结构约束的张量分解模型，可以得到宽松的唯一性辨识条件和优越的 OFDM 盲载波同步接收性能。理论分析和仿真实验表明，基于 Vandermonde 约束的张量盲同步接收方法不仅能够有效克服频偏和信道衰落造成的性能恶化问题，而且具有较低的计算复杂度，比 Jiang 等提出的 PARAFAC 盲接收处理方法具有更好的优势[22]。下面说明本节需要使用的符号标注，方便查阅和推导使用。

标注说明：$*$、$\otimes$ 和 $\odot$ 分别表示 Handamard 积、Kronecker 积和 Khatri-Rao 积；转置、共轭、共轭转置、逆、伪逆和 Frobenius 范数分别表示为$(\cdot)^{\mathrm{T}}$、$(\cdot)^{*}$、$(\cdot)^{\mathrm{H}}$、$(\cdot)^{-1}$、$(\cdot)^{\dagger}$和$\|\cdot\|_{\mathrm{F}}$。$D_k(\boldsymbol{A})\in \boldsymbol{C}^{J\times J}$ 表示对角矩阵，其对角元素是由矩阵 $\boldsymbol{A}\in \boldsymbol{C}^{I\times J}$ 的第 $k$ 行元素构成。矩阵 $\boldsymbol{A}$ 的秩表示为 $r(\boldsymbol{A})$。矩阵 $\boldsymbol{A}$ 的 $k$-秩表示为 $k(\boldsymbol{A})$，其描述为 $\boldsymbol{A}$ 中最大的线性无关组。利用 MATLAB 指标标注来表示矩阵的子矩阵，如 $\boldsymbol{A}(1:k,:)$ 表示矩阵 $\boldsymbol{A}$ 的一个子矩阵，包含了从矩阵 $\boldsymbol{A}$ 中第 1 行到第 $k$ 行的元素。设 $\boldsymbol{A}\in \boldsymbol{C}^{N\times P}$，定义 $\overline{\boldsymbol{A}}=\boldsymbol{A}(2:N,:)\boldsymbol{C}^{(N-1)\times P}$ 和 $\underline{\boldsymbol{A}}=\boldsymbol{A}(1:N-1,:)\boldsymbol{C}^{(N-1)\times P}$，即 $\overline{\boldsymbol{A}}$ 和 $\underline{\boldsymbol{A}}$ 分别是 $\boldsymbol{A}$ 中去掉第一行和最后一行构成的子矩阵。

### 4.2.2 OFDM 传输模型与问题说明

考虑一个单输入多输出(single input multiple output， SIMO) OFDM 上行传输系统，子载波数是 $N$，接收端配置 $I$ 个天线，系统受到载波频率频偏和频率选择性块衰落，$P$ 个子载波用于传输数据信息，剩余的 $N-P$ 个子载波是虚拟子载波。循环前缀的长度 $L$ 是大于通信信道的最大延迟。在加入循环前缀后，信号传输经历多径衰落信道影响。定义 $H_i(n)=\sum_{l=0}^{L_i-1}h_i(l)\mathrm{e}^{-\mathrm{j}2\pi nl/N}$ 是第 $i$ 个天线接收的第 $n$ 个子载波的信道频率响应。$\{h_i(l)\}_{l=0}^{L_i-1}(L_i<L)$ 表示离散信道脉冲响应。第 $i$ 个接收天线的频域信道向量表示为 $\boldsymbol{h}_i=[H_i(1),H_i(2),\cdots,H_i(P)]^{\mathrm{T}}$。因而，$I$ 根接收天线的频域信道向量表示为 $\boldsymbol{H}=[\boldsymbol{h}_1,\boldsymbol{h}_2,\cdots,\boldsymbol{h}_I]^{\mathrm{T}}\in \boldsymbol{C}^{I\times P}$。在接收端，去除循环前缀后，第 $i$ 根接收天线的输出信号可以表示为[22, 23]

$$\boldsymbol{x}_i(k)=\boldsymbol{E}\boldsymbol{F}_P\mathrm{diag}(\boldsymbol{h}_i)\boldsymbol{s}(k)\mathrm{e}^{\mathrm{j}2\pi\Delta f(k-1)(N+L)}+\boldsymbol{w}_i(k) \tag{4-48}$$

其中，$\boldsymbol{s}(k)=[s_1(k),\cdots,s_P(k)]^{\mathrm{T}}$ 表示传输的第 $k$ 个符号向量；$\Delta f$ 表示载波频偏；

$\boldsymbol{E}=\mathrm{diag}\left\{1,\mathrm{e}^{\mathrm{j}2\pi\Delta f},\cdots,\mathrm{e}^{\mathrm{j}(N-1)2\pi\Delta f}\right\}\in\boldsymbol{C}^{N\times N}$ 表示频偏矩阵；$\boldsymbol{w}_i$ 表示第 $i$ 个接收天线的噪声向量；$\boldsymbol{F}_P$ 表示逆离散傅里叶变换矩阵的前 $P$ 列。设定信道参数在 $K$ 个符号块内是恒定的。源信号矩阵定义为 $\boldsymbol{S}=\left[\boldsymbol{s}(1),\cdots,\boldsymbol{s}(K)\right]\in\boldsymbol{C}^{K\times P}$。定义接收信号向量为 $\boldsymbol{X}_i=\left[\boldsymbol{x}_i(1),\cdots,\boldsymbol{x}_i(K)\right]\in\boldsymbol{C}^{N\times K}$，根据上述接收模型可以得到

$$
\begin{aligned}
\boldsymbol{X}_i&=\boldsymbol{A}\mathrm{diag}(\boldsymbol{h}_i)\boldsymbol{B}^{\mathrm{T}}+\boldsymbol{W}_i\\
&=\boldsymbol{A}D_i(\boldsymbol{H})\boldsymbol{B}^{\mathrm{T}}+\boldsymbol{W}_i\,(i=1,\cdots,I)
\end{aligned}
\tag{4-49}
$$

其中，$\boldsymbol{B}=\mathrm{diag}\left\{1,\mathrm{e}^{\mathrm{j}2\pi\Delta f(N+L)},\cdots,\mathrm{e}^{\mathrm{j}2\pi\Delta f(K-1)(N+L)}\right\}$；$\boldsymbol{S}\in\boldsymbol{C}^{K\times P}$；$D_i(\boldsymbol{H})$ 表示取矩阵 $\boldsymbol{H}$ 第 $i$ 行元素构成的对角矩阵；$\boldsymbol{A}$ 是一个 Vandermonde 矩阵，具体表示为

$$
\boldsymbol{A}=\boldsymbol{E}\boldsymbol{F}_P=\begin{bmatrix}
1 & 1 & \cdots & 1\\
\mathrm{e}^{\mathrm{j}2\pi\left(\frac{0}{N}+\Delta f\right)} & \mathrm{e}^{\mathrm{j}2\pi\left(\frac{1}{N}+\Delta f\right)} & \cdots & \mathrm{e}^{\mathrm{j}2\pi\left(\frac{P-1}{N}+\Delta f\right)}\\
\vdots & \vdots & \ddots & \vdots\\
\mathrm{e}^{\mathrm{j}2\pi(N-1)\left(\frac{0}{N}+\Delta f\right)} & \mathrm{e}^{\mathrm{j}2\pi(N-1)\left(\frac{1}{N}+\Delta f\right)} & \cdots & \mathrm{e}^{\mathrm{j}2\pi(N-1)\left(\frac{P-1}{N}+\Delta f\right)}
\end{bmatrix}\in\boldsymbol{C}^{N\times P}
\tag{4-50}
$$

式中，$\boldsymbol{W}_i$ 表示第 $i$ 个接收天线的噪声矩阵。式(4-49)中信号分量可以表示为三线性模型中的分量，即

$$
x_{n,k,i}=\sum_{r=1}^{P}a_{n,p}b_{k,p}h_{i,p}\,(n=1,\cdots,N,k=1,\cdots,K,i=1,\cdots,I)
\tag{4-51}
$$

式中，$h_{i,p}$ 表示矩阵 $\boldsymbol{H}$ 的第 $(i,p)$ 个元素，$a_{n,p}$ 和 $b_{k,p}$ 分别表示矩阵 $\boldsymbol{A}$ 和 $\boldsymbol{B}$ 的第 $(n,p)$ 和 $(k,p)$ 个元素。式(4-49)可以看作三线性模型沿天线方向的切片方程。同时，式(4-51)的三线性模型可以从其他的模式构成得到，可以得到 $\boldsymbol{Y}_n=\boldsymbol{B}D_n(\boldsymbol{A})\boldsymbol{H}^{\mathrm{T}},(n=1,\cdots,N)$ 和 $\boldsymbol{Z}_k=\boldsymbol{H}D_k(\boldsymbol{B})\boldsymbol{A}^{\mathrm{T}},(k=1,\cdots,K)$（噪声项暂不考虑）。一般来说，根据上述描述的模型，将式(4-49)所有的张量切片矩阵 $\{\boldsymbol{X}_i\}$ 一个接一个进行堆叠，得到下面的表达式：

$$
\begin{aligned}
\boldsymbol{X}=\begin{bmatrix}\boldsymbol{X}_1\\ \boldsymbol{X}_2\\ \vdots\\ \boldsymbol{X}_I\end{bmatrix}&=\begin{bmatrix}\boldsymbol{A}D_1(\boldsymbol{H})\\ \boldsymbol{A}D_2(\boldsymbol{H})\\ \vdots\\ \boldsymbol{A}D_I(\boldsymbol{H})\end{bmatrix}\boldsymbol{B}^{\mathrm{T}}+\begin{bmatrix}\boldsymbol{W}_1\\ \boldsymbol{W}_2\\ \vdots\\ \boldsymbol{W}_I\end{bmatrix}\\
&=(\boldsymbol{H}\odot\boldsymbol{A})\boldsymbol{B}^{\mathrm{T}}+\boldsymbol{W}
\end{aligned}
\tag{4-52}
$$

其中，$\odot$ 表示 Khatri-Rao 积。其他的模型通过上述的堆叠处理可以得到如下表达式：

$$
\boldsymbol{Y}=(\boldsymbol{A}\odot\boldsymbol{B})\boldsymbol{H}^{\mathrm{T}}+\boldsymbol{W}
\tag{4-53}
$$

和

$$
\boldsymbol{Z}=(\boldsymbol{B}\odot\boldsymbol{H})\boldsymbol{A}^{\mathrm{T}}+\boldsymbol{W}
\tag{4-54}
$$

$\boldsymbol{X}$，$\boldsymbol{Y}$ 和 $\boldsymbol{Z}$ 具有相同的元素值，称为张量按三个维度的切片矩阵。由于 $\boldsymbol{F}_P\boldsymbol{E}\boldsymbol{F}_P^{\mathrm{H}} \neq \boldsymbol{I}$，因此载波频偏矩阵 $\boldsymbol{E}$ 破坏了子载波间的正交性，将导致载波间干扰。故而，在进行傅里叶变换检测源信号 $\boldsymbol{S}$ 之前需要执行载波频偏 $\Delta f$ 的估计和补偿。

## 4.2.3 基于 Vandermonde 结构约束张量分解的盲接收方法

本小节首先回顾经典的基于 PARAFAC 的盲接收方法，分析 PARAFAC 的辨识条件和分解算法；然后，结合 $\boldsymbol{A} = \boldsymbol{E}\boldsymbol{F}_P^{\mathrm{H}}$ 的结构约束研究分析了盲接收方法，提出 Vandermonde 结构约束的张量分解盲接收方法，得到新的唯一性表示条件和有效的分解算法。

### 4.2.3.1 基于 PARAFAC 的盲接收方法

PARAFAC 分解与矩阵秩一分解(奇异值分解)不同，在较宽松的条件下，PARAFAC 具有唯一性分解形式，而矩阵分解不具有唯一性分解特性，只有在限制条件下才会有分解唯一性。正是 PARAFAC 的分解唯一性，使得它成为盲信号分离的重要理论方法。结合上述的模型式(4-52)、式(4-53)和式(4-54)，可以得知它们都是基于 PARAFAC 的 OFDM 系统盲接收模型。在一定的条件下，可以唯一性地估计出矩阵 $\boldsymbol{A}$、$\boldsymbol{H}$ 和 $\boldsymbol{B}$，这些估计出的因子矩阵一般都存在列次序和幅度不确定性问题，是盲信号分离方法固有的模糊不确定问题，但并不影响分离效果。Stegeman 说明了式(4-52)、式(4-53)和式(4-54)的唯一性分解充分条件是[27]

$$k(\boldsymbol{A})+k(\boldsymbol{B})+k(\boldsymbol{H}) \geqslant 2(P+1) \tag{4-55}$$

这个条件称为 Kruskal 唯一性条件。此唯一性条件可以结合 Vandermonde 矩阵 $\boldsymbol{A}$ 的结构约束得到下面定理 4.1 的唯一性条件。

**定理 4.1**：设张量 $\boldsymbol{T} \in \boldsymbol{C}^{N \times K \times I}$ 具有矩阵展开表示 $\boldsymbol{Y} = (\boldsymbol{A} \odot \boldsymbol{B})\boldsymbol{H}^{\mathrm{T}}$，其中 $\boldsymbol{B} \in \boldsymbol{C}^{K \times P}$，$\boldsymbol{H} \in \boldsymbol{C}^{I \times P}$，而 $\boldsymbol{A} \in \boldsymbol{C}^{N \times P}$ 是一个 Vandermonde 矩阵。如果满足如下条件[27, 28]

$$\min(P,K)+\min(N+\min(I,P),2P) \geqslant 2P+2 \tag{4-56}$$

那么可以唯一地辨识 $\boldsymbol{A}$、$\boldsymbol{H}$ 和 $\boldsymbol{B}$，其中 $P = r(\boldsymbol{T})$ 表示张量 $\boldsymbol{T}$ 的秩。

Kruskal 唯一性条件和定理 4.1 能够保证构建的张量唯一性地分解为秩一分量。张量分解(PARAFAC)可以表示为[30-37]

$$\boldsymbol{T} = \sum_{p=1}^{P} \boldsymbol{a}_p \circ \boldsymbol{b}_p \circ \boldsymbol{h}_p \tag{4-57}$$

张量 $\boldsymbol{T} \in \boldsymbol{C}^{N \times K \times I}$ 是由式(4-52)、式(4-53)和式(4-54)构建而成，其中向量 $\boldsymbol{a}_p$，$\boldsymbol{b}_p$ 和 $\boldsymbol{h}_p$ 分别是矩阵 $\boldsymbol{A}$，$\boldsymbol{B}$ 和 $\boldsymbol{H}$ 的第 $p$ 个列向量。“$\circ$”符号表示向量的外积，$P = r(\boldsymbol{T})$。

基于 PARAFAC 的 OFDM 张量接收模型式(4-57)，可以采用三线性交替最小二乘(trilinear alternating least square，TALS)算法实现张量分解。三线性交替最小二乘算法，是一种常用的计算张量分解的算法，其基本原理是交替迭代求解三个最小二乘代价函数，迭代更新三个因子矩阵中的其中一个而保持其他两个为常量。结合接收到的 OFDM 信号模型式(4-52)，最小二乘拟合的代价函数描述为

$$\min_{\boldsymbol{A},\boldsymbol{H},\boldsymbol{B}}\left\|\boldsymbol{X}-(\boldsymbol{H}\odot\boldsymbol{A})\boldsymbol{B}^{\mathrm{T}}\right\|_{\mathrm{F}} \tag{4-58}$$

因此，可以得到矩阵 $\boldsymbol{B}$ 的更新规则为

$$\widehat{\boldsymbol{B}}^{\mathrm{T}}=\left(\widehat{\boldsymbol{H}}\odot\widehat{\boldsymbol{A}}\right)^{\dagger}\boldsymbol{X} \tag{4-59}$$

其中，$\widehat{\boldsymbol{A}}$ 和 $\widehat{\boldsymbol{H}}$ 分别表示矩阵 $\boldsymbol{A}$ 和 $\boldsymbol{H}$ 前一次的估计值。同样地，其他两个矩阵 $\boldsymbol{A}$ 和 $\boldsymbol{H}$ 的更新规则可以得到

$$\widehat{\boldsymbol{H}}^{\mathrm{T}}=\left(\widehat{\boldsymbol{A}}\odot\widehat{\boldsymbol{B}}\right)^{\dagger}\boldsymbol{Y} \tag{4-60}$$

和

$$\widehat{\boldsymbol{A}}^{\mathrm{T}}=\left(\widehat{\boldsymbol{B}}\odot\widehat{\boldsymbol{H}}\right)^{\dagger}\widehat{\boldsymbol{Z}} \tag{4-61}$$

根据式(4-59)、式(4-60)和式(4-61)，矩阵 $\boldsymbol{B}$、$\boldsymbol{H}$ 和 $\boldsymbol{A}$ 各自通过最小二乘估计算法迭代更新。在零均值的高斯白噪声条件下，三线性交替最小二乘算法能够符合最大似然估计性能的要求，算法能够得到收敛的全局最小值。

#### 4.2.3.2 Vandermonde 结构约束的张量唯一性分解条件

通过结合 Vandermonde 结构约束条件与 Kruskal 唯一性条件，得到了定理 4.1 的条件。在此节，通过分析上述小节介绍的模型式(4-53)中 $\boldsymbol{A}=\boldsymbol{E}\boldsymbol{F}_P$ 具有的 Vandermonde 结构，得到一个更加宽松的唯一性条件，并且研究了此约束条件下的张量分解方法用于实现 OFDM 系统的盲接收处理[28, 30]。研究的 Vandermonde 约束张量分解模型具有更好的分解性能和较低的计算复杂度。下面仔细分析其唯一性分解条件。

注意到因子矩阵 $\boldsymbol{A}$ 在模型式(4-53)中是一个 Vandermonde 矩阵。设 $\varepsilon=\mathrm{e}^{\mathrm{j}2\pi\Delta f}$ 和 $\rho_p=\mathrm{e}^{\mathrm{j}2\pi\frac{p-1}{N}}$, $p=1,\cdots,P$，那么 $\boldsymbol{A}$ 可以表示为

$$\boldsymbol{A}=\begin{bmatrix}1 & 1 & \cdots & 1\\ \varepsilon & \varepsilon\rho_2 & \cdots & \varepsilon\rho_P\\ \vdots & \vdots & \vdots & \vdots\\ \varepsilon^{N-1} & (\varepsilon\rho_2)^{N-1} & \cdots & (\varepsilon\rho_P)^{N-1}\end{bmatrix} \tag{4-62}$$

从上述的分析可以得知 $\boldsymbol{A}$ 是一个 Vandermonde 矩阵，由 $z_p=\left\{\varepsilon\rho_p\right\}, p=(1,\cdots,P)$ 构成矩阵元素生成 Vandermonde 结构。因此，$\boldsymbol{A}$ 的结构特性使得式(4-53)是一个基于 Vandermonde 约束张量分解的 OFDM 传输模型。借助 $\boldsymbol{A}$ 的结构特性，可以得

到基于约束张量分解的 OFDM 盲接收方法新的唯一性辨识条件[28, 30]。

**定理** 4.2：设$\boldsymbol{T}\in\boldsymbol{C}^{N\times K\times I}$是一个具有矩阵表示$\boldsymbol{Y}=(\boldsymbol{A}\odot\boldsymbol{B})\boldsymbol{H}^{\mathrm{T}}$的张量，其中$\boldsymbol{B}\in\boldsymbol{C}^{K\times P}$，$\boldsymbol{H}\in\boldsymbol{C}^{I\times P}$，$\boldsymbol{A}\in\boldsymbol{C}^{N\times P}$是一个 Vandermonde 矩阵。考虑矩阵变换表示$\boldsymbol{Y}=\left(\boldsymbol{A}^{(N_1)}\odot\boldsymbol{B}\right)\left(\boldsymbol{A}^{(N_2)}\odot\boldsymbol{H}\right)^{\mathrm{T}}$，其中$N_1+N_2=N+1$；$\boldsymbol{A}^{(N_1)}$和$\boldsymbol{A}^{(N_2)}$分别表示矩阵$\boldsymbol{A}$的前$N_1$行和前$N_2$行。如果对于$N_1+N_2=N+1$，$P=r(\boldsymbol{T})$满足如下条件：

$$\begin{cases} r\left(\underline{\boldsymbol{A}}^{(N_1)}\odot\boldsymbol{B}\right)=P \\ r\left(\boldsymbol{A}^{(N_2)}\odot\boldsymbol{H}\right)=P \end{cases} \tag{4-63}$$

那么 Vandermonde 约束$\boldsymbol{T}$的张量分解具有唯一性。一般来说，满足条件式(4-63)当且仅当下式成立：

$$\left\lceil \frac{P}{K} \right\rceil + \left\lceil \frac{P}{I} \right\rceil \leqslant N \tag{4-64}$$

其中，$\lceil\cdot\rceil$表示上取整运算符号。注意到因子矩阵$\boldsymbol{H}\in\boldsymbol{C}^{I\times P}$有可能不是列满秩的，因为在实际的 OFDM 传输系统中有可能存在$I<P$。因此，需要使用空域平滑技术，使得$\left(\boldsymbol{A}^{(N_2)}\odot\boldsymbol{H}\right)$是列满秩的。空域平滑[28]是一种常用于阵列信号处理的技术，可以有效解决矩阵出现秩亏情况处理困难的问题。

证明：首先证明条件式(4-63)，然后分析条件式(4-64)。设$\boldsymbol{Y}=\boldsymbol{U\Sigma V}^{\mathrm{H}}$表示矩阵$\boldsymbol{Y}$的奇异值分解，其中$\boldsymbol{U}\in\boldsymbol{C}^{N_1K\times P}$，$\boldsymbol{\Sigma}\in\boldsymbol{C}^{P\times P}$和$\boldsymbol{V}\in\boldsymbol{C}^{N_2I\times P}$，而$P=r(\boldsymbol{T})$。存在一个非奇异矩阵$\boldsymbol{M}\in\boldsymbol{C}^{P\times P}$使得

$$\boldsymbol{UM}=\boldsymbol{A}^{(N_1)}\odot\boldsymbol{B} \tag{4-65}$$

和

$$\boldsymbol{V}^*\boldsymbol{\Sigma N}=\boldsymbol{A}^{(N_2)}\odot\boldsymbol{H},\boldsymbol{N}=\boldsymbol{M}^{-\mathrm{T}} \tag{4-66}$$

从下面的引理和推论，可以推出条件式(4-63)和条件式(4-64)。

**引理**：设$\boldsymbol{A}_1\in\boldsymbol{C}^{N\times P}$是一个 Vandermonde 矩阵，$\boldsymbol{A}_2\in\boldsymbol{C}^{K\times P}$，那么$\boldsymbol{A}_1\odot\boldsymbol{A}_2$的秩为$\min(NK,P)$[28]。

**推论**：设张量$\boldsymbol{T}\in\boldsymbol{C}^{N\times K\times I}$具有矩阵展开表示$\boldsymbol{T}=(\boldsymbol{A}_1\odot\boldsymbol{A}_2)\boldsymbol{A}_3^{\mathrm{T}}$的，其中$\boldsymbol{A}_1\in\boldsymbol{C}^{N\times P}$，$\boldsymbol{A}_2\in\boldsymbol{C}^{K\times P}$和$\boldsymbol{A}_3\in\boldsymbol{C}^{I\times P}$。设$\boldsymbol{A}_1$是一个具有元素$\{z_p\}_{p=0}^{P-1}$生成的 Vandermonde 矩阵。如果

$$\begin{cases} r\left(\underline{\boldsymbol{A}}_1\odot\boldsymbol{A}_2\right)=P \\ r\left(\boldsymbol{A}_3\right)=P \end{cases} \tag{4-67}$$

条件式成立，那么约束张量$\boldsymbol{T}$分解是唯一性的。一般来说，条件式(4-65)可以进一步描述为

$$\min(N-1,KI)\geqslant P \tag{4-68}$$

下面证明条件式(4-64)与条件式(4-63)是等效的。从前面的推导，可以得知条件式(4-63)成立只要满足

$$\min\left(\left(N_1-1\right)K, N_2 I\right)\geqslant P \tag{4-69}$$

即 $N_1-1\geqslant\left\lceil\frac{P}{K}\right\rceil$ 和 $N_1-1\geqslant\left\lceil\frac{P}{K}\right\rceil$，其中 $N_1$ 和 $N_2$ 的选择满足条件 $N_1-1+N_2=N$。由此可以证明条件式(4-64)与条件式(4-63)是等效的。

#### 4.2.3.3 基于 Vandermonde 结构约束的张量分解算法

张量分解计算中考虑 Vandermonde 结构约束是有积极意义的。因为对于无约束张量分解方法，当张量的秩较高时，采用经典的三线性交替最小二乘算法进行分解总是失效，不能有效地得到准确的分解值。在分析 Vandermonde 结构约束张量分解的唯一性分解条件时，通过一系列的数学推导，证明了张量分解的唯一性条件。上述的数学推导有助于得到一个实现张量分解并符合唯一性条件的有效方法，这个方法只需要标准的线性代数处理。下面给出结合 Vandermonde 结构矩阵约束的张量分解方法，此方法简记为 VDM-TD。具体的分解方法，是来自于上述证明定理 4.2 唯一性条件的推导过程。

VDM-TD 方法：基于 Vandermonde 结构约束张量分解的 OFDM 盲接收方法。

(a) 输入：$\boldsymbol{Y}=\left(\boldsymbol{A}\odot\boldsymbol{B}\right)\boldsymbol{H}^{\mathrm{T}}$

选择 $\left(N_1,N_2\right)$ 使其满足条件 $N_1+N_2=N+1$，则

$$\boldsymbol{Y}=\left(\boldsymbol{A}^{(N_1)}\odot\boldsymbol{B}\right)\left(\boldsymbol{A}^{(N_2)}\odot\boldsymbol{H}\right)^{\mathrm{T}}$$

计算奇异值分解 $\boldsymbol{Y}=\boldsymbol{U\Sigma V}^{\mathrm{H}}$；

构建 $\boldsymbol{U}_1=\boldsymbol{U}\left(1:\left(N_1-1\right)K,:\right)$[①] 和 $\boldsymbol{U}_2=\boldsymbol{U}\left(K+1:N_1K,:\right)$；

从特征值分解 $\boldsymbol{U}_1^{\dagger}\boldsymbol{U}_2=\boldsymbol{MZM}^{-1}$ 中得到 $\left\{z_p\right\}_{p=1}^{P-1}$ 和 $\boldsymbol{M}$；

构建 $\boldsymbol{a}_p=\left[1,z_p,z_p^2,\cdots z_p^{N-1}\right],p\in\left\{1,\cdots,P\right\}$ ；

计算 $\boldsymbol{b}_p=\left(\boldsymbol{a}_p^H\otimes\boldsymbol{I}_K\right)\boldsymbol{Um}_p,p\in\left\{1,\cdots,P\right\}$ ；

(b) 如果 $\left(\boldsymbol{A}^H\boldsymbol{A}\right)*\left(\boldsymbol{B}^H\boldsymbol{B}\right)^{-1}$ 存在，那么计算

$$\boldsymbol{G}=\left(\boldsymbol{A}^{\mathrm{H}}\boldsymbol{A}\right)*\left(\boldsymbol{B}^{\mathrm{H}}\boldsymbol{B}\right)^{-1};$$

$$\boldsymbol{H}^{\mathrm{T}}=\boldsymbol{G}\left(\boldsymbol{A}\odot\boldsymbol{B}\right)^{\mathrm{H}}\boldsymbol{Y};$$

否则计算

$$\boldsymbol{N}=\boldsymbol{M}^{-\mathrm{T}}$$

① 表示在 $\boldsymbol{U}$ 矩阵取出 $1:(N_1-1)K$ 的行，作为新的矩阵 $\boldsymbol{U}_1$。

$$\boldsymbol{h}_p=\left(\frac{\boldsymbol{a}_p^{(N_2)H}}{\boldsymbol{a}_p^{(N_2)H}\boldsymbol{a}_p^{(N_2)}}\otimes\boldsymbol{I}_I\right)\boldsymbol{V}^*\boldsymbol{\Sigma}\boldsymbol{n}_p,p\in\{1,\cdots,P\}$$

(c)输出：$\boldsymbol{A},\boldsymbol{B},\boldsymbol{H}$。

#### 4.2.3.4 载波频偏估计

采用 VDM-TD 张量分解方法，可以得到因子矩阵 $\boldsymbol{A}$。$\boldsymbol{A}$ 矩阵的结构已经在式(4-50)和式(4-62)中说明，在式(4-50)中 $\boldsymbol{A}$ 矩阵的第 $p$ 列可以表示为

$$\boldsymbol{a}_p(\Delta f)=\left[1,\mathrm{e}^{\mathrm{j}2\pi\left(\frac{p-1}{N}+\Delta f\right)},\cdots,\mathrm{e}^{\mathrm{j}2\pi(N-1)\left(\frac{p-1}{N}+\Delta f\right)}\right]^{\mathrm{T}} \tag{4-70}$$

定义函数方程为

$$\boldsymbol{g}=\operatorname{imag}\left(\ln\left(\boldsymbol{a}_p(\Delta f)\right)\right) \tag{4-71}$$

这里的 $\ln(\cdot)$ 表示自然对数，$\operatorname{imag}(\cdot)$ 表示取复数的虚部运算。更进一步地，从式(4-71)中可以得到，

$$\begin{aligned}\boldsymbol{g}&=\left[0,2\pi\left(\frac{p-1}{N}+\Delta f\right),\cdots,2\pi(N-1)\left(\frac{p-1}{N}+\Delta f\right)\right]^{\mathrm{T}}\\&=\left(\frac{p-1}{N}+\Delta f\right)\boldsymbol{q}\end{aligned} \tag{4-72}$$

其中，$\boldsymbol{q}=\left[0,2\pi,\cdots,2\pi(N-1)\right]^{\mathrm{T}}$，可以利用最小二乘标准去估计载波频偏 $\Delta f$。假设估计的因子矩阵表示为 $\tilde{\boldsymbol{A}}$，那么第 $p$ 列表示为 $\tilde{\boldsymbol{a}}_p$。下面说明怎样使用最小二乘标准估计载波频偏。

首先，$\tilde{\boldsymbol{a}}_p$ 向量除以它的第一个元素分量 $\tilde{\boldsymbol{a}}_{p,1}$。这个简单处理是为了克服幅度不确定问题。定义拟合函数方程

$$\boldsymbol{Q}\boldsymbol{c}=\tilde{\boldsymbol{g}} \tag{4-73}$$

其中，$\boldsymbol{Q}=[1_{N\times1},\boldsymbol{q}]$，$\boldsymbol{c}=\left[c_0,f_p\right]^{\mathrm{T}}$ 和 $f_p$ 是 $\frac{p-1}{N}+\Delta f$，$p\in\{1,\cdots,P\}$ 的估计。最小二乘的解可以表示为

$$\begin{bmatrix}\tilde{c}_0\\\tilde{f}_p\end{bmatrix}=\boldsymbol{Q}^{\dagger}\tilde{\boldsymbol{g}} \tag{4-74}$$

因此，最后的载波频偏可以从下面的方程估计出：

$$\Delta\tilde{f}=\frac{1}{P}\left(\sum\nolimits_{p=1}^{P}\tilde{f}_p-\sum\nolimits_{p=1}^{P}\frac{p-1}{N}\right) \tag{4-75}$$

值得注意的是，在整个载波频偏的估计中，由于 $\sum\nolimits_{p=1}^{P}\tilde{f}_p$ 求和运算处理，载波频偏的估计性能不受列次序排列不确定性问题的影响。

#### 4.2.3.5 计算复杂度分析

在此小节将分析 VDM-TD 方法的计算复杂度，与此同时，给出了经典的借助旋转不变技术估计信号参数(estimating signal parameters via rotational invariance techniques，ESPRIT)算法和基于三线性交替最小二乘(TALS)算法的 PARAFAC 张量分解方法的计算复杂度用于比较说明。这两种经典的算法，也将在下文仿真实验分析中用于对比盲载波频偏估计的性能，以突出提出的 VDM-TD 方法的性能优势。针对模型中的 OFDM 盲载波频偏估计问题，ESPRIT 方法的计算复杂度为 $O[KIN^2+N^3+2(N-1)P^2+3P^3]$。而对于基于 TALS 的 PARAFAC 方法实现的每次迭代的计算复杂度为 $O\left[3P^3+3PNIK+P^2\left(IN+NK+I+N+K\right)\right]$。这两种经典方法实现 OFDM 盲载波同步传输时，基于 TALS 的 PARAFAC 方法的复杂度高于基于 ESPRIT 方法的复杂度，但是 ESPRIT 方法的估计性能较差[22,29]。

基于 VDM-TD 张量分解方法的计算复杂度是较低的。最高复杂度的计算步骤是实现秩 $P$ 矩阵 $\boldsymbol{Y}\in\boldsymbol{C}^{N_1K\times N_2I}$ 的奇异值分解和 $\boldsymbol{U}_1^{\dagger}\boldsymbol{U}_2$ 的特征值分解，第二个分解问题可以看作秩 $P$ 矩阵 $\boldsymbol{U}_1$ 和 $\boldsymbol{U}_2$ 的一个广义特征值分解问题。奇异值分解和广义特征值分解的具体分析，可以查看线性代数相关文献。基于特征值分解的 VDM-TD 方法可以认为是 ESPRIT 方法的推广，可以称为广义 ESPRIT 方法。VDM-TD 方法的计算复杂度基本与 ESPRIT 方法相同，即与 $O[KIN^2+N^3+2(N-1)P^2+3P^3]$ 相当。综上分析，可以得知 VDM-TD 方法与 ESPRIT 方法的计算复杂度相当，比交替最小二乘方法的计算复杂度低。下面一节将给出基于此三种方法的仿真实验分析，研究基于 VDM-TD 张量分解的 OFDM 的盲载波同步接收性能，突出本节提出方法的技术优势。

### 4.2.4 仿真实验分析

本小节给出仿真实验分析，验证基于 Vandermonde 结构约束张量分解的单输入多输出 OFDM 系统(SIMO-OFDM)盲载波同步接收方法的有效性。单输入多输出 OFDM 系统中，设子载波数是 $N$，接收端配置 $I$ 个天线，$P\left(P\leqslant N\right)$ 个子载波用于传输数据信息，信号传输中受到未知多径信道和载波频偏的影响。为了对比分析，突出本节提出方法的性能优势。仿真实验中，不仅研究了基于 VDM-TD 方法的 OFDM 系统盲载波频偏估计和补偿的同步接收性能，而且研究了基于 ESPRIT 方法和 PARAFAC 方法在相同仿真实验条件下的性能。仿真实验的基本参数设置如下：在仿真中，可用的带宽被划分为 $N=32$ 个子载波，循环前缀的采样间隔长度为 $L=8$。载波频偏 $\Delta w=2\pi\Delta f$ 固定于 $0.3w$，其中 $w=2\pi/N$ 表示子载波间隔(subcarrier spacing)，其他不同的参数详见各个具体的仿真图标注。接收的信号受到加性高斯白噪声的影响，可以描述为

$$\boldsymbol{Y}_n = \boldsymbol{B}D_n(\boldsymbol{A})\boldsymbol{H}^{\mathrm{T}} + \boldsymbol{W}_n \ (n = 1,\cdots,N) \tag{4-76}$$

其中，$\boldsymbol{W}_i$表示加性高斯白噪声。定义信噪比(SNR)表示如下：

$$\mathrm{SNR} = 10\log_{10}\frac{\sum_{n=1}^{N}\left\|\boldsymbol{B}D_n(\boldsymbol{A})\boldsymbol{H}^{\mathrm{T}}\right\|_{\mathrm{F}}^2}{\sum_{n=1}^{N}\left\|\boldsymbol{W}_n\right\|_{\mathrm{F}}^2} \tag{4-77}$$

仿真实验分析中，使用平均信噪比条件下得到的均方误差(MSE)和误码率(BER)作为性能指标来评估性能。为了得到有效的性能评估，进行了 1000 次 Monte Carlo 仿真实验估计载波频偏 CFO 的值。定义 MSE 的数学计算公式为

$$\mathrm{MSE} = \frac{1}{1000}\sum_{m=1}^{1000}\left(\frac{\Delta\tilde{f}_m - \Delta f}{1/N}\right)^2 \tag{4-78}$$

其中，$\Delta\tilde{f}_m$表示 Monte Carlo 仿真得到的第$m$个估计的载波频偏 CFO，$\Delta f$表示真实的载波频偏 CFO。发射机和第$i$根接收天线间的信道建模为

$$h_i(t) = \sum_{l=0}^{L_m-1}\rho_{il}\delta(t-\tau_{il}) \tag{4-79}$$

其中，$L_m$表示多径信道数，$\rho_{il}$和$\tau_{il}$分别表示复增益和第$l$条路径的延迟。信道参数来自 4 个独立的瑞利衰落信道，其多径强度服从指数分布。在各次的 Monte Carlo 仿真实验中，所有的信道参数是随机产生的。

图 4.8 说明了三种方法在$N=32$，$P=20$，$I=4$和$K=50$或$K=200$条件下，执行 OFDM 载波频偏估计的 MSE 性能。由图 4.8 中的仿真实验曲线可以得知，基于 Vandermonde 结构约束的 VDM-TD 张量分解方法得到的 OFDM 载波频偏估计性能优于 ESPRIT 方法和 PARAFAC 方法得到的估计性能。因为 VDM-TD 算法中利用了 OFDM 盲接收模型中的约束条件，有效改善了 OFDM 系统参数估计的性能。由图 4.8 也可以得知，随着数据块长度$K$的增加，三种方法的估计性能都

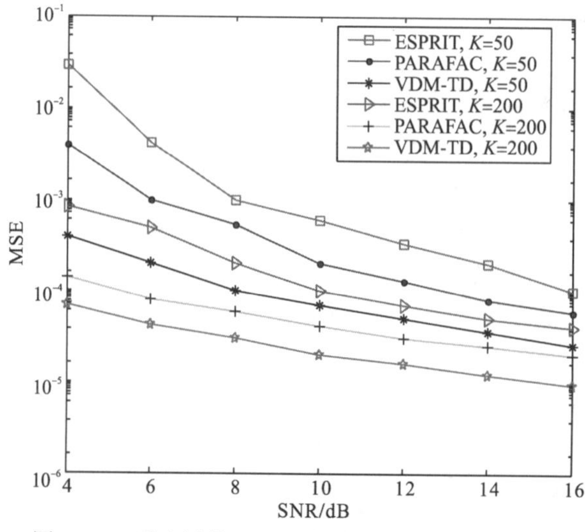


图 4.8　三种方法的 OFDM 载波频偏估计 MSE 性能

得到了提高，其中PARAFAC方法的估计性能比较适中，而ESPRIT方法在$K=200$时的估计性能比 VDM-TD 方法在$K=50$时的估计性能还差。考虑到三种方法的计算复杂度，尽管ESPRIT方法和VDM-TD方法的计算复杂度相当，但是在较短数据块条件下ESPRIT方法的估计性能远不如VDM-TD方法，而PARAFAC方法性能表现适中，但是复杂度最高。由此可知，提出的VDM-TD方法具有较优的性能和较低计算复杂度。

如图 4.9 所示，三种方法执行载波频偏估计，使用估计的载波频偏进行相应载波频偏补偿源信号恢复的误码率性能。仿真中设置$N=32$，$P=20$，$I=4$ 和 $K=100$，二进制相移键控(binary phase shift keying，BPSK)调制，执行5000次Monte Carlo仿真实验。采用10个数据符号块描绘源信号恢复的误码率性能曲线。从图4.9的仿真性能曲线可以得知，VDM-TD方法得到的源信号恢复误码率性能优于ESPRIT方法和PARAFAC方法得到的误码率性能，而且接近无频偏理想情况下的源信号恢复误码率性能。频偏补偿的性能直接受到频偏估计的影响，频偏估计的偏差会造成源信号恢复性能的下降。由上述图 4.8 中所示三种方法的频偏估计性能，可以得知图4.9中频偏补偿源信号恢复的性能曲线是合理的。

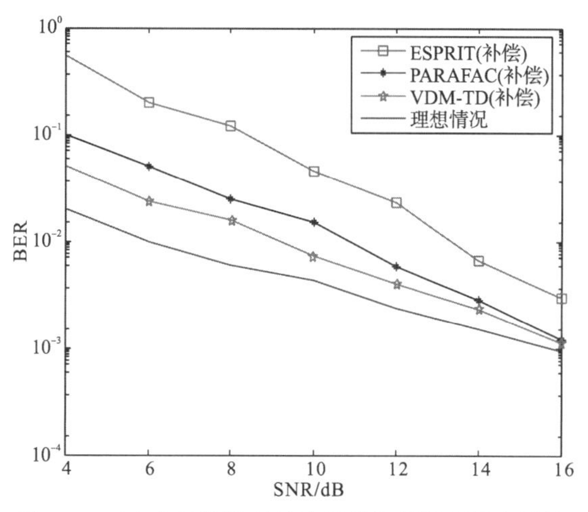


图 4.9 三种方法频偏估计和频偏补偿的误码率性能

如图4.10所示为不同数据符号块长度条件下的基于VDM-TD的OFDM载波频偏估计性能。仿真中设置$N=32$，$P=20$，$I=4$和不同的数据符号块长度$K$。由图4.10的仿真实验曲线可以得知，载波频偏估计的性能随着数据符号块长度的增加而提升。因为数据符号块长度的增加，可以提高VDM-TD算法中参数估计精度的提升，所以可以提高VDM-TD算法的性能，进而改善OFDM系统中频偏估计性能。由图 4.10，当数据块长度从$K=50$到$K=200$时，算法的估计性能提升比较明显，而当数据块长度从$K=200$到$K=300$时，算法的估计性能提升比较平稳。一般来说，随着数据块长度的进一步增加，算法的性能提升越来越平缓，但是数据块长度的增加会造成算法复杂度的提高，因此，需要平衡算法的性能和计算复杂度。

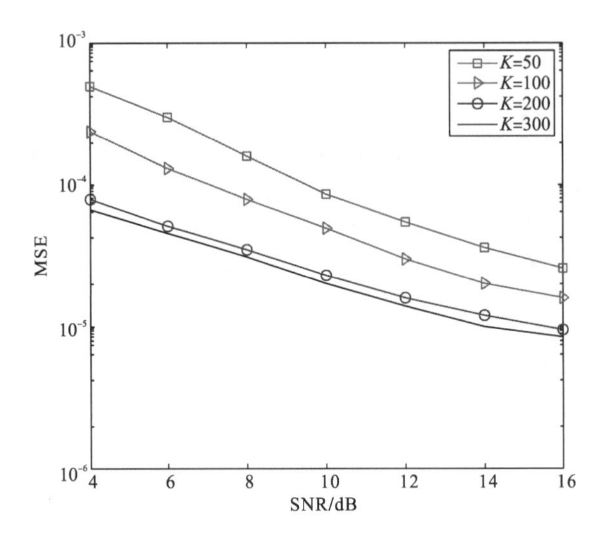


图 4.10　不同数据符号块长度条件下的基于 VDM-TD 方法的载波频偏估计性能

如图 4.11 所示为不同接收天线数条件下基于 VDM-TD 的 OFDM 载波频偏估计性能。仿真中设置 $N=32$，$P=20$，$K=100$ 和不同的接收天线数 $I$。由图 4.11 的仿真性能曲线可以得知，随着接收天线个数的增加，算法执行载波频偏估计的性能得到了提升。因为多天线接收可以提供接收分集增益，所以多个天线的接收可以有效改善 OFDM 系统中载波频偏估计的性能。

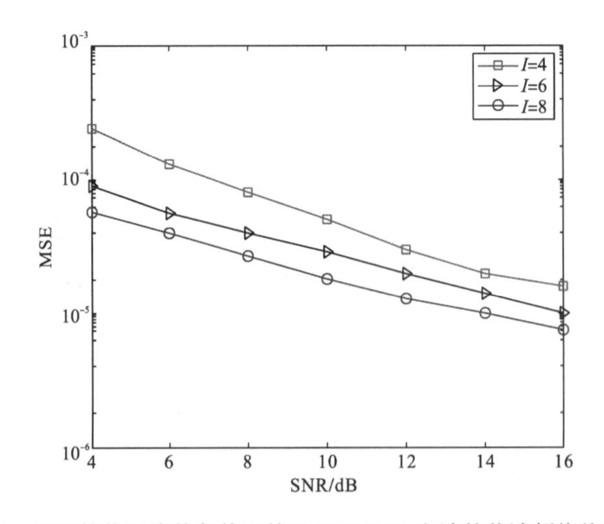


图 4.11　不同接收天线数条件下基于 VDM-TD 方法的载波频偏估计性能

图 4.12 说明了在参数设置 $N=32$，$I=4$，$K=100$，以及不同子载波数值 $P$ 传输数据条件下的 OFDM 系统载波频偏估计性能，由图 4.12 可以得知载波频偏的估计性能随着 $P$ 值的增大而降低，原因是当 $P$ 值增大时，会导致矩阵 $\boldsymbol{A}\in \boldsymbol{C}^{N\times P}$ 的秩也随之增加。更进一步地说，会致使基于 VDM-TD 算法估计因子矩阵 $\boldsymbol{A}$ 的性能下降，进而导致载波频偏估计的性能也跟着下降。特别是当 $P=32$ 时，此时 OFDM 系统中将没有虚拟的子载波，算法估计的性能变得最差，如图 4.12 所示。

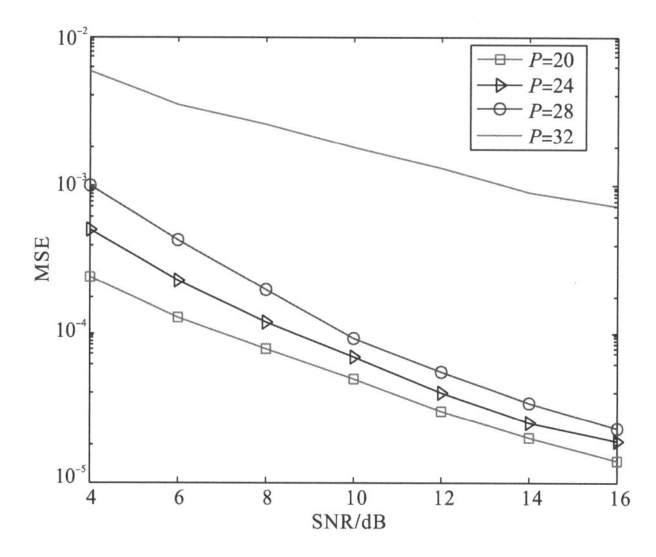


图 4.12 不同数据载波数条件下基于 VDM-TD 方法的载波频偏估计性能

在 $P=N$ 情况下，一些基于虚拟子载波的载波频偏估计算法将不能工作，无法执行频偏估计，例如多重信号分类(multiple signal classification，MUSIC)算法和 ESPRIT 算法。PARAFAC 方法在此条件下也很难执行工作，因为基于三线性交替最小二乘的计算方法在秩较高条件下总是很难收敛得到唯一性分解，计算的复杂度也较高。然而，提出的基于 VDM-TD 的张量分解算法显然具有一个明显的优势，可以在 OFDM 系统无虚拟子载波情况下工作，实现载波频偏的盲估计。

图 4.13 说明了在 $I=4$，$K=100$ 和不同子载波数条件下的 OFDM 系统载波频偏估计性能。由图 4.13 仿真实验性能曲线可以得知，载波频偏的估计性能随着子载波数 $N$ 的增加而降低。当子载波数 $N$ 增加时，用于数据传输的子载波数 $P=5N/8$ 也随之增加，故而 $\boldsymbol{A}\in \boldsymbol{C}^{N\times P}$ 矩阵的秩也跟着增加，会造成基于 VDM-TD 算法估计因子矩阵 $\boldsymbol{A}$ 的性能下降。因为载波频偏估计的性能会受因子矩阵 $\boldsymbol{A}$ 估计性能下降的影响，所以载波频偏估计性能会随着子载波数的增加而下降，如图 4.13 所示。值得注意的是，尽管 $N$ 增加的比较大，但是只要满足张量分解的唯一性条件，VDM-TD 方法仍然可以正常工作，能够执行 OFDM 盲同步接收处理。

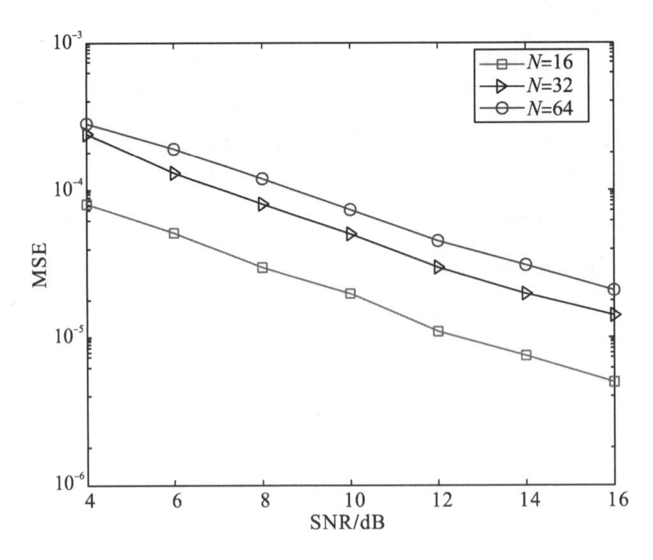


图 4.13　不同子载波数条件下载波频偏估计性能

图 4.14 说明了在不同载波频偏条件下受不同信噪比条件的载波频偏估计性能，仿真中设置 $N=32$，$P=20$，$I=4$ 和 $K=100$，载波频偏范围为 $-0.5w \sim 0.5w$。由图 4.14 仿真实验性能曲线可以得知，在 $-0.5w \sim 0.5w$ 载波频偏范围内，VDM-TD 方法可以获取十分相似的性能，能够有效克服载波频偏残差的影响。由图 4.14 中性能曲线也易知，载波频偏的估计 MSE 性能随着信噪比的增加而改善。

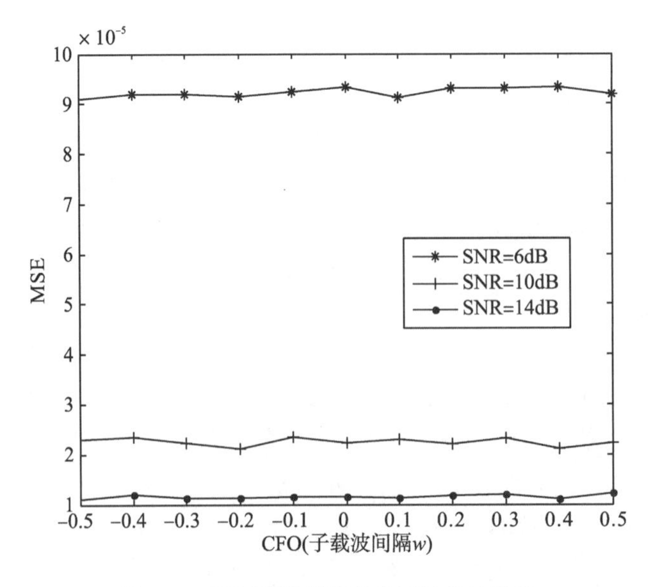


图 4.14　不同载波频偏条件下的估计性能

图 4.10～图 4.14 只给出了在不同参数设置条件下的频偏估计性能，不过，在此条件下相应的频偏补偿性能容易推断，和图 4.9 的分析类似。

图 4.15 描绘了 OFDM 系统采用不同接收处理方法，在不同频偏条件下的误码率曲线性能。仿真实验中设置，$N=32$，$P=20$，$I=4$和$K=100$，载波频偏的范围为$-0.5w \sim 0.5w$。由图 4.15 的仿真性能曲线可以得知，基于 VDM-TD 方法在载波频偏的影响下不会降低系统性能。基于 PARAFAC 的同步方法比 VDM-TD 方法差，因为 VDM-TD 方法中考虑了 OFDM 盲接收模型中 Vandermonde 结构约束条件，用结构约束增强了算法的性能，所以 VDM-TD 算法的性能更好。采用 MMSE 方法(无载波同步处理，图中简记为 CFO-MMSE)会随着载波频偏的增大而性能逐渐下降，而 ESPRIT 方法会受到估计残差影响，造成补偿性能的下降，同步方法能够克服这些不利因素的影响。对于$-0.5w \sim 0.5w$范围的载波频偏，基于 VDM-TD 方法的 OFDM 同步接收性能几乎是恒定值。由此可以归纳总结，提出的同步接收方法，可以更加有效地去除载波频偏的影响，增强 OFDM 系统的接收性能。综合以上的仿真分析可以得到，VDM-TD 同步接收方法具有更好的竞争优势，在性能和计算复杂度方面都较优于现存常用算法去执行 OFDM 系统的同步接收处理。

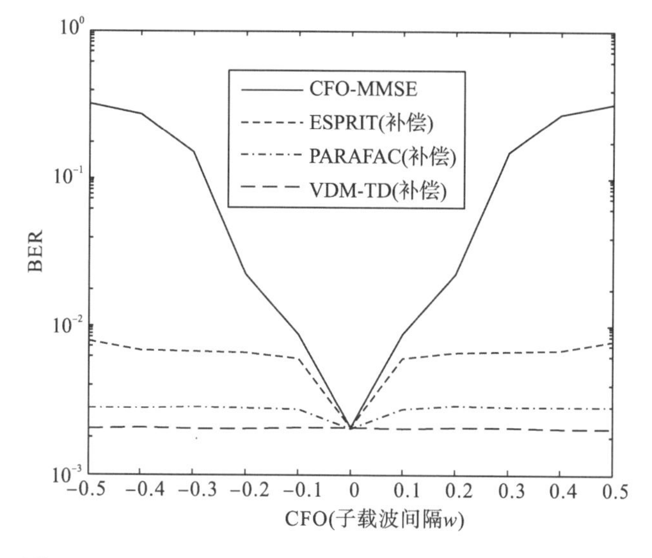


图 4.15 OFDM 系统中不同接收处理方法的误码率曲线性能

## 4.3 本章小结

本章研究了 OFDM 系统的盲信号分离方法，分析了 OFDM 系统基于盲分离处理接收方法的优势，提出了两种克服未知频偏和信道衰落影响的盲接收方法，有效地优化和增强了 OFDM 系统的接收性能。

4.1 节针对 OFDM 系统受频偏和信道衰落影响问题，提出了一种基于 ICA 的盲自适应同步接收方法，增强了系统的接收性能。采用基于 ICA 的盲分离方法，可以有效克服 CFO 估计偏差和信道估计偏差降低源信号恢复性能的缺点。理论分析和实验分析表明，提出的算法可以有效地去除 CFO 的不利影响。通过基于 ICA 的盲载波频率同步接收处理，基于导频序列的 CFO 估计和信道估计的步骤可以免除，因此系统接收处理得到了简化，频谱效率得到了保证。基于 ICA 的方法不仅在未来无线通信系统中值得关注，而且在非合作通信中具有重要的应用价值，值得进一步研究。

4.2 节提出了基于 Vandermonde 约束张量分解的盲接收方法，用于实现 OFDM 多天线接收系统模型中的载波频率同步和源信号恢复。与传统的无约束张量分解 PARAFAC 模型相比，文中通过结合 OFDM 接收模型中 Vandermonde 结构约束条件，得到了宽松的唯一性张量分解条件和计算效率优越的代数型方法。实际上，无线通信和阵列信号处理中很多问题都可建模为张量分解带 Vandermonde 结构约束的模型。此思路可以扩展到空间复用 MIMO 系统、MIMO-OFDM 系统、OFDMA 系统以及 SC-FDMA 系统，再配合子载波分配或多天线分集或过采样技术构建 Vandermonde 约束张量接收模型，可以进一步研究提高其接收性能的约束型张量分解盲处理算法。

## 参考文献

[1] Chen B. Maximum likelihood estimation of OFDM carrier frequency offset[J]. IEEE Signal Processing Letter, 2002, 9: 123-126.

[2] Chen B, Wang H. Blind estimation of OFDM carrier frequency offset via oversampling[J]. IEEE Transaction on Signal Processing, 2004, 52(7): 2047-2057.

[3] Yao Y W, Giannaki G B. Blind carrier frequency offset estimation in SISO, MIMO, and multiuser OFDM systems[J]. IEEE Transactions on Communication, 2005, 53(1): 173-183.

[4] Luo Z Q, Zhu L D. A charrelation matrix-based blind adaptive dectector for DS-CDMA systems[J]. Sensor, 2015, 15: 20152-20168.

[5] Luo Z Q, Zhu L D, Li C J. Exploiting charrelation matrix to improve blind separation performance in DS-CDMA systems[C]. International Conference on Communications and Networking in China, 2014: 369-372.

[6] 骆忠强. 无线通信盲源分离关键技术研究[D]. 成都: 电子科技大学, 2016.

[7] Wong C S, Obradovic D. Independent component analysis(ICA) for blind equalization of frequency selective channels[C]. IEEE Workshop on Neural Network for Signal Processing, Munich ,2008: 419-428.

[8] Zarzoso V, Nandi A K. Blind MIMO equalization with optimum delay using independent component analysis[J].

International Journal of Adaptive Control Signal Processing, 2004, 18: 245-263.

[9] Zarzoso V, Nandi A K. Exploiting non-Gaussianity in blind identification and equlisation of MIMO of FIR channels[J]. IEE Proceeding-Vision Image and Signal Processing, 2004, 151(1): 69-75.

[10] Bin G, Hai L, Yamashita K. Blind signal recovery in multiuser MIMO-OFDM system[C]. IEEE Midewest Symposium Crircuits Systems, 2004, 2: 637-640.

[11] Sarperi L, Zhu X , Nandi A K. Low-complexity ICA based blind MIMO-OFDM receivers[J]. Neurocomputing, 2006, 69(13): 1529-1539.

[12] Sarperi L, Zhu X, Nandi A K. Blind OFDM receiver based on independent component analysis for multiple-input multiple-output systems[J].IEEE Transactions on Wireless Communication, 2007, 6(11): 4079-4089.

[13] Gao J, Zhu X, Nandi A K. PAPR reduction in blind MIMO OFDM systems based on independent component analysis[C]. European Signal Processing Conference, Glasgow, 2009: 318-322.

[14] Liu Y, Mikhael W B. A blind maximum likelihood carrier frequency offset correction approach for OFDM systems over multipath fading channels[J]. Circuits Systems and Signal Processing, 2007, 26(1): 43-54.

[15] Hyvärinen A, Karhunen J, Oja E. Independent Component Analysis[M]. New York: John Wiley & Sons, 2001.

[16] 张贤达. 矩阵分析与应用[M]. 北京: 清华大学出版社, 2004.

[17] Cho Y S, Kim J, Yang W Y, et al. MIMO-OFDM Wireless Communications with MATLAB[M]. Singapore: John Wiley & Sons Pte Ltd, 2010.

[18] Adali T, Haykin S. Adaptive Signal Processing: Next-Generation Solutions[M]. New Jersey: Wiley & Sons Press, 2010.

[19] Sidiropoulos N D, Bro R, Giannakis G B. Parallel factor analysis in sensor array processing[J]. IEEE Transactions on Signal Processing, 2000, 48(8): 2377-2388.

[20] De Almeida A L F, Favier G, Mota J C M. PARAFAC-based unified tensor modelling for wireless communication systems with application to blind multiuser equalization[J]. Signal Processing, 2007, 87(2): 337-351.

[21] Sidiropoulos N D, Giannakis G B, Bro R. Blind PARAFAC receiver for DS-CDMA systems[J]. IEEE Transactions on Signal Processing, 2000, 48(3): 810-823.

[22] Jiang T, Sidiropoulos N D. A direct blind receiver for SIMO and MIMO OFDM system subject to unknown frequency offset and multipath[C]. IEEE Workshop on Signal Processing Advanced Wireless Communications, 2003: 358-362.

[23] Zhang X F, Gao X, Xu D Z. Novel blind carrier frequency offset estimation for OFDM system with multiple antennas[J]. IEEE Transactions on Wireless Communcation, 2010, 9(3): 881-885.

[24] Fernades C A R, De Alemeida A L F, Da Costa D B. Unified tensor modelling for blind receivers in multiuser uplink cooperative systems[J]. IEEE Signal Processing Letter, 2012, 19(5): 247-250.

[25] Nion D, Sidiropoulos D. Tensor algebra and multidimensional harmonic retrieval in signal processing for MIMO radar[J]. IEEE Transactions Signal Processing, 2010, 58(11), 5693-5705.

[26] Gul M M, Lee S, Ma X. PARAFAC-based frequency synchronization for SC-FDMA unplink transmissions[J]. EURASIP Journal on Advances in Signal Processing, 2014, 146: 1-14.

[27] Stegeman A, Sidiropoulos D. On Kruskal’s uniqueness condition for the CANDECOMP/PARAFAC decomposition[J]. Linear Algebra Applications, 2007, 420: 540-552.

[28] Sørensen M, Lathauwer L D. Tensor decomposition with a vandermonde factor and application in signal processing[C]. Conference Record of the Forty Sixth Asilomar Conference on Signals, Systems and Computers, 2012: 890-894.

[29] Sørensen M, Lathauwer L D. Blind signal separation via tensor decomposition with vandermonde factor: canonical polyadic decomposition[J]. IEEE Transaction on Signal Processing, 2013, 61(22): 5507-5519.

[30] De Almeida A L F, Favier G, Leandro R. Space-time-frequency(STF) MIMO communication systems with blind receiver based on a generalized PARATUCK2 model[J]. IEEE Transactions on Signal Processing, 2013, 61(8): 1895-1909.

[31] Sorber L, Barel M V, Lathauwer L D. Optimization-based algorithms for tensor decompositions: canonical polyadic decomposition, decomposition in terms and a new generalization[J]. SIAM Journal of Optimization, 2013, 32(2): 695-702.

[32] Comon P. Tensors[J]. IEEE Signal Processing Magazine, 2014, 31(3): 44-53.

[33] Gomes P R B, De Almeida A L F, Da Costa J P C L. Fourth-order tensor method for blind spatial signature estimation[C]. IEEE International Conference on Acoustics, Speech, and Signal Processing, 2014: 2992-2996.

[34] Liu X, Xu Z. Structure constrained PARAFAC model with application to signal processing[C]. IEEE International Symposium on Knowledge Acquisition and Modeling Workshop, 2008: 651-654.

[35] Favier G, De Almeida A L F. Overview of constrained PARAFAC models[J]. EURASIP Journal on Advances in Signal Processing, 2014, 141: 1-25.

[36] Liu X, Jiang T, Contrained L trilinear decomposition with application to array signal processing[J]. Progress in Electromagnetics Research, 2012, 128: 195-214

[37] Cichocki A, Mandic D, Lathauwer L D, et al. Tensor Decomspositions for Signal Processing Applications: From two-way to multi-way component analysis[J]. IEEE Signal Processing Magazine, 2015, 32(2): 145-163.

# 5　多输入多输出系统中自适应接收与智能处理技术

本章讨论多输入多输出(MIMO)系统中的盲源分离处理问题，主要包括三个部分：首先，结合通信系统中的误码率性能指标，提出一种基于最小误码率准则的盲源分离算法，用于提高在噪声影响条件下的分离性能；其次，讨论在信道不匹配条件下造成的系统性能受损问题，结合二阶锥约束最优化理论，提出一种二阶锥约束条件盲源分离算法，用于提高 MIMO 信号分离的性能；最后，讨论大规模 MIMO 系统中的自适应源信号恢复与提取方法，提出简化的累积量型联合对角化快速分离算法，用于实现大规模源的快速分离和提取。

## 5.1　基于最小误码率准则的盲源分离算法

一般来说，MIMO 接收信号可以被看作独立信源与未知信道作用的线性瞬时混合信号，借助 ICA 的盲源分离，可以将期望信号从接收的混合信号中分离和提取出来[1-6]。但是常规的盲分离算法具有对噪声影响比较敏感的问题，一般需要较高的信噪比才能有效实现源信号的分离。为了提高含噪影响下的分离性能，本节将提出一种结合误码率性能指标的盲源分离算法。本算法的基本原理是在传统的基于最大似然原则建立的盲源分离代价函数中融入最小误码准则[2, 7]，构建一种最小误码率约束的代价函数，再借助自然梯度算法最优化此代价函数，实现盲源分离。

### 5.1.1　模型与问题描述

图 5.1 为盲源分离线性瞬时混合模型框图，可把 MIMO 系统模型看作一个盲源分离模型，那么 MIMO 系统中信号的分离检测问题可以借助盲分离方法实现[2-5]。

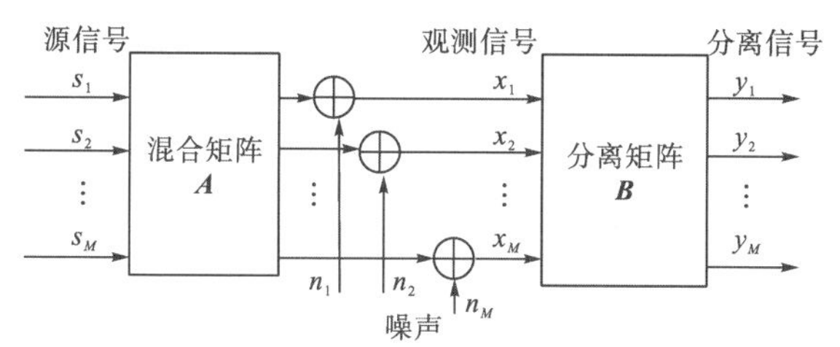


图 5.1　盲源分离的基本模型框图

图 5.1 中，发射机和接收机的天线数是 $M$ ，即满足一个正定的接收模型 $\boldsymbol{s}=\left(s_1,s_2,\cdots,s_M\right)^{\mathrm{T}}$ 表示源信号向量，是相互统计独立的；MIMO 系统中信道对源信号的影响可以描述为混合矩阵 $\boldsymbol{A}$ 对源信号的影响，混合矩阵的未知参数等效于未知信道状态信息；$\boldsymbol{n}=\left(n_1,n_2,\cdots,n_M\right)^{\mathrm{T}}$ 表示噪声向量；$\boldsymbol{x}=\left(x_1,x_2,\cdots,x_M\right)^{\mathrm{T}}$ 表示 MIMO 接收信号，即观测的混合信号。接收混合信号模型可以表示如下：

$$\boldsymbol{x}=\boldsymbol{A}\boldsymbol{s}+\boldsymbol{n} \tag{5-1}$$

基于 ICA 的盲分离方法可以仅从观测混合信号中分离或提取源信号。式(5-1)经过分离处理，源信号估计可以表示如下：

$$\begin{aligned}\boldsymbol{y}&=\boldsymbol{B}\boldsymbol{A}\boldsymbol{s}+\boldsymbol{B}\boldsymbol{n}\\&=\boldsymbol{s}+\boldsymbol{B}\boldsymbol{n}\end{aligned} \tag{5-2}$$

其中，$\boldsymbol{s}$ 表示传输信号，$\boldsymbol{y}$ 表示估计的信号向量。当 $\boldsymbol{y}$ 向量的元素在检测判决后，可以得到符号 $\pm 1$ 的信号。

式(5-2)中，在理想情况下，$\boldsymbol{BA}=\boldsymbol{I}$ ，$\boldsymbol{I}$ 表示单位矩阵，分离矩阵 $\boldsymbol{B}$ 是混合矩阵的逆矩阵。而在实际情况下，由于盲分离方法中存在次序和幅度不确定性的问题，$\boldsymbol{C}=\boldsymbol{BA}$ 矩阵是一个广义置换矩阵。

一般来说，基于 ICA 的盲源分离理论可拆分为代价函数加最优化方法。ICA 算法的步骤是：第一步，基于独立性原则构建代价函数；第二步，代价函数执行最优化处理，求分离矩阵，实现分离或提取源信号。因此，代价函数的构建和最优化方法是实现盲分离至关重要的因素，这两个因素直接影响盲分离算法的分离性能和实现复杂度。现有的 ICA 盲分离算法，存在多种建立代价函数的独立性原则，包括非高斯最大化(non-Gaussian maximization)、最大似然(maximum likelihood)和最小互信息(minimum mutual information)原则等[1-3]。这些原则构建的代价函数加上最优化方法，已经发展出了众多经典算法，如 Infomax，FastICA 等[1, 2]。但是基于 ICA 的盲分离算法对噪声比较敏感，较低信噪比会影响盲分离算法的收敛性能，进而影响源信号分离或提取的性能。因此，基于 ICA 的盲分离算法一般需要在较高的信噪比条件下才能得到有效的分离性能。

针对上述问题，考虑结合通信系统中误码率性能准则优化代价函数，从而达到增强算法分离性能的效果，提高源信号恢复的误码率性能。下面一小节将说明怎么将最小误码率准则融入独立性原则，建立针对通信信号的约束型代价函数，进而提出更为适宜的通信混合信号盲分离算法，达到增强算法收敛性和分离精度的效果。

### 5.1.2 最小误码率准则约束盲源分离

本小节共分三个部分：第一部分，构建基于最大似然原则的代价函数；第二部分，推导最小误码率准则，用最小误码率准则来约束最大似然的代价函数，构建新的代价函数；第三部分，说明采用基于自然梯度的优化方法，实现代价函数的最优化，进而达到源信号分离检测的目的。

### 5.1.2.1 构建最大似然原则的代价函数

构建代价函数是基于ICA盲分离算法中的重要步骤,影响着算法分离的性能和实现的复杂度。基于最大似然原则是一种常见的构建代价函数的独立性原则，它与基于最小互信息原则构建的代价函数是本质等价的[1, 2]。基于最大似然原则构建的代价函数，配合不同的最优化方法，可形成不同的ICA算法。下面给出构建最大似然原则盲分离代价函数的数学推导过程。$\boldsymbol{s}$表示相互统计独立的源信号向量，它的联合概率密度函数为$f_s(\boldsymbol{s})$。$f_{s_i}(s_i)$表示源信号$\boldsymbol{s}$中各分量信号向量的边缘概率密度函数。由于源信号是相互统计独立的，由概率论易知存在如下变换关系式[1]：

$$f_s(\boldsymbol{s})=\prod_{i}^{M} f_{s_i}(s_i) \tag{5-3}$$

在线性ICA模型$\boldsymbol{x}=\boldsymbol{As}$中，源信号$\boldsymbol{s}$与观测向量$\boldsymbol{x}$的联合概率密度函数存在如下变换关系式[1, 2]：

$$f_x(\boldsymbol{x})=\frac{1}{|\det \boldsymbol{A}|} f_s\left(A^{-1}\boldsymbol{x}\right)=|\det \boldsymbol{B}| f_s(\boldsymbol{Bx}) \tag{5-4}$$

根据式(5-4)，可以求矩阵$\boldsymbol{A}$（或者矩阵$\boldsymbol{B}$，$\boldsymbol{B}=\boldsymbol{A}^{-1}$）的最大似然估计。记$\boldsymbol{y}=\boldsymbol{A}^{-1}\boldsymbol{x}=\boldsymbol{Bx}$，基于最大似然原则构建的代价函数，通过对式(5-4)求对数似然函数得到，即

$$\log f_x(\boldsymbol{x})=-\log|\det \boldsymbol{A}|+\log f_s\left(\boldsymbol{A}^{-1}\boldsymbol{x}\right) \tag{5-5}$$

式(5-5)也可以变换为

$$\log f_x(\boldsymbol{x})=\log|\det \boldsymbol{B}|+\log f_y(\boldsymbol{y}) \tag{5-6}$$

式(5-6)中$y$表示对源信号$\boldsymbol{s}$的估计，实际的概率分布函数$f_s(\boldsymbol{s})$是未知的，用估计的概率分布函数$f_y(\boldsymbol{y})$替代。考虑到源信号是相互统计独立的，代价函数式(5-6)可进一步变换表示如下：

$$J(\boldsymbol{B})=-\log|\det \boldsymbol{B}|-\sum_{i=1}^{M}\log f_{y_i}(y_i) \tag{5-7}$$

分离矩阵$\boldsymbol{B}$可以通过求解下式的最优化问题得到：

$$\hat{\boldsymbol{B}}=\arg\min_{\mathbf{B}}\left[-\log|\det \boldsymbol{B}|-\sum_{i=1}^{M}\log f_{y_i}(y_i)\right] \tag{5-8}$$

### 5.1.2.2 最小误码率准则约束代价函数

本小节首先给出最小误码率准则数学推导过程，然后将最小误码准则融入最大似然原则构建的代价函数中，提出一种新的代价函数。根据模型说明上一节中

的分析，可以知道 MIMO 系统中均衡检测问题等效于盲源分离中源信号分离恢复问题。考虑图 5.1 所示的模型是一个 MIMO 系统。设源信号是概率相等独立的正反性符号，即 ±1 (BPSK) 符号，源信号具有如下的自相关矩阵：

$$E\left(\boldsymbol{s}\boldsymbol{s}^{\mathrm{T}}\right)=\boldsymbol{I} \tag{5-9}$$

式(5-9)中 $\boldsymbol{I}$ 是合适维数的单位矩阵。假设正反性符号是为了分析的简便性，也可以扩展使用其他的星座点，例如 4-QAM/QPSK 等。设噪声向量 $\boldsymbol{n}$ 是高斯白噪声，具有零均值和协方差，

$$E\left(\boldsymbol{n}\boldsymbol{n}^{\mathrm{T}}\right)=\sigma^2\boldsymbol{I} \tag{5-10}$$

发射源信号块在分离检测后，可计算各个元素平均错误概率，即检测信号的平均误码率[2, 6-7]，表示如下：

$$P_e=\frac{1}{M}\sum_{m=1}^{M}P_{em} \tag{5-11}$$

式(5-11)中第 $m$ 个源信号的误码率表示为 $P_{em}$。设定源信号的功率是单位 1，那么接收噪声的协方差矩阵是 $\sigma^2\boldsymbol{B}\boldsymbol{B}^{\mathrm{T}}$，由此可以得到检测判决后，第 $m$ 个源信号的误码率表示为

$$P_{em}=\frac{1}{2}\operatorname{erfc}\left[\frac{1}{\sqrt{2\sigma^2\left(\boldsymbol{B}\boldsymbol{B}^{\mathrm{T}}\right)_{mm}}}\right] \tag{5-12}$$

式(5-12)中的误差函数为 $\operatorname{erfc}(\varsigma)\triangleq\left(2/\sqrt{\pi}\right)\int_{\varsigma}^{\infty}\mathrm{e}^{-z^2}\,\mathrm{d}z$，$\left(\boldsymbol{B}\boldsymbol{B}^{\mathrm{T}}\right)_{mm}$ 表示 $\boldsymbol{B}\boldsymbol{B}^{\mathrm{T}}$ 的第 $(m,m)$ 个元素。$\sigma^2\left(\boldsymbol{B}\boldsymbol{B}^{\mathrm{T}}\right)_{mm}$ 表示第 $m$ 个源信号向量在接收端的噪声方差。将式(5-12)代入式(5-11)，得到

$$P_e=\frac{1}{2M}\sum_{m=1}^{M}\operatorname{erfc}\left[\frac{1}{\sqrt{2\sigma^2\left(\boldsymbol{B}\boldsymbol{B}^{\mathrm{T}}\right)_{mm}}}\right] \tag{5-13}$$

令 $\phi(z)=\operatorname{erfc}\left(1/\sqrt{2\sigma^2 z}\right)$，其中 $z>0$，由于 $\operatorname{erfc}(\cdot)$ 误差函数具有可微性[7]，所以 $\phi(z)$ 是可导的，其二阶导数形式表示如下：

$$\frac{\mathrm{d}^2\phi}{\mathrm{d}z^2}=\frac{1}{\sqrt{\pi}}\left(2\sigma^2\right)^{-(1/2)}\left(-\frac{3}{2}+\frac{1}{2\sigma^2 z}\right)z^{-(5/2)}\exp\left(-\frac{1}{2\sigma^2 z}\right) \tag{5-14}$$

式(5-14)中，当 $z<\dfrac{1}{3\sigma^2}$ 时，$\dfrac{\mathrm{d}^2\phi}{\mathrm{d}z^2}>0$ 成立，可以推知式(5-13)是一个凸函数，即只要满足噪声的功率 $\sigma^2$ 是小于 $1/3\left(\boldsymbol{B}\boldsymbol{B}^{\mathrm{T}}\right)_{mm}$ 的条件。如果对于所有的 $m$，此条件都满足，那么在接收端具有中等—高信噪比条件时，平均误码率 $P_e$ 也是凸的[2, 7]。

利用 $P_e$ 在中等—高的信噪比条件是凸函数的结论，可以使用 Jensen 不等式得到如下一个关于 $P_e$ 的下界，

$$\begin{aligned} P_e &= \frac{1}{2M}\sum_{m=1}^{M}\operatorname{erfc}\left[\frac{1}{\sqrt{2\sigma^2(\boldsymbol{BB}^{\mathrm{T}})_{mm}}}\right] \\ &\geqslant \frac{1}{2}\operatorname{erfc}\left[\frac{1}{\sqrt{\frac{2\sigma^2}{M}\sum_{m}^{M}(\boldsymbol{BB}^{\mathrm{T}})_{mm}}}\right] \\ &= \frac{1}{2}\operatorname{erfc}\left[\sqrt{\frac{M}{2\sigma^2\operatorname{tr}\left(\boldsymbol{BB}^{\mathrm{T}}\right)}}\right] = P_{e,LB} \end{aligned} \tag{5-15}$$

当对于$\forall m\in[1,M]$，$(\boldsymbol{BB}^{\mathrm{T}})_{mm}$的值是相等时，式(5-15)中等式条件是成立的。只要$P_e$ 满足凸的条件，公式(5-15)中的不等式条件成立，即满足中等—高信噪比接收条件，也可表示为

$$(\boldsymbol{BB}^{\mathrm{T}})_{mm} < \frac{1}{3\sigma^2}, \forall m\in[1,M] \tag{5-16}$$

式(5-15)中的$P_{e,LB}$定义为误码率$P_e$的下界，由于$\operatorname{erfc}(\cdot)$是一个单调减函数，函数的$P_{e,LB}$的最小化可转换为最小化$\operatorname{tr}\left(\boldsymbol{BB}^{\mathrm{T}}\right)$。那就意味着，最小化误码率准则可以描述为如下的约束最小化问题：

$$\begin{aligned} &\min_{\boldsymbol{B}}\operatorname{tr}\left(\boldsymbol{BB}^{\mathrm{T}}\right) \\ &\text{s.t.}(\boldsymbol{BB}^{\mathrm{T}})_{mm} < \frac{1}{3\sigma^2}, m\in[1,M] \end{aligned} \tag{5-17}$$

将式(5-17)的最小误码率准则与式(5-8)的最大似然原则代价函数相融合，可以建立约束代价函数，即基于最小误码率准则约束的代价函数，具体描述如下：

$$\begin{cases} \arg\min\limits_{\boldsymbol{B}}\left[-\log\left|\det\boldsymbol{B}\right| - \sum\limits_{i=1}^{M}\log f_{y_i}(y_i)\right] \\ \min\limits_{\boldsymbol{B}}\operatorname{tr}\left(\boldsymbol{BB}^{\mathrm{T}}\right), \text{s.t.}\operatorname{tr}(\boldsymbol{BB}^{\mathrm{T}}) < \dfrac{M}{3\sigma^2} \end{cases} \tag{5-18}$$

在原来的基于最大似然原则的代价函数上，式(5-18)加上了最小误码率准则的约束，变成了一个约束的最优化问题，使构建的代价函数变得更具实际意义。为了简化上述构建代价函数(5-18)的最优化问题，考虑在适当中等—高信噪比接收条件时，将式(5-18)中的约束问题转换为下面的无约束最优化问题，即

$$J(\boldsymbol{B}) = \arg\min_{\boldsymbol{B}}\left[-\log\left|\det\boldsymbol{B}\right| - \sum_{i=1}^{M}\log f_{y_i}(y_i) + \lambda tr\left(\boldsymbol{BB}^{\mathrm{T}}\right)\right] \tag{5-19}$$

其中，$\lambda\ (0<\lambda<1)$是一个规则化因子数。针对式(5-19)的最优化问题，采用自然梯度搜索来实现最优化和盲分离。将式(5-7)和式(5-19)相比较，可以得到更根本的改变机制是基于自然梯度搜索的迭代学习规则。下面给出式(5-19)代价函数，基于自然梯度迭代搜索求分离矩阵的最优化方法。

### 5.1.2.3 自然梯度最优化代价函数

由前面的分析可知，基于 ICA 的盲分离算法包括两个重要的步骤：第一步，根据独立性原则构建代价函数；第二步，最优化处理构建的代价函数，实现盲信号分离。换句话说，盲分离问题可由构建的代价函数转换为一个最优化问题，进而实现源信号的分离或提取。本节采用基于自然梯度的方法实现分离，自然梯度是一种具有快速和自适应特性的方法。基于自然梯度盲分离自适应处理的框图，如图 5.2 所示。

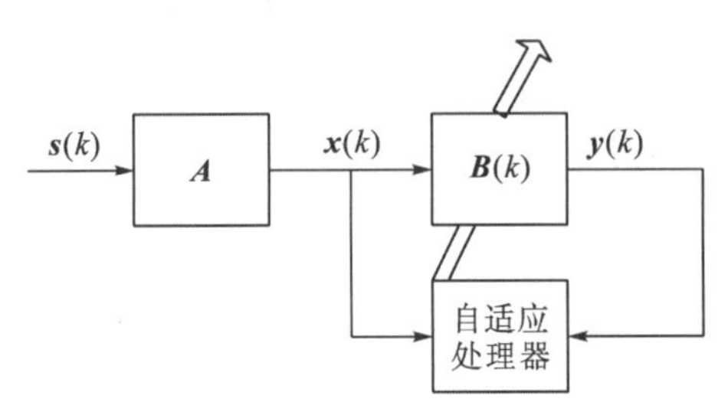


图 5.2 自适应处理框图

考虑任意一个光滑代价函数 $J(\boldsymbol{B})$，采用基于自然梯度的搜索方法，其形式可以描述如下[1, 2]：

$$\boldsymbol{B} \leftarrow \boldsymbol{B} - \mu \nabla J(\boldsymbol{B}) \boldsymbol{B}^{\mathrm{T}} \boldsymbol{B} \tag{5-20}$$

式(5-20)中，$\nabla J(\boldsymbol{B})$ 表示代价函数 $J(\boldsymbol{B})$ 的普通梯度。$\mu$ 表示学习因子(步长变量)，影响算法的收敛，本节不考虑变步长情况，后面的仿真中采用经验值，与经典算法设置一样的参数，进而对比两者的收敛性能。新构建的代价函数，因为源信号是未知的，所以分离信号的概率密度函数 $f_{y_i}(y_i)$ 也是未知的，但是可以采用核函数或激活函数来近似表示源信号的概率密度函数。如果使用 $\varphi_i(y_i)$ 表示构建最大似然原则代价函数中的核函数，那么其可以描述为[1]

$$\varphi_i(y_i) = -\frac{\mathrm{d}\log f_{y_i}(y_i)}{\mathrm{d}y_i} = -\frac{f'_{y_i}(y_i)}{f_{y_i}(y_i)} \tag{5-21}$$

因为大部分数字通信中的信号是亚高斯信号[1]，所以核函数可以描述为

$$\varphi_i(y_i) = -y_i^3 \tag{5-22}$$

代入到构建的代价函数式(5-19)中，其普通梯度表示如下：

$$\nabla J(\boldsymbol{B}) = \frac{\partial J(\boldsymbol{B})}{\partial \boldsymbol{B}} = -\boldsymbol{B}^{-\mathrm{T}} + \varphi(\boldsymbol{y})\boldsymbol{x}^{\mathrm{T}} + 2\lambda \boldsymbol{B} \tag{5-23}$$

将式(5-23)代入式(5-20)中，可以得到基于自然梯度更新学习规则，即

$$\boldsymbol{B} \leftarrow \boldsymbol{B} - \mu\left[\boldsymbol{I} - \varphi(\boldsymbol{y})\boldsymbol{y}^{\mathrm{T}} - 2\lambda \boldsymbol{B}\boldsymbol{B}^{\mathrm{T}}\right]\boldsymbol{B} \tag{5-24}$$

通过式(5-24)的迭代优化，可以最小化代价函数式(5-19)，得到分离矩阵 $\boldsymbol{B}$，进而实现盲源分离。下面仿真实验将验证提出算法的有效性。

### 5.1.3 仿真实验分析与讨论

本节将进行仿真实验，验证提出算法的有效性。评估最小误码率准则约束最大似然原则构建代价函数的盲分离算法性能，可以简记为缩写 ML-BER-NG 算法，其中 ML 表示最大似然、BER 表示误码率和 NG 表示自然梯度[1, 2]。为了进行算法对比，验证提出算法的性能优势，本节采用基于最大似然原则自然梯度的盲分离算法作为对照，该算法可以简记为 ML-NG 算法。考虑一个具有相同接收发天线数的正定多用户 MIMO 系统，每个发射天线传输一个用户数据，天线数为 5。源信号采用 BPSK 调制，4000 个采样点。信道参数，即盲分离模型中的混合矩阵参数，随机产生于[-1,1]区间的均匀分布。盲分离中重要的性能指标，串音误差定义为[1, 2]

$$E_{ct}=\sum_{i=1}^{M}\left(\sum_{j=1}^{M}\frac{|c_{ij}|}{\max_k |c_{ik}|}-1\right)+\sum_{j=1}^{M}\left(\sum_{i=1}^{M}\frac{|c_{ij}|}{\max_k |c_{kj}|}-1\right) \tag{5-25}$$

式(5-25)串音误差 $E_{ct}$ 表示其值越小时，盲分离的性能就越好；$c_{ij}$ 表示矩阵 $\boldsymbol{C}=\boldsymbol{BA}$ 中第 $i$ 行第 $j$ 列的元素值。ML-BER-NG 算法和 ML-NG 算法分离处理时，选择中等适度的信噪比条件，其他参数设置相同。

图 5.3 说明了两种算法在不同迭代次数 $k$ 条件下的分离串音误差 $E_{ct}$ 性能。由图 5.3 可知，提出的 ML-BER-NG 算法在同等信噪比条件比 ML-NG 算法得到了更小的 $E_{ct}$ 和更快的收敛。

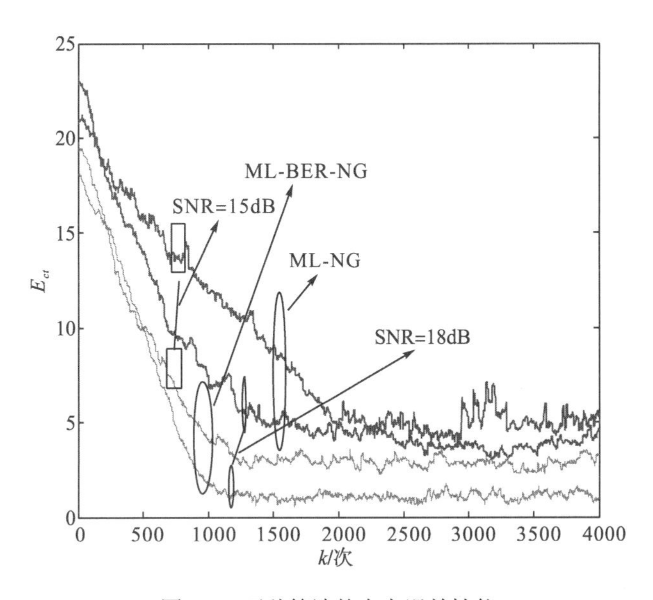


图 5.3 两种算法的串音误差性能

图 5.4 说明了两种算法在不同信噪比条件下，源信号分离检测的误码率性能。由图 5.4 可以得知，本节提出的算法 ML-BER-NG 算法比 ML-NG 算法具有改善的误码率性能，达到了增强通信混合信号分离性能的效果。

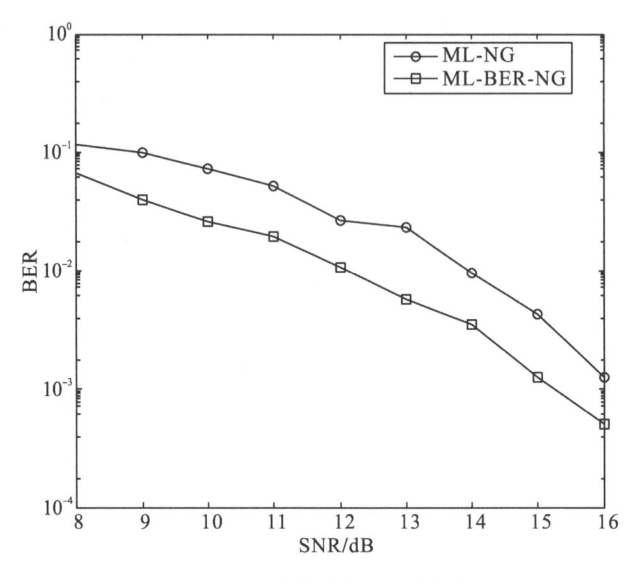


图 5.4 两种算法的误码率性能

由此，从图 5.3 和图 5.4 的结果可以验证，提出的 ML-BER-NG 算法具有更快的收敛速度和更优的分离性能。一方面，基于最小误码率准则约束构建的代价函数，改变了基于自然梯度优化算法形成的迭代学习规则，可以达到优越的收敛性能；另一方面，最小误码率准则约束的代价函数考虑了噪声，使 ML-BER-NG 算法可以抑制噪声影响，提高源信号恢复性能，而单纯的最大似然原则构建的代价函数没有考虑噪声，使 ML-NG 算法对噪声影响比较敏感。仿真实验和分析表明，ML-BER-NG 算法在同等信噪比条件下可以提高通信混合信号的盲分离性能。

下面再给出两个仿真实验例子，考虑接收天线数为 $2\times2$，$4\times4$ 的正定 MIMO 系统，对比 ML-BER-NG 算法和 ML-BG 算法的盲分离性能。首先，考虑 $2\times2$ 的 MIMO 系统，发射源信号为不同符号率 $\pm1$ 符号码，4000 个数据采样点，这里的 $k$ 表示采样点。为了简化图，只显示了前 1000 个采样点，15dB 接收信噪比条件。图 5.5(a)显示了 $2\times2$ 的 MIMO 系统发射源信号(a)，图 5.5(b)为接收混合信号，图 5.5(c)采用 ML-BER-NG 算法分离检测后信号的波形图。通过分离信号和源信号的相关系数指标，分析算法的分离性能。然后，针对 $4\times4$ 的 MIMO 系统采用 ML-BER-NG 算法和 ML-NG 算法进行仿真实验对比，结果如图 5.6 和图 5.7 所示。对比图 5.6 和图 5.7 显示的波形图，从分离检测信号波形图看，可以知道 ML-BER-NG 算法的分离性能优于 ML-NG 算法。

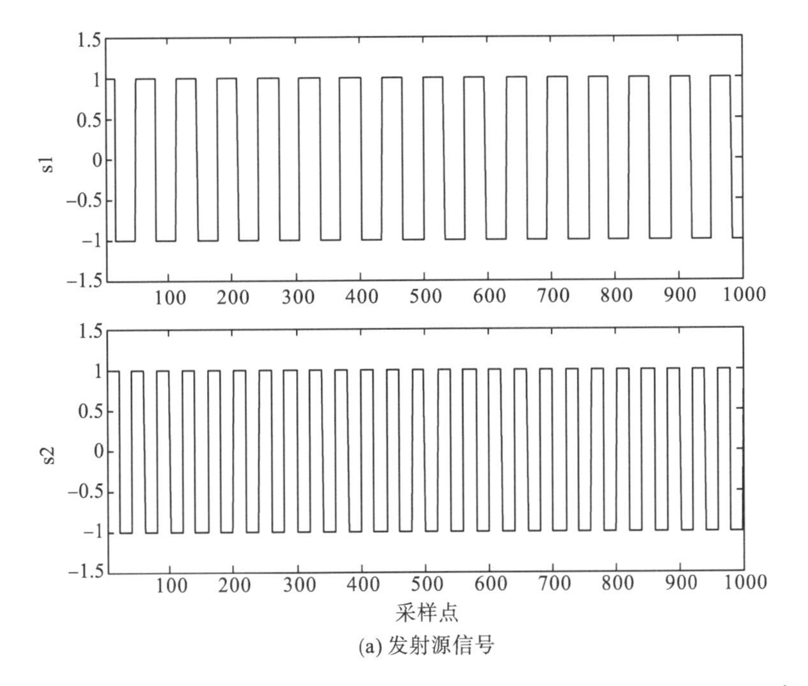


(a) 发射源信号

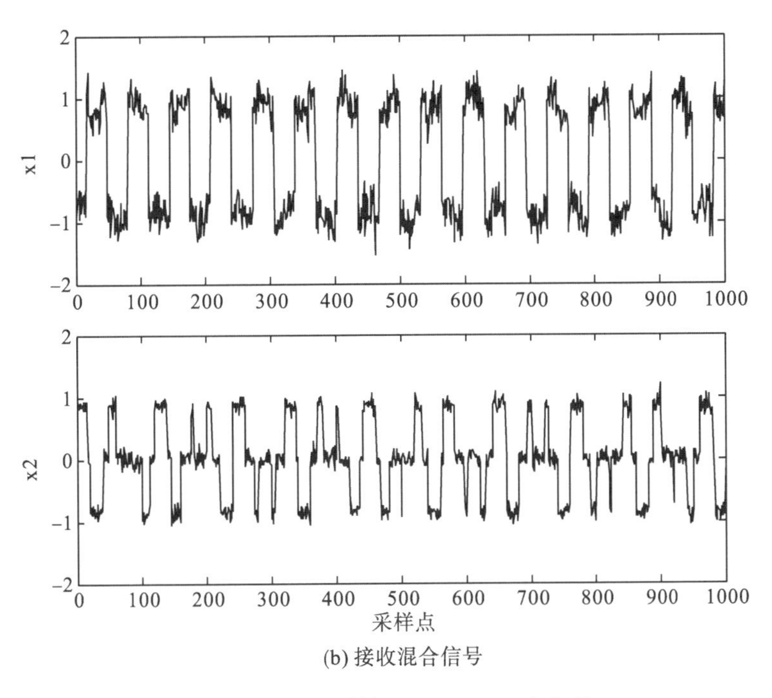


(b) 接收混合信号

图 5.5 MIMO 系统 ML-BER-NG 盲分离

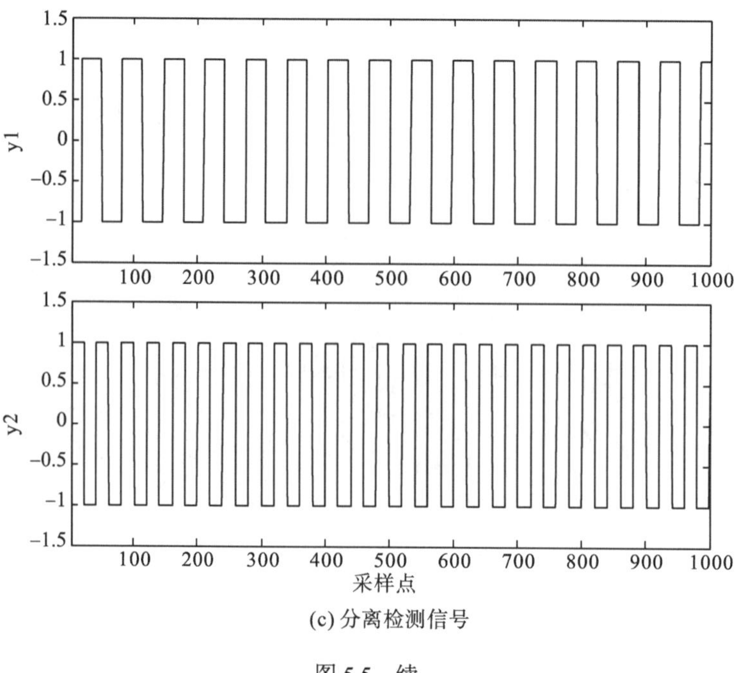


(c) 分离检测信号

图 5.5 续

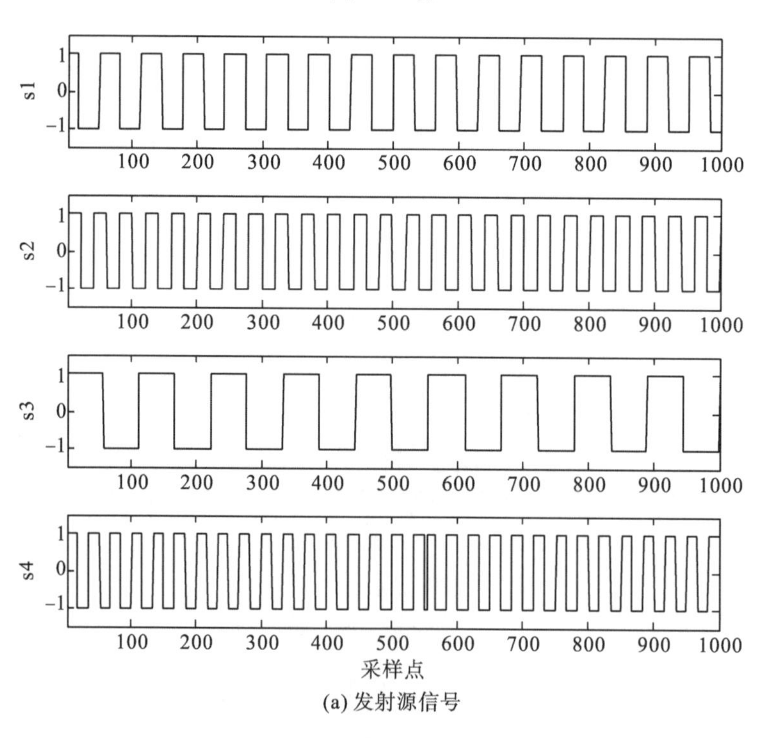


(a) 发射源信号

图 5.6 MIMO 系统 ML-NG 盲分离

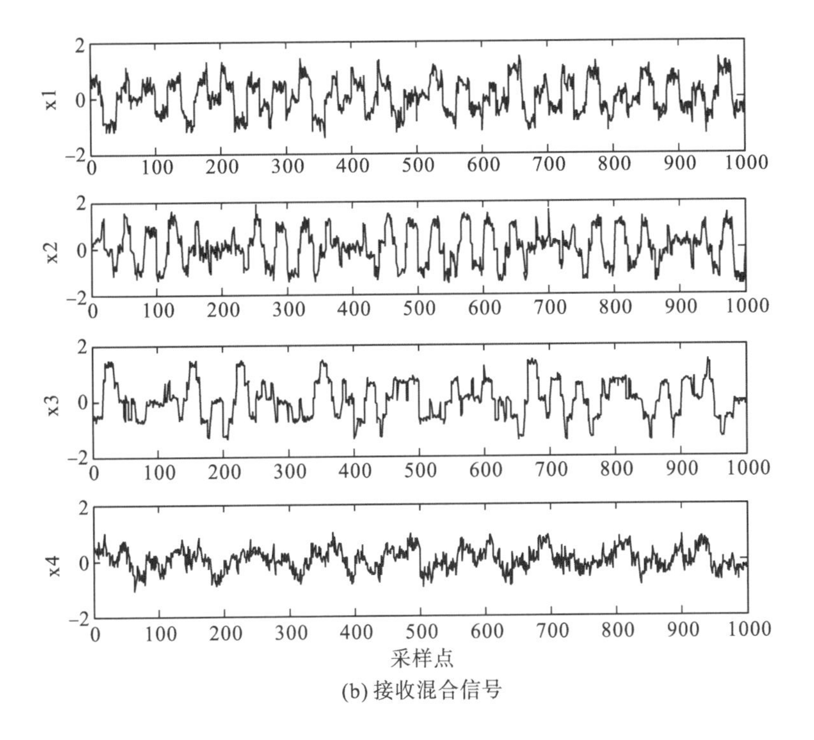


(b) 接收混合信号

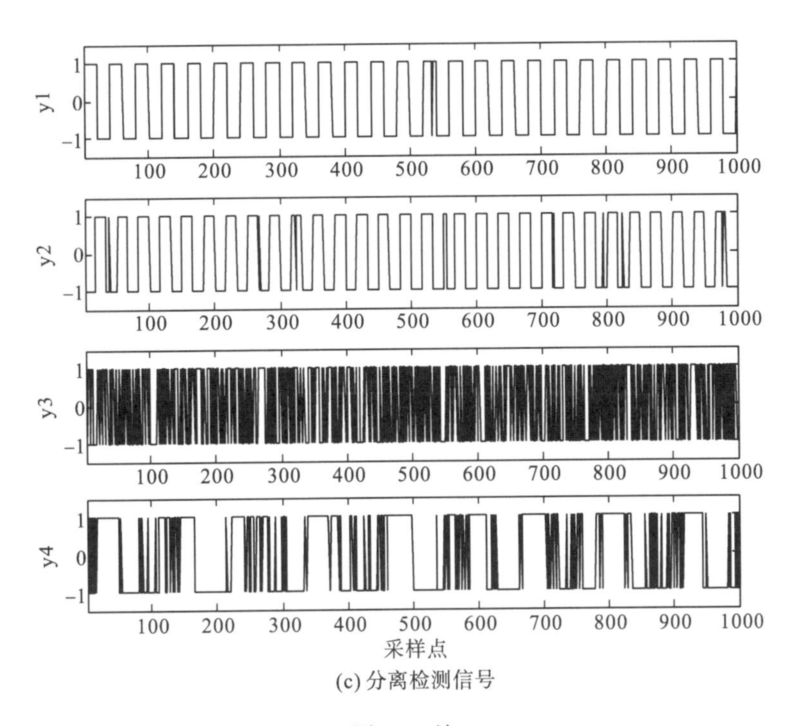


(c) 分离检测信号

图 5.6 续

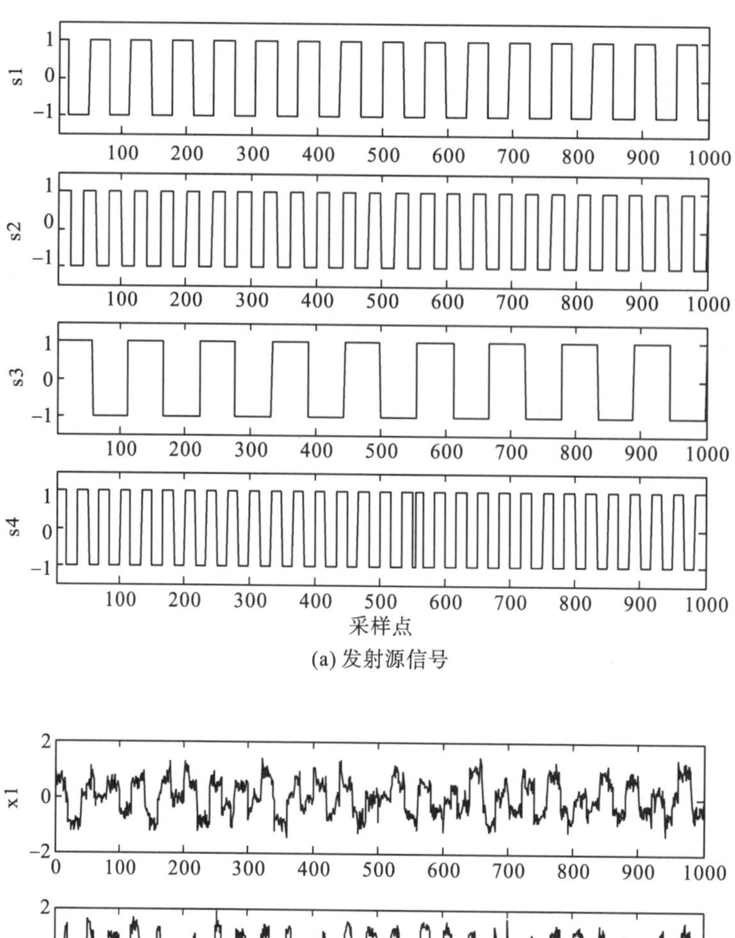


(a) 发射源信号

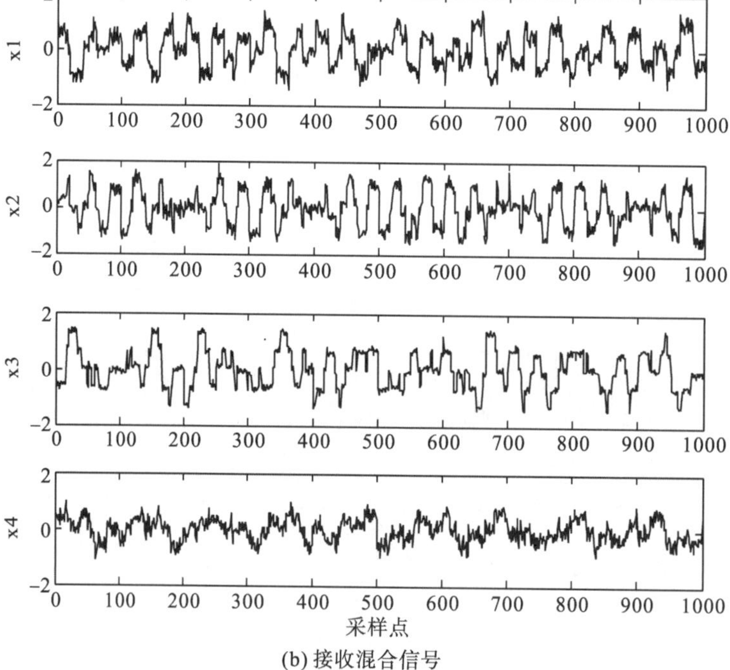


(b) 接收混合信号

图 5.7 MIMO 系统 ML-BER-NG 盲分离

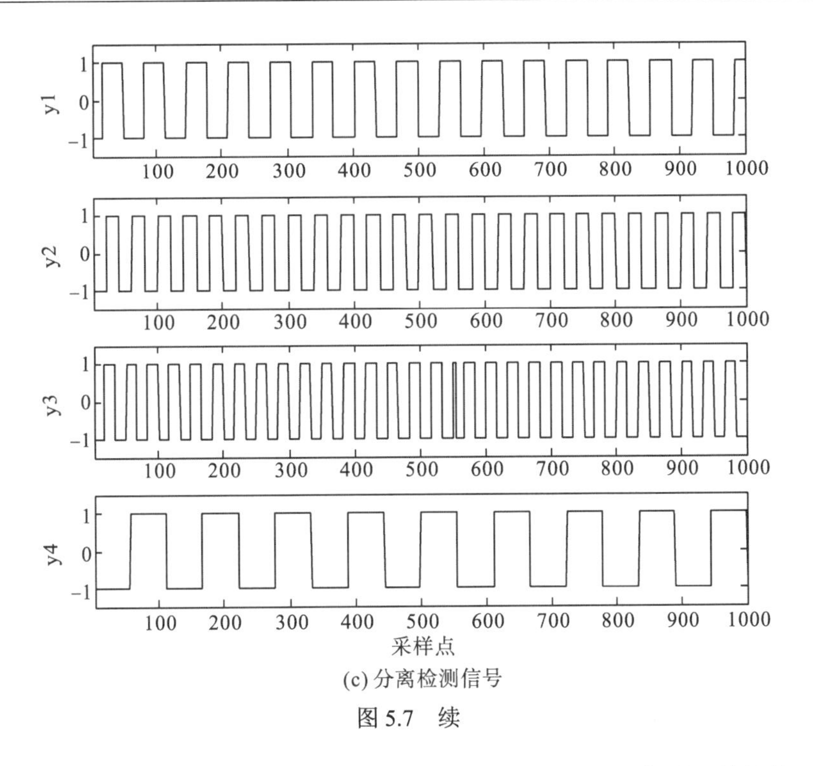


(c) 分离检测信号

图 5.7 续

根据图 5.5 的实验结果，容易得知分离检测信号中 $y_1$ 源信号 $s_1$ 的估计， $y_2$ 是源信号 $s_2$ 的估计。相关系数指标计算定义如下：

$$\xi_{ij}=\frac{\sum_{k=1}^{K}s_i(k)y_j(k)}{\sqrt{\sum_{k=1}^{K}s_i(k)^2}\sqrt{\sum_{k=1}^{K}y_j(k)^2}}$$

通过上式的计算，可以得到相关系数 $\xi_{11}=-1$ 和 $\xi_{22}=0.995$ 。相关系数 $\xi_{11}=-1$，是由盲源分离模糊不确定影响导致的，并不影响分离效果。从相关系数的值看出，ML-BER-NG 算法的分离处理，起到了很好的分离效果。

直接对比图 5.6(c) 和图 5.7(c) 中的分离波形图，可以看出提出的 ML-BER-NG 算法达到了更优分离的效果，由此验证了该算法的有效性。

## 5.2 基于二阶锥条件约束克服信道不匹配的盲分离方法

本节针对 MIMO(multiple-input multiple-output) 系统信道不匹配造成的系统性能受损问题，结合二阶锥约束条件最优化理论，提出了一种二阶锥约束条件盲源分离算法，用于提高信道不匹配条件下的 MIMO 系统性能。首先，该算法利用信道不匹配问题得到的二阶锥约束条件与负熵最大化的独立分量分析形成一个约束的最优化代价函数；其次，约束的代价函数借助牛顿迭代原则最优化得到分离向量；最后，通过仿真分析验证了该算法在信道不匹配条件下可以有效提升 MIMO 系统的性能。

### 5.2.1 研究背景

MIMO 系统能够显著的提高系统的容量增益和通信质量，已经得到了广泛的关注和应用[6, 8]。在无线通信链路中，MIMO 系统的容量增益和通信质量保证，是以获取信道状态信息为前提的，获取准确的信道信息可以获取较高的性能增益，然而当获取的信道信息不匹配时将对容量增益和源信号的恢复造成较大性能损失。在实际应用中，由于无线信道的复杂性，信道不匹配的情况是不可避免的，例如信道失真、时变信道因素引起的信道不匹配、信道估计误差引起的信道不匹配[6, 9]。在未知信道状态信息时，在无线通信系统中实施信道估计是重要的获取信道信息的方法，信道估计的准确性将直接影响系统的性能。

信道估计获取信道信息对于 MIMO 系统的性能是至关重要的。一般而言，信道的估计方法可以分为两种：导频辅助的信道估计和盲估计算法[6]。基于导频序列的方法需要占用额外的频带资源，降低了系统的频谱效率，而且非盲的方法对于获取信道失真或时变信道的信道状态信息实时性差，需要频繁发送导频。值得注意的是，使用基于统计特性的盲估计方法引发了学者们的关注。近年来，借助源信号的统计独立性，使用盲源分离的方法直接从混合信号中恢复出源信号激起国内外学者们的极大兴趣[2,10,12]，尤其在非合作通信中具有重要的研究意义。借助盲分离技术，可以避免多余的信道估计，而信道的影响可以形成为盲源分离模型中的混合矩阵，源信号可以直接从混合接收信号中分离出来。

本节主要关注信道信息存在误差时，信道不匹配条件下的盲分离问题。考虑当信道时变或信道失真和信道估计误差造成的信道不匹配条件时，传统的非盲检测[6, 8]，如迫零和最小均方误差等方法无法得到理想的性能增益，而一般的盲分离方法，如 ICA [2, 10, 12]没有较好的鲁棒性。因此，本节提出一种结合信道不匹配条件形成的二阶锥约束规划，将一般的 ICA 负熵最大化代价函数，转化为含约束的最优化问题，借助于牛顿迭代算法，得到一种强鲁棒性的对抗信道不匹配条件的盲分离算法。仿真实验验证了提出的算法，即在信道不匹配条件下可以得到性能优于现存的非盲和一般的盲方法，有效提高了 MIMO 系统的性能增益。

### 5.2.2 模型与问题说明

考虑一个单小区 MIMO 下行链路系统，Rayleigh 衰落信道模型，基站的天线数为 $N_T$，移动用户 $i$ 的天线数为 $N_i$，小区中总的移动用户个数为 $L$，基站选择 $K$ 个用户同时通信，其中有 $K \leqslant L \cap K \leqslant N_T$。基站利用 $K$ 根不同天线发射 $K$ 个独立的用户信号。移动台 $i(i\in\Omega)$ 接收到的混合信号 $\boldsymbol{r}$ 可以表示为式(5-26)，其中 $\Omega$ 表示由 $K$ 个用户构成的激活用户集合，

$$\begin{aligned}\boldsymbol{r}&=\boldsymbol{H}\boldsymbol{s}+\boldsymbol{n}\\&=\boldsymbol{h}_i\boldsymbol{s}_i+\sum_{j=1,j\neq i}^{K}\boldsymbol{h}_j\boldsymbol{s}_j+\boldsymbol{n}\end{aligned}\tag{5-26}$$

其中，$\boldsymbol{r}=\left[r_1,\cdots,r_{N_i}\right]^{\mathrm{T}}$ 表示激活用户 $i$ 的接收信号；$r_k$ 表示第 $k$ 根天线的接收信号；$\boldsymbol{H}=\left[\boldsymbol{h}_1,\cdots,\boldsymbol{h}_K\right]$ 表示信道衰落矩阵；$\boldsymbol{h}_i=\left[h_{1,i},\cdots,h_{N_i,i}\right]^{\mathrm{T}}$ 表示用户 $i$ 的信道参数；$h_{k,i}$ 表示移动台 $i$ 的第 $k$ 根接收天线与基站第 $i$ 根发射天线之间的信道衰落因子。$\boldsymbol{h}_i$ 的元素值服从 0 均值，单位方差的独立同分布的复高斯随机变量。

设定 $K$ 个用户经历统计独立的频率平坦衰落信道，基站对移动用户 $i$ 的发送信号为 $\boldsymbol{s}_i$，满足 $E\left(\left|\boldsymbol{s}_i\right|^2\right)=1$；$\boldsymbol{n}$ 表示加性高斯白噪声。式(5-26)中第二行的等号右边的第二项表示其他用户发送信号对用户 $i$ 的多用户间干扰。在式(5-26)中，存在以下的条件，源信号 $\boldsymbol{s}$ 的分量是相互统计独立的非高斯信号，且与噪声分量是独立的，$\boldsymbol{H}$ 是列满秩矩阵。

通常由于时变信道或信道估计误差会造成信道的不匹配问题，信道不匹配可以描述为

$$\tilde{\boldsymbol{h}}_i=\boldsymbol{h}_i+\Delta\boldsymbol{h}_i\tag{5-27}$$

未知的信道不匹配项 $\Delta\boldsymbol{h}_i$ 为具有 0 均值和方差 $\sigma_e^2$ 的复高斯随机变量。设定信道不匹配项 $\Delta\boldsymbol{h}_i$ 约束在一个常量 $\delta$ 范围，即有 $\left\|\Delta h_i\right\|\leqslant\delta$。不匹配信道会造成 MIMO 系统的性能损失，例如图 5.8 和图 5.9 分别给出了在理想信道和信道不匹配条件下的容量和误码率性能分析(仿真参数见第 5.2.4 小节说明)。在图 5.8 和图 5.9 中，

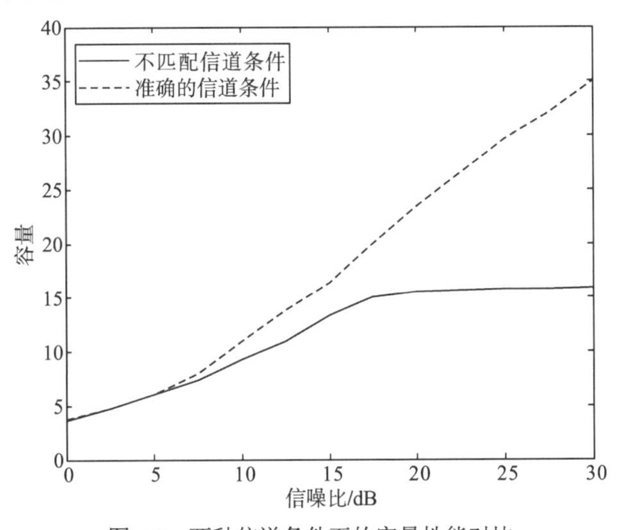


图 5.8 两种信道条件下的容量性能对比

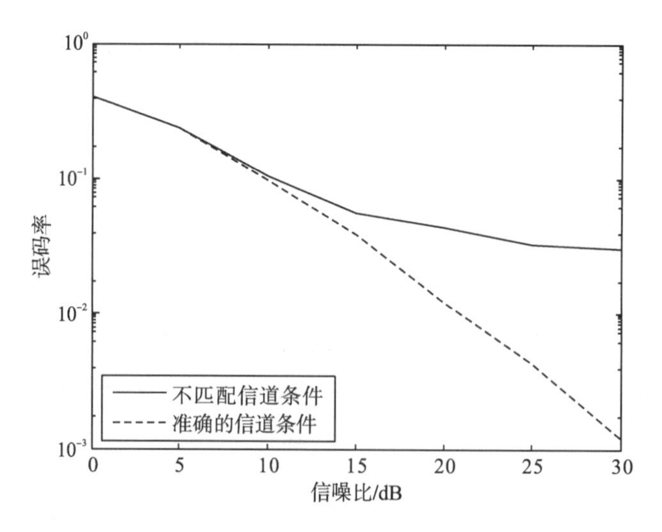


图 5.9　两种信道条件的误码率性能对比

可以明确看出在信道不匹配情况下，MIMO 系统的性能不能得到保证。下面将针对这一问题，提出可以克服信道不匹配影响，具有强鲁棒性的盲分离算法，用于有效的改善 MIMO 的系统性能。

## 5.2.3　二阶锥约束盲分离算法

### 5.2.3.1　负熵最大化盲分离原则

盲源分离是指从观测的混合信号中分离或提取未知的源信号。一般依据源信号的统计独立性，建立代价函数，接着最优化代价函数，实现盲源分离，又可以称为独立分量分析。负熵最大化的盲分离原则，来源于中心极限定理的思想：混合的信号趋于高斯特性，而分离的信号趋于非高斯特性，那么非高斯最大化的原则意味着分离，借助于负熵是一种衡量非高斯的有效标准，因此，基于负熵非高斯最大原则的代价函数可以描述如下[1, 10, 12]：

$$J(\boldsymbol{w})=E\left(G\left|\boldsymbol{w}^{\mathrm{H}}\boldsymbol{r}\right|^{2}\right) \tag{5-28}$$

其中，$G$ 表示非二次函数；$\boldsymbol{w}$ 是期望信号多用户检测器的加权向量，即分离向量；上标 H 表示复共轭转置。盲分离中，先验信息可以用于解决分离向量的顺序模糊性问题，例如可以间接地通过使用先验信息相靠近的点来初始化 ICA 迭代或直接引入额外的约束条件来执行 ICA 迭代。由此，借助预估的信道信息，可以克服盲分离的固有的顺序模糊性问题。在单位方差的约束下最大化代价函数实现盲源分离，即盲源分离可以通过执行下面的最优化问题实现：

$$\underset{\boldsymbol{w}}{\operatorname{maximize}}\, E\left(G\left|\boldsymbol{w}^{\mathrm{H}}\boldsymbol{r}\right|^{2}\right),\mathrm{s.t.}\, E\left(\left|\boldsymbol{w}^{\mathrm{H}}\boldsymbol{r}\right|^{2}\right)=1 \tag{5-29}$$

#### 5.2.3.2 二阶锥条件约束盲分离算法

考虑到信道不匹配的条件，由于信道失真或信道时变和信道估计误差，期望信号的信道向量表示为式(5-27)。实际的信道条件可以表示为一个向量集，即

$$C(\delta)=\left\{\tilde{\boldsymbol{h}}_i \middle| \tilde{\boldsymbol{h}}_i=\boldsymbol{h}_i+\Delta\boldsymbol{h}_i,\|\boldsymbol{h}_i\|\leqslant\delta\right\} \tag{5-30}$$

其中，$\|\cdot\|$ 表示向量的 Frobenius 范数。不失一般性，可以设定用户 1 是期望信号，实际的接收信号模型描述为

$$\tilde{\boldsymbol{r}}(t)=\underbrace{\tilde{\boldsymbol{h}}_1\boldsymbol{s}_1(t)}_{\text{desired user}}+\underbrace{\sum_{j=2}^{K}\tilde{\boldsymbol{h}}_j(t)\boldsymbol{s}_j(t)}_{\text{interference}}+\underbrace{\boldsymbol{n}(t)}_{\text{noise}} \tag{5-31}$$

其中，$t$ 是时间采样指标。为了保证检测信号的增益，对于向量集 $\boldsymbol{C}(\delta)$ 的所有向量，$\boldsymbol{w}$ 一定满足约束 $\left|\boldsymbol{w}\tilde{\boldsymbol{h}}_1\right|\geqslant 1$ [10-12]。这个约束条件可以保证期望用户从混合接收信号中提取或分离出来，无论信道是怎样的不匹配情况，只要不匹配项值 $\|\Delta\boldsymbol{h}_i\|$ 是约束在 $\delta$ 范围内。假设增益的约束是保证的，现在的目标是找到分离向量 $\boldsymbol{w}$ 最大化代价函数 $E\left(G\left|\boldsymbol{w}^{\mathrm{H}}\tilde{\boldsymbol{r}}\right|^2\right)$。由此，近似负熵最大化 ICA 的盲分离可以描述为

$$\underset{\boldsymbol{w}}{\text{maximize}}\,E\left(G\left|\boldsymbol{w}^{\mathrm{H}}\tilde{\boldsymbol{r}}\right|^2\right),\text{s.t.}\min_{\|\Delta\mathbf{h}_1\|}\left|\boldsymbol{w}^{\mathrm{H}}\tilde{\boldsymbol{h}}_1\right|\geqslant 1 \tag{5-32}$$

式(5-32)中，引入二阶锥约束条件构建约束 ICA 分离代价函数，此约束条件可以重新描述为

$$\min_{\|\Delta\boldsymbol{h}_1\|\leqslant\delta}\left|\boldsymbol{w}^{\mathrm{H}}\left(\boldsymbol{h}_1+\Delta\boldsymbol{h}_1\right)\right|=\left|\boldsymbol{w}^{\mathrm{H}}\boldsymbol{h}_1\right|-\delta\|\boldsymbol{w}\| \tag{5-33}$$

结合式(5-33)和考虑代价函数(5-34)是不受 $\boldsymbol{w}$ 任意相位旋转影响的，代价函数式(5-32)可以进一步表示为

$$\underset{\boldsymbol{w}}{\text{maximize}}\,E\left(G\left|\boldsymbol{w}^{\mathrm{H}}\tilde{\boldsymbol{r}}\right|^2\right),\text{s.t.}\boldsymbol{w}^{\mathrm{H}}\boldsymbol{h}_1-\delta\|\boldsymbol{w}\|\geqslant 1 \tag{5-34}$$

当代价函数式(5-34)得到最大值时，满足此等式约束 $\boldsymbol{w}^{\mathrm{H}}\boldsymbol{h}_1-\delta\|\boldsymbol{w}\|=\kappa\geqslant 1$，那么 $\boldsymbol{w}^{\mathrm{H}}\boldsymbol{h}_1$ 额外的虚部约束可以省略，因为 $\boldsymbol{w}^{\mathrm{H}}\boldsymbol{h}_1-\delta\|\boldsymbol{w}\|=\boldsymbol{\kappa}$ 保证了 $\boldsymbol{w}^{\mathrm{H}}\boldsymbol{h}_1$ 的值是正实数。使用等式约束，分离向量 $\boldsymbol{w}$ 可以通过描述最优化问题为

$$\underset{\boldsymbol{w}}{\text{maximize}}\,E\left(G\left|\boldsymbol{w}^{\mathrm{H}}\tilde{\boldsymbol{r}}\right|^2\right),\text{s.t.}\frac{1}{\delta^2}\left|\boldsymbol{w}^{\mathrm{H}}\boldsymbol{h}_1-\boldsymbol{\kappa}\right|^2=\boldsymbol{w}^{\mathrm{H}}\boldsymbol{w} \tag{5-35}$$

盲分离或提取通过最优化带二阶锥约束的近似负熵最大化代价函数实现。约束的最优化问题可以通过拟牛顿迭代法实现。牛顿迭代法是基于拉格朗日函数实现的，表示为

$$J(\boldsymbol{w})=E\left(G\left|\boldsymbol{w}^{\mathrm{H}}\tilde{\boldsymbol{r}}\right|^2\right)-\mu_0\left(\frac{1}{\delta^2}\left|\boldsymbol{w}\boldsymbol{h}_1-\boldsymbol{\kappa}\right|^2-\boldsymbol{w}^{\mathrm{H}}\boldsymbol{w}\right) \tag{5-36}$$

其中，$\mu_0$ 是拉格朗日参数。式(5-36)中另一个重要的参数是怎样去选择恰当的 $G$

得到代价函数的较好收敛性能？最优的性能可以通过选择一个光滑的偶函数 $G=\log\left(0.1+\left|\boldsymbol{w}^{\mathrm{H}}\tilde{\boldsymbol{r}}\right|^{2}\right)$ [1,10,12]。最后，盲分离在二阶锥约束条件下的方法描述如下：

(1)选择一个小的初始向量 $\boldsymbol{w}(0)=0.01h_1$，期望信号的 $h_1$ 是可以知道或预估的(但是由于信道失真或估计误差，信道是不匹配的)，设迭代次数 $p=0$；

(2)迭代更新规则

$$\begin{aligned}\tilde{\boldsymbol{w}}&=\boldsymbol{R}^{-1}E\left\{\tilde{\boldsymbol{r}}\left(\boldsymbol{w}^{\mathrm{H}}\tilde{\boldsymbol{r}}\right)^{*}g\left[\left|\boldsymbol{w}^{\mathrm{H}}(p)\tilde{\boldsymbol{r}}\right|^{2}\right]\right\}\\&-E\left\{g\left[\left|\boldsymbol{w}^{\mathrm{H}}(p)\tilde{\boldsymbol{r}}\right|^{2}\right]+\left|\boldsymbol{w}^{\mathrm{H}}(p)\tilde{\boldsymbol{r}}\right|^{2}g'\left[\left|\boldsymbol{w}^{\mathrm{H}}(p)\tilde{\boldsymbol{r}}\right|^{2}\right]\right\}\boldsymbol{w}(p)\\&+\mu\boldsymbol{R}^{-1}\boldsymbol{h}\end{aligned}\tag{5-37}$$

其中，$\boldsymbol{w}(p+1)\leftarrow\tilde{\boldsymbol{w}}/\sqrt{\tilde{\boldsymbol{w}}^{\mathrm{H}}\boldsymbol{R}\tilde{\boldsymbol{w}}}$，$\boldsymbol{R}=E\left\{\tilde{\boldsymbol{r}}\tilde{\boldsymbol{r}}^{\mathrm{H}}\right\}$ 是数据相关矩阵。

(3)判断 $\boldsymbol{w}(p)$ 的收敛，如果误差测量 $\sum_{m=1}^{M}\left|\boldsymbol{w}_m(p+1)-\boldsymbol{w}_m(p)\right|>\varepsilon$，$\varepsilon$ 是实验误差值，设 $p=p+1$，跳回到步骤(2)，否则输出 $\boldsymbol{w}(p)$。

本文算法的流程图表示如下：

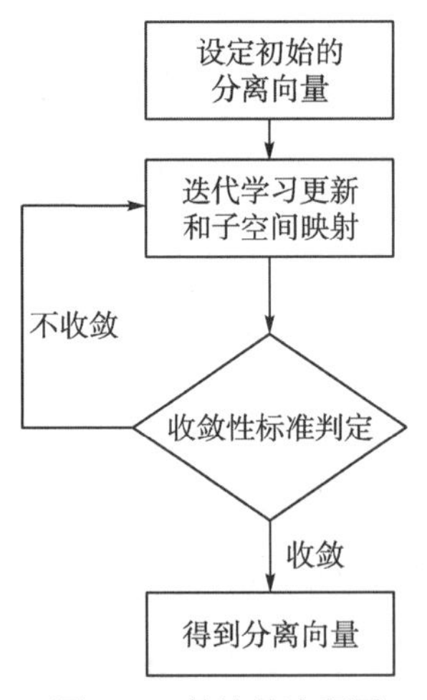


图 5.10　算法的流程图

#### 5.2.3.3　算法复杂度分析

本节提出的 ICA-SOC 算法复杂度表现于期望的分离滤波向量的计算。假设数据符号长度为 $M$，那么用于各批次处理形成的数据矩阵表示为 $\tilde{\boldsymbol{r}}=\left[\tilde{\boldsymbol{r}}(1),\tilde{\boldsymbol{r}}(2),\cdots,\tilde{\boldsymbol{r}}(M)\right]$。首先计算自相关矩阵的计算复杂度 $\boldsymbol{R}_{\tilde{r}}=E(\tilde{\boldsymbol{r}}\tilde{\boldsymbol{r}})=(1/M)\sum_{i=1}^{M}\tilde{\boldsymbol{r}}(i)\tilde{\boldsymbol{r}}(i)^{H}$，需要 $N^2M$ 乘积执行，因而其复杂度为 $O\left(N^2M\right)$，其中 $N$ 表示接收天线数。自相关函数矩阵的求逆运算的可以降为 $O\left(N^2\right)$。迭代映射过程

中产生的复杂度为$O(NM)+O(M)$。因此，提出的检测方法整体的复杂度计算为$O(N^2M)+O(N^2)+O(NM)+O(M)$，当$M>N$，此式显然成立，数据长度一般都较长，此时本文提出的检测方法的复杂度可近似为$O(N^2M)$。

下面分析本节算法的复杂度与非盲检测方法(主要包括 ZF、MMSE)和常规ICA 算法的复杂度对比。基于子空间分解的 MMSE 检测算法，其中自相关函数的特征值分解具有复杂度$O(N^2M)+O(N^2K)$，期望信号波成型子空间映射复杂度为$O(N^2)$。因而，子空间型 MMSE 的最终复杂度近似为$O(N^2M)$。常规的 ICA 的算法复杂主要在于自相关矩阵的计算、接收信号的白化，各次的迭代映射分别为$O(N^2M)$，$O(NK)$和$O(KM)$，最终的复杂度近似为$O(N^2M)$。

### 5.2.4 仿真实验分析与讨论

本节通过仿真实验，来评估算法在信道不匹配条件下盲分离 MIMO 的性能。仿真实验对比了现存的非盲检测方法和一般的盲分离方法，其中非盲的方法是迫零检测和最小均方误差检测，而盲方法是基于负熵最大化独立分量分析。本文提出的克服信道不匹配的算法，是负熵最大化带二阶锥(second-order cone)约束的ICA，缩写为 ICA-SOC。仿真的参数是$L=K=4$，无用户调度方法；源信号是同频的 QPSK 调制符号，数据长度为 2000；基站和移动用户天线数为$N_T=N_i=4$，即形成正定的 MIMO 接收模型。信道矩阵$\boldsymbol{H}$存在不匹配条件$\Delta\boldsymbol{H}$，$\Delta\boldsymbol{H}$的元素相互独立，来自于 0 均值复高随机分布，方差为$\sigma_e^2$，则分离提取的信号的信道存在$\Delta\boldsymbol{h}_i$的不匹配误差，其中$\Delta\boldsymbol{h}_i$是$\Delta\boldsymbol{H}$的列向量，$\|\Delta\boldsymbol{h}_i\|\leqslant\delta$，仿真中设置不同$\delta$值模拟信道的不匹配状态，当$\delta=0$时，信道无不匹配误差，即理想信道条件。ICA 和ICA-SOC 盲分离的迭代收敛门限$10^{-5}$，ICA-SOC 迭代更新中的$\mu$值设为 0.92。

图 5.11 给出了不同检测算法的系统和单用户的平均容量。由图可知，在信道不匹配条件下，传统的非盲检测方法得到的系统容量严重受到了损失，ICA 的盲分离方法稍微改善系统性能，而提出的 ICA-SOC 算法可以进一步提升系统的性能，趋近于无信道不匹配误差时的系统性能。依据图 5.10 的仿真结果，可以分析为以下几个原因：

(1) 由于在较低信噪比条件时，噪声是影响性能的主要因素。虽然 ZF 检测可以消除多用户间干扰，但是有噪声放大的负面影响。因此，基于 ICA 型(即 ICA、ICA-SOC)的方法得到平均容量高于 ZF 检测的方法。

(2) MMSE 考虑了噪声的影响，得到了优于 ZF 和基于 ICA 型的方法。随着信噪比的增加，多用户间的干扰逐渐成为主要影响系统性能的因素。

(3) 当$\delta=0$时，理想的信道条件帮助有效的去除多用户间的干扰，因而非盲检测方法在较高信噪比条件时具有较高的容量增益。然而，当$\delta>0$时，信道不匹配导致了非盲检测方法的性能损伤。随着信噪比的增加，系统性能趋于一个渐近值。由图 5.11 中所示，$\delta=0.2$ 时，在整个信噪比区间，提出的 ICA-SOC 分离方法得到的系统性能优于 ZF 和 ICA 方法的性能，而在信噪比条件较高时(>14 dB)则优于 MMSE 方法。

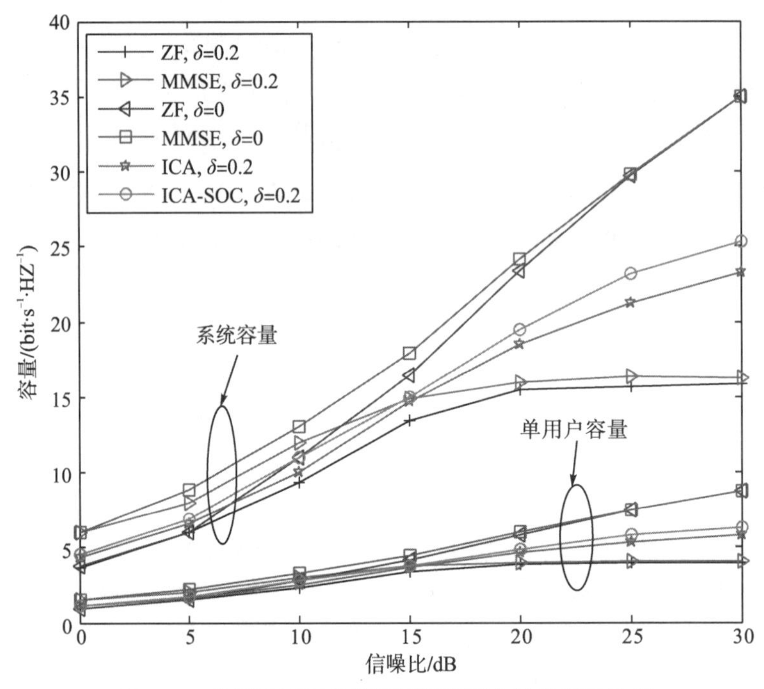


图 5.11　信道不匹配条件下不同检测方法的容量性能

图 5.12 给出了不同检测算法的单用户误码率性能。由图 5.11 可知，在信道不匹配条件下，提出的 ICA-SOC 盲分离可以有效提升系统的误码率性能，性能接近无信道不匹配问题的 MMSE 检测方法性能。根据图 5.11 的仿真结果，可以分析如下：主要从较低信噪比和较高信噪比两种情况来分析。在信噪比较低时，噪声是影响误码率性能的主要因素，$\delta=0$时，MMSE 的误码率性能最优，ICA-SOC 方法优于 ICA 和 ZF 方法；当在$\delta>0$和低信噪比条件时，信道不匹配对非盲方法影响较小，因而有 MMSE 方法得到的误码率性能优于 ICA-SOC 方法。随着信噪比的增加，ICA-SOC 和 ICA 得到更好的分离性能，此时多用户间的干扰逐渐变成主导因素，造成了 MMSE 方法得到的误码率曲线趋于一个渐近值。由图 5.12 所示，当$\delta=0.2$和信噪比条件较好时(>14 dB)，ICA-SOC 方法的误码率性能优于 MMSE，而且 ICA-SOC 得到的性能靠近无信道不匹配问题的 MMSE 性能。由于 ZF 方法的噪声放大影响，ZF 方法的误码率性能在整个信噪比区间性能最差。综上所述，可以总结 ICA-SOC 是具有较强鲁棒性，能够高效提升不匹配条件下的 MIMO 系统性能。

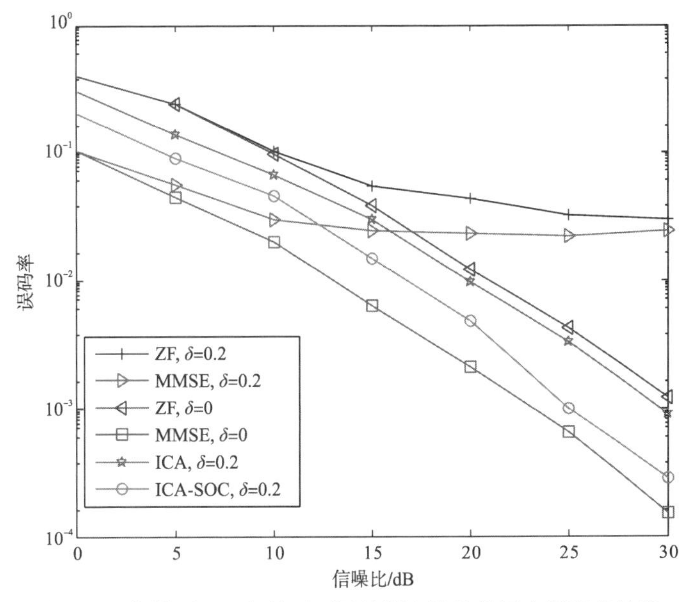


图 5.12 信道不匹配条件下不同检测方法的单用户误码率性能

图 5.13 给出了不同方法对抗不同程度的不匹配信道条件时的性能，信噪比为25 dB。由图 5.13 可以得知，ICA-SOC 方法能够有效对抗信道不匹配条件下的影响，其误码率曲线保持恒定，ICA-SOC 方法能够自适应的调节适应信道的变化。基于图 5.13 的仿真结果，可以分析如下：随着$\delta$值的增加，非盲方法的误码率性能逐渐变差，信道不匹配带来了性能的损失，而 ICA 的方法能稍微克服信道误差问题，但是没有考虑误差的波动性，鲁棒性较差；ICA-SOC 的方法，可以自身调节自适应信道的不匹配差异，鲁棒性较好，适应于时变信道引起的信息不匹配问题。

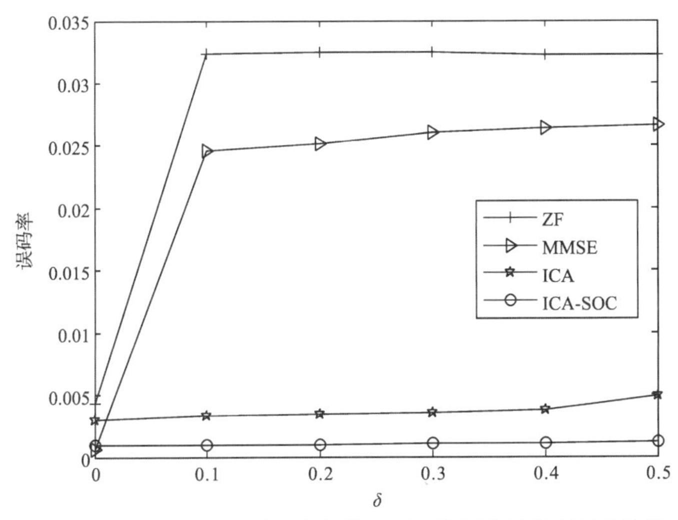


图 5.13 信道不匹配参数改变条件下不同检测方法的误码率性能

## 5.3 大规模MIMO中自适应信号恢复方法

大规模MIMO作为5G及未来无线通信的关键技术之一，备受学界和工业界的重视与关注。本节将进行大规模MIMO中盲源分离问题的初步讨论，由于天线数的极大增多，将造成大规模矩阵的分离处理问题，对比常规的MIMO盲分离处理，为了实现快速分离，同时保证源信号恢复的有效性，提出了一种简化累积量机制的联合对角化盲分离处理算法。

### 5.3.1 研究背景

对比常规的MIMO技术，大规模MIMO技术可以有效地提高吞吐量和能量效率。此外，它还具有广泛使用廉价的低功耗组件、减少延迟、简化媒体访问控制(MAC)层以及对抗故意干扰的鲁棒性等优点。基于上述的技术优势，大规模MIMO已经成为未来无线通信的关键技术方案[13-16]。

大规模MIMO中的一个主要限制因素是准确的信道状态信息的可利用性，因为只有当传输环境被准确获取时，才能实现高空间分辨率。一般来说，信道状态信息的获取是通过发送导频，然后从接收信号中估计信道参数。然而，基于导频的信道估计会导致频谱效率的降低和导频污染等问题，不利于未来通信解决频谱资源稀缺和人们日益增长的通信需求之间的矛盾，尤其是在病态信道矩阵条件下，不可避免的信道估计残差也将降低信号恢复的性能。如何克服此不足，盲源分离是一种很有前景的算法机制。盲分离技术利用信号的特征来自适应信号处理，例如非高斯性、非圆性、非平稳性和非线性等。基于盲分离的自适应信号处理被认为是下一代的信号处理方法，已经引起了广大学者的兴趣。

目前，盲源分离已经广泛地应用于DS-CDMA系统、OFDM系统、MIMO系统和MIMO-OFDM系统，它可以提高无线系统的频谱效率性能，增强系统的信号接收检测能力[1-10]。借鉴以往的研究成果，本文将研究基于盲源分离的大规模MIMO的自适应信号恢复。以往的研究中，大都使用特征矩阵的联合对角化(JADE)和快速独立成分分析(FastICA)盲分离算法来辅助执行无线通信信号处理。当对这两种算法进行比较时发现，JADE算法相对更为强健和可靠，原因是FastICA算法有时会陷入不收敛不稳定的情况。JADE是具有累积量批处理源分离算法，由于特征值分解的影响，它将受限于分离维数的问题。因而JADE和FastICA算法并不能很好地满足具有高维特征的大规模MIMO的实时盲分离处理需求。因此，研究快速大规模盲分离算法是本小节的主要工作[16]。

考虑到JADE算法的强健性和可靠性以及累积量矩阵的特质，尝试寻找多种方式来改善这个优越算法的分离处理，以适应无线通信自适应源信号恢复的实时需求。首先，简化累积量矩阵用于建立代价函数；其次，当前性能优越的近似联合对角化(approximate joint diagonalization，AJD)算法用于求分离矩阵。这个联合对角化算法称为高斯迭代算子加权对角化(weighted exhaustive diagonalization with Gauss iterations，WEDGE)，与其他的AJD算法相比，具有两个较为明显技术优势，即计算效率和处理具有高维矩阵的大规模问题[15]。

考虑以上两个方面的因素，本书提出简化的WEDGE算法，简记为SWEDGE，它可以有效地满足在大规模MIMO中自适应处理需求。实验分析表明依赖于可利用的计算机存储，JADE算法受限于分离50到60个的源信号，而SWEDGE在相同的计算机上可以分到上百个源信号。此外，对比JADE分离情况，SWEDGE有更为快速和性能相当的分离性能。

## 5.3.2 系统模型及问题描述

考虑一个大规模MIMO系统，建立起盲分离模型与大规模MIMO系统的关系，如图5.14所示。

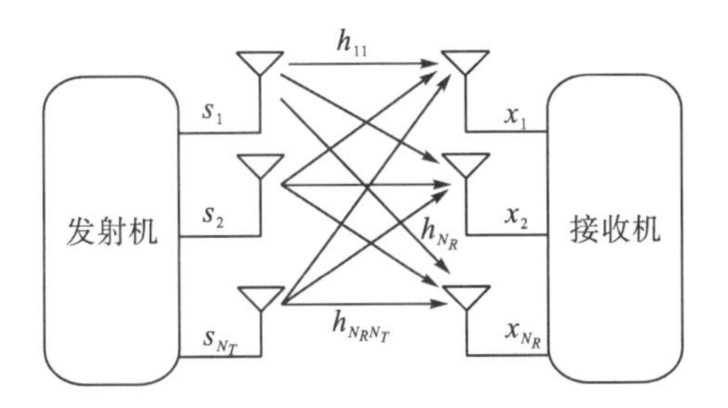


图5.14 $N_R \times N_T$ MIMO系统

图5.14中，配置了$N_T$个发射天线和$N_R$个接收天线，窄带时不变无线信道可以描述为$N_R \times N_T$的确定性矩阵$\boldsymbol{H} \in \boldsymbol{C}^{N_R \times N_T}$。设定发射符号向量为$\boldsymbol{s} \in \boldsymbol{C}^{N_T \times 1}$，由$N_T$个独立输入信号$s_1, s_2, \cdots, s_{N_T}$组成。那么，接收信号$\boldsymbol{x} \in \boldsymbol{C}^{N_R \times 1}$可以被写成矩阵形式为

$$\boldsymbol{x}(t) = \sqrt{\frac{E_s}{N_T}} \boldsymbol{H}\boldsymbol{s}(t) + \boldsymbol{n}(t) \tag{5-38}$$

其中，$\boldsymbol{n} = \left(n_1, n_2, \cdots, n_{N_R}\right)^{\mathrm{T}} \in \boldsymbol{C}^{N_R \times 1}$是一个噪声向量，符合零均值圆对称复高斯(ZMCSCG)分布。通过简单的处理，式(5-38)可以转换为盲源分离的模型为

$$\boldsymbol{x}(t) = \boldsymbol{A}\boldsymbol{s}(t) + \boldsymbol{n}(t) \tag{5-39}$$

其中，$\boldsymbol{x}(t)$是一个$N_R$列向量输出观测表示$N_T$个源列向量信号在时刻$t$的线性瞬时混合。$\boldsymbol{A}$是一个$N_R \times N_T$的混合矩阵。

MIMO 系统中存在两个相关的盲处理问题，即盲辨识和盲均衡(盲源分离)。以上两个问题都没有设定导频序列，仅考虑源信号的统计特征。如图 5.15 所示为大规模 MIMO 的瞬时混合盲辨识问题。图 5.16 所示为大规模 MIMO 中的盲均衡问题。

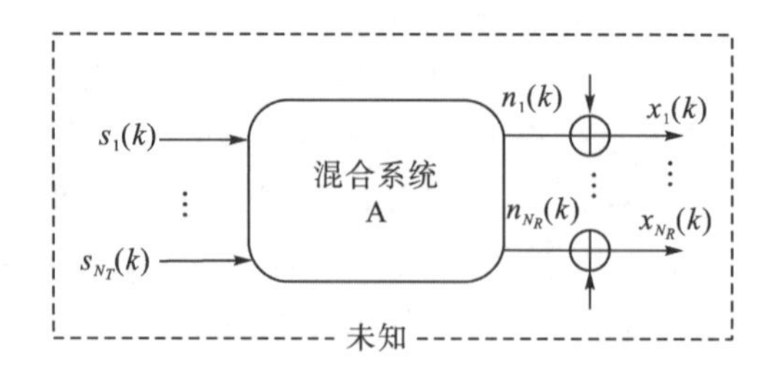


图 5.15 大规模 MIMO 瞬时混合盲辨识问题

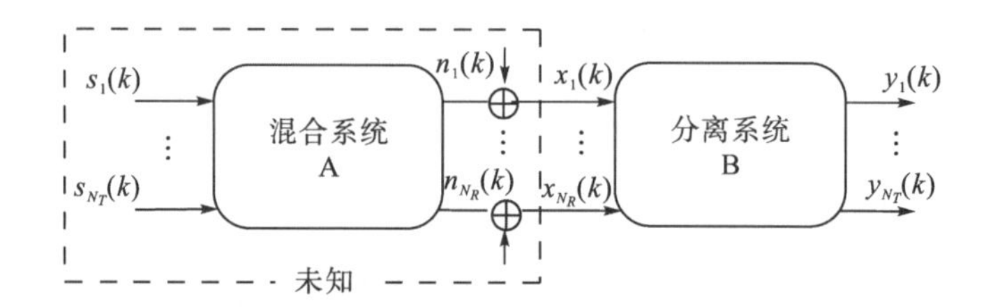


图 5.16 大规模 MIMO 盲均衡问题

由图可知，两个问题是紧密相连的，盲辨识出信道矩阵后，即可利用混合矩阵和分离矩阵的关系求出源信号。

### 5.3.3 快速大规模盲源分离方法

根据上述的分析，将 MIMO 系统中信道估计和源信号恢复转换为盲源分离问题。由于大规模 MIMO 系统需要较多的天线来提升系统性能。此时系统模型式(5-39)将导致大规模盲分离问题。但是现存的盲源分离算法仅能适用于小规模的分离工作，此外无线接收中盲分离的执行时间是另一个重要的指标。因而，需要研究快速的大规模盲分离算法来解决大规模 MIMO 中的盲均衡问题。

为了实现盲分离处理，基本的假设是要求源信号是统计独立的，一般需要首先进行白化处理。考虑发射和接收天线数相同的情况，即 $N_T = N_R = N$。设接收信号 $\boldsymbol{x}$ 是零均值的，那么白化处理可以执行如下。计算 $\boldsymbol{x}$ 的的协方差矩阵 $\boldsymbol{C}_{xx}$：

$$\boldsymbol{C}_{xx} = E\left(\boldsymbol{x}\boldsymbol{x}^{\mathrm{T}}\right) = \boldsymbol{U}\boldsymbol{D}\boldsymbol{U}^{\mathrm{T}} \tag{5-40}$$

其中，运算符 $E$ 表示期望运算，$\boldsymbol{D}$ 和 $\boldsymbol{E}$ 是分别表示 $\boldsymbol{C}_{xx}$ 对角特征值矩阵和特征向量。构建白化矩阵 $\boldsymbol{W}$ 如下：

$$\boldsymbol{W}=\boldsymbol{D}^{-1/2}\boldsymbol{U}^{\mathrm{T}} \tag{5-41}$$

经过白化矩阵处理后得到白化的数据 $\boldsymbol{z}$ 为

$$\boldsymbol{z}=\boldsymbol{W}\boldsymbol{x}=\boldsymbol{W}\boldsymbol{A}\boldsymbol{s} \tag{5-42}$$

白化的作用使得 $\boldsymbol{z}$ 具有单位方差和不相关，

$$E\left(\boldsymbol{z}\boldsymbol{z}^{\mathrm{T}}\right)=\boldsymbol{W}E\left(\boldsymbol{x}\boldsymbol{x}^{\mathrm{T}}\right)\boldsymbol{W}^{\mathrm{T}}=\boldsymbol{I} \tag{5-43}$$

其中，符号 $\boldsymbol{I}$ 表示单位矩阵。

经过白化处理后进一步去求取正交矩阵 $\boldsymbol{V}$。根据最小二乘和加权最小二乘标准通过联合对角化累积量矩阵求正交矩阵 $\boldsymbol{V}$。联合对角化来自四阶累积量的高阶统计可以实现高阶解相关。JADE 是涉及求累积量张量特征值的问题。白化信号表示为 $\boldsymbol{z}=\left[z_1,z_2,\cdots,z_N\right]^{\mathrm{T}}$，$\boldsymbol{M}$ 是一个 $N\times N$ 的矩阵，由此可以定义四阶累积量，记为 $\boldsymbol{F}(\boldsymbol{M})$，第 $i,j$ 个元素表示如下[1, 16]：

$$\boldsymbol{F}_{ij}(\boldsymbol{M})\triangleq\sum_{k=1}^{N}\sum_{l=1}^{N}m_{kl}\mathrm{cum}\left(z_i,z_j,z_k,z_l\right) \tag{5-44}$$

这里的 $m_{kl}$ 是矩阵 $\boldsymbol{M}$ 的元素，$\mathrm{cum}(\cdot)$ 表示累积量。累积量张量是一个对称线性运算符，因为在表达式 $\mathrm{cum}\left(z_i,z_j,z_k,z_l\right)$ 中，变量间的顺序是没有区别的。因此，张量具有特征值分解。为了降低存储和加快分离，采用简化的累积量 $\mathrm{cum}\left(z_i,z_j,z_k,z_k\right)$ 替换 $\mathrm{cum}\left(z_i,z_j,z_k,z_l\right)$。采用此种简化的方式只需计算 $N^3$ 不必计算全部的 $N^4$ 个累积量积。

按照定义，张量的特征矩阵为 $\boldsymbol{M}$，以至于 $\boldsymbol{F}(\boldsymbol{M})=\lambda\boldsymbol{M}$，其中的第 $i,j$ 元素表示为 $\boldsymbol{F}_{ij}(\boldsymbol{M})=\lambda\boldsymbol{M}_{ij}$。这里的 $\lambda=\kappa_4(s_m)$ 是白化信号 $\boldsymbol{z}$ 累积量和一个标量特征值。由于四阶累积量集在正交变换下具有不变的张量性质，因此选择了四阶累积量集。它的不变性质意味着式(5-45)的成立。

$$\sum_{i,j,k,l}^{N}\left|\mathrm{cum}\left(\hat{s}_i,\hat{s}_j,\hat{s}_k,\hat{s}_l\right)\right|^2=\sum_{i,j,k,l}^{N}\left|\mathrm{cum}\left(z_i,\mathrm{z}_j,\mathrm{z}_k,\mathrm{z}_l\right)\right|^2 \tag{5-45}$$

而且独立源的互累积量是为零的，因此存在：

$$\mathrm{cum}\left(s_i,s_j,s_k,s_l\right)\begin{cases}\neq 0 & i=j=k=l\\ =0 & otherwise\end{cases}\left|1\leqslant i,j,k,l\leqslant N\right\} \tag{5-46}$$

$$\sum_{i,j,k,l=1}^{N}\left|\mathrm{cum}\left(\hat{s}_i,\hat{s}_j,\hat{s}_k,\hat{s}_l\right)\right|^2=\sum_{i,j,k,l=1}^{N}\left|\mathrm{cum}\left(s_i,s_i,s_i,s_i\right)\right|^2=\sum_{i=1}^{N}\left|\kappa_4\left(s_i\right)\right|^2 \tag{5-47}$$

考虑到处理数据符合盲源分离模型，白化后的数据为

$$\boldsymbol{z}=\boldsymbol{W}\boldsymbol{A}\boldsymbol{s}=\boldsymbol{V}^{\mathrm{T}}\boldsymbol{s} \tag{5-48}$$

设定 $\boldsymbol{v}_m$，$m=1,\cdots,N$，表示矩阵 $\boldsymbol{V}=\left[\boldsymbol{v}_1,\cdots,\boldsymbol{v}_m,\cdots\boldsymbol{v}_N\right]$ 的列向量，

$\boldsymbol{v}_m=\left[v_{m1},\cdots,v_{mN}\right]^{\mathrm{T}}$。则 $\boldsymbol{M}$ 矩阵选取为

$$\boldsymbol{M}=\boldsymbol{v}_m\boldsymbol{v}_m^{\mathrm{T}},(m=1N) \tag{5-49}$$

$\boldsymbol{M}$ 矩阵的 $k,l$ 元素表示为 $m_{kl}=v_{mk}v_{ml}$。由于对称属性，$\boldsymbol{F}(\boldsymbol{M})$ 表示为 $\boldsymbol{F}(\boldsymbol{M})=\boldsymbol{V}^{\mathrm{T}}\boldsymbol{\Lambda}(\boldsymbol{M})\boldsymbol{V}$。特征值分解可以视为对角化，也就是说 $\boldsymbol{\Lambda}(\boldsymbol{M})$ 是对角化。这是由于矩阵 $\boldsymbol{F}$ 是 $\boldsymbol{v}_m\boldsymbol{v}_m^T$ 项的线性组合，根据盲分离模型，从前述的分析可以得到

$$\begin{aligned}\boldsymbol{\Lambda}(\boldsymbol{M})&=\boldsymbol{V}\boldsymbol{F}(\boldsymbol{M})\boldsymbol{V}^{\mathrm{T}}\\&=\mathrm{diag}\left[\kappa_4(s_1)\boldsymbol{v}_1\boldsymbol{M}\boldsymbol{v}_1^{\mathrm{T}},\cdots,\kappa_4(s_N)\boldsymbol{v}_N\boldsymbol{M}\boldsymbol{v}_N^{\mathrm{T}}\right]\end{aligned} \tag{5-50}$$

因而，我们可以选取不同的 $\boldsymbol{M}_i\ (i=1,\cdots,P)$，使得 $\boldsymbol{V}\boldsymbol{F}(\boldsymbol{M}_i)\boldsymbol{V}^T$ 尽可能对角化。可以得到联合对角化的目标函数为

$$\min_{\mathrm{V}}\sum_{i=1}^{P}\left\|\boldsymbol{\Lambda}(\boldsymbol{M}_i)-\boldsymbol{V}\boldsymbol{F}(\boldsymbol{M}_i)\boldsymbol{V}^{\mathrm{T}}\right\|_{\mathrm{F}}^2 \tag{5-51}$$

在实际中，实现式(5-51)的完全对角化是困难的，因为存在样点误差。为了得到快速收敛和大规模的矩阵维数实现联合对角化，采用 WEDGE 算法去实现。WEDGE 算法是一个快速大规模联合对角化算法，结合了加权矩阵算法来最小化联合对角化标准式(5-51)。这里不再赘述其算法原则，请参见文献[15]等。

### 5.3.4 性能分析与讨论

通过利用盲分离技术优势，与传统的导频辅助的方法相比，系统的频谱效率和信号检测性能将得到提升。与经典的 JADE 算法相比，提出的 SWEDGE 算法的一个显著的优势是使用了四阶累积量子集，极大地降低了存储消耗。简化后累积量矩阵 $\mathrm{cum}(z_i,z_j,z_k,z_k)$ 是 $N^3$ 个累积量的数据块，仅占了 $\mathrm{cum}(z_i,z_j,z_k,z_l)$ 用于 JADE 算法中累积量数据块的 $1/N$。由于存储的限制，JADE 可以分离 $N_{\mathrm{JADE}}$ 源，那么提出的 SWEDGE 可以分离的源数估计为 $N_{\mathrm{JADE}}^4=N_{\mathrm{SWEDGE}}^3$。例如 $N_{\mathrm{JADE}}=64$，那么 $N_{\mathrm{SWEDGE}}=256$，就存储消耗来说，提出的算法拥有分离大规模源数任务的能力。

考虑分离速度，提出的算法将是更快的。如果 JADE 和 SWEDGE 采用相同的 AJD 算法。设定相同的浮点运算和一个累积量矩阵对角化的占用 CUP 的时间记为 1 个单元的浮点运算。例如分离 $N$ 个源信号，JADE 算法对角化 $N^2$ 个矩阵，则需要 $N^2$，而 SWEDGE 算法对角化 $N$ 个矩阵，重复 $n$ 次，则需要 $nN$ 单元的浮点运算。两个算法的分离速度之比为

$$\frac{Speed_{\mathrm{SWEDGE}}}{Speed_{\mathrm{JADE}}}=\frac{1}{n}N \tag{5-52}$$

WEDGE 对角化已经被证明比其他竞争的对角化算法快 3～5 倍[15]。而且在

式(5-52)中 $n$ 的值通常取 2 或 3 是适合分离收敛要求的。因此，可以得到修正的速度比近似为

$$\frac{\text{Speed}_{\text{SWEDGE}}}{\text{Speed}_{\text{JADE}}} \approx N \tag{5-53}$$

由此可以表明提出的算法在分离速度方面具有执行大规模分离任务的能力。下面通过仿真实验加以验证。

### 5.3.5 仿真分析

此节给出对比性仿真实验，分析 SWEDGE 算法和 JADE 算法在大规模 MIMO 中的分离准确性和执行速度两方面的对比性能。源信号由均匀分布函数生成，分离实验执行 30 次，混合矩阵随机生成，模拟无线信道。

图 5.17 给出了实源信号的仿真分析，信源的数据采样长度为 100 000，其中图 5.17(a)给出了几乎重合的两个算法的分离准确度性能。图 5.17(b)对比了分离时间，JADE 算法的分离时间随着天线数的增加而迅速增大，而提出的 SWEDGE 算法增加缓慢，明显优于 JADE 算法的分离处理。由于计算机存储的限制，JADE 最大只能分到接近 80 个实源信号，而 SWEDGE 可以分到上百个源信号。

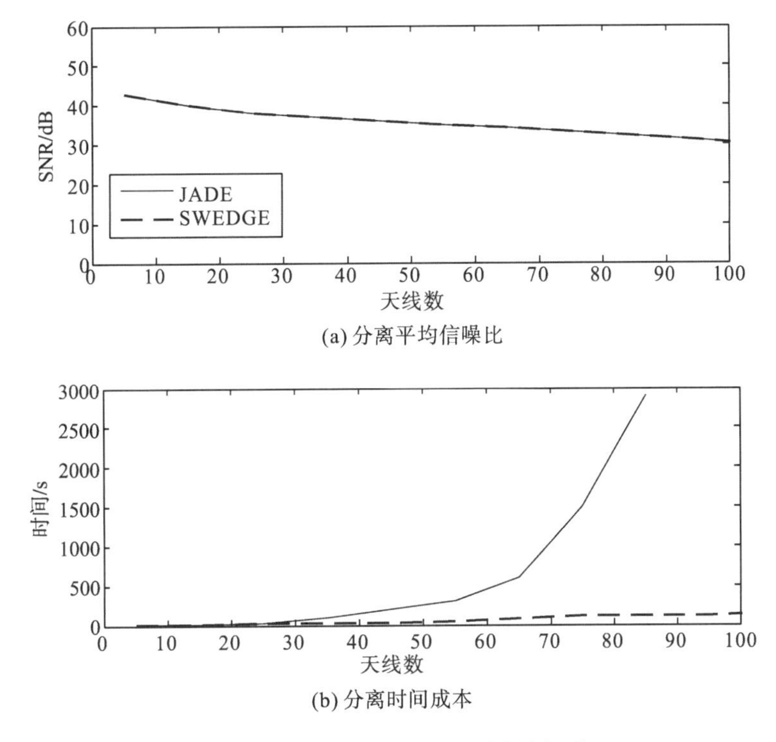


(a) 分离平均信噪比

(b) 分离时间成本

图 5.17 分离准确性和时间消耗(实源)

图 5.18 给出了复源信号的仿真分析，和上述的图 5.17 中的理论分析一致，SWEDGE 算法在分离速度方面具有大规模分离的处理能力，能够满足通信中实时处理的需求。

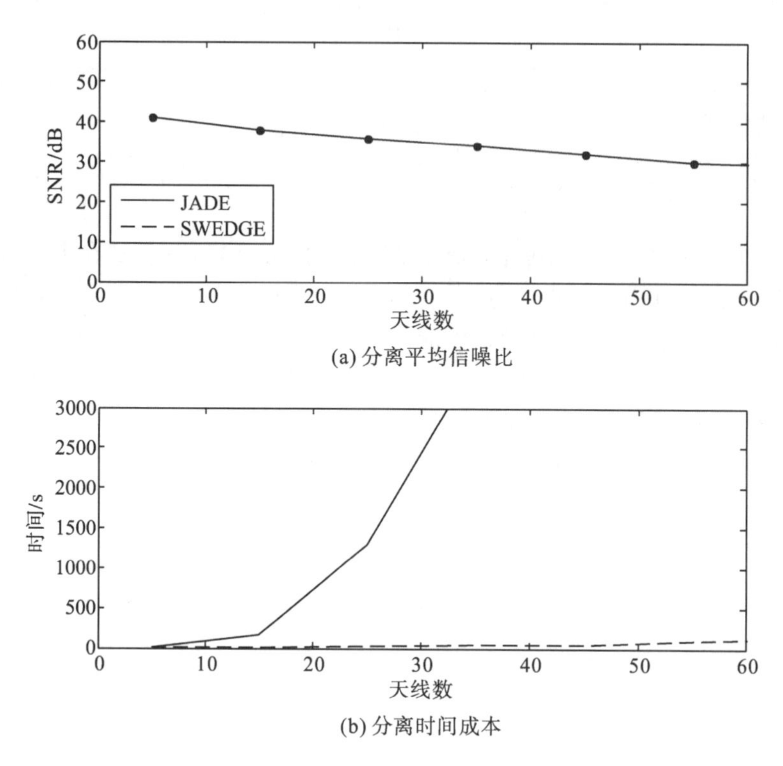


(a) 分离平均信噪比

(b) 分离时间成本

图 5.18　分离准确性和时间消耗(复源)

## 5.4　本章小结

本章对 MIMO 系统盲源分离理论与方法展开了分析和研究，主要引入了一种新的约束标准用于盲源分离，实现 MIMO 信号混合的有效分离；另外考虑了 MIMO 实际系统中呈现的问题包括信道不匹配和大规模天线信号处理需求，提出了相应的盲自适应接收处理方法，即二阶锥约束盲分离和简化累积量联合对角化方法。本章具体的研究内容如下：

首先，针对现有盲分离算法需要较高的信噪比条件才能达到有效分离的问题，提出了一种最小误码率准则的盲分离算法。考虑通信系统中的误码率性能指标，推导了一种最小误码率准则，将其融合最大似然原则构建一种新的盲分离代价函数。针对提出的最小误码率约束型代价函数，采用自然梯度最优化，实现源信号的分离。仿真实验分析表明，在同等信噪比条件下，提出的盲分离算法比最大似然原则得到的盲分离算法具有更优的收敛速度和分离精度，达到了增强通信混合信号盲分离检测性能的目的。

其次，研究了在信道不匹配条件下的盲分离问题，提出了结合二阶锥约束盲分离算法用于提高 MIMO 系统的性能增益，提出的 ICA-SOC 算法具有较强的鲁棒性，能够对抗由信道失真或信道估计误差的性能损伤。仿真实验表明，在不匹配信道条件时，ICA-SOC 方法能够高效改善 MIMO 的系统性能，比非盲算法 ZF 和 MMSE，以及一般的盲分离 ICA 算法的性能都要优越。由于实际中 MIMO 信道通常不是固定的不匹配模型，而是时变的。因此，未来需要进一步研究由时变引起不匹配影响下的盲源分离或盲提取问题。

最后，针对大规模 MIMO 系统中天数较多造成的大规模盲分离问题，提出了一种简化累积量联合对角化的方法。该方法不仅能保证分离的有效性，而且能够大力提高算法的分离实时性。

## 参 考 文 献

[1] Prasad P S. Independent Component Analysis[M]. New York: John Wiley & Sons, 2001.

[2] 骆忠强, 朱立东, 唐俊林. 最小误码率准则盲源分离算法[J]. 信号处理, 2016, 32(1): 21-27.

[3] Zhao W, Shen Y H, Xu P C, et al. A novel wireless statistical division multiplexing communication system and performance analysis[J]. International Journal of Future Generation Communication and Networking, 2014, 7(5): 1-10.

[4] Chabriel G, Barrère J. Non-symmetrical joint zero-diagonalization and MIMO zero-division multiple access[J]. IEEE Transactions on Signal Processing, 2011, 59(5): 2296-2307.

[5] Moazzen I. Array Signal Processing for Beamforming and Blind Source Separation[D]. Canada: University of Victoria, 2013.

[6] Cho Y S, Kim J, Yang W Y, et al. MIMO-OFDM Wireless Communications with MATLAB[M]. Singapore: John Wiley & Sons Pte Ltd, 2010.

[7] Ding Y W, Davidson N T, Luo Z Q, et al. Minmum BER block precoders for zero-forcing equalization[J]. IEEE Transactions on Signal Processing, 2003, 51(9): 2410-2423.

[8] Yoo T, Goldsmith A. Capacity and power allocation for fading MIMO channels with channel estimation error[J]. IEEE Transactions on Information Theory, 2006, 52(5): 2203-2214.

[9] Cui S G, Kisialion M, Luo Z Q, et al. Robust blind multiuser detection against signature waveform mismatch based on second-order cone programming[J]. IEEE Transaction on Wireless Communication, 2005, 4(4): 1285-1291.

[10] Jen C W, Jou S J. Blind ICA detection based on second-order cone programming for MC-CDMA systems[J]. EURASIP Jounal on Adances in Signal Processing, 2014, 151:1-14.

[11] Luo Z Q, Yu W. An introduction to convex optimization for communications and signal processing[J]. IEEE Journal

on Selected Areas in Communications, 2006, 24(8): 1426-1438.

[12] Luo Z Q, Li C J, Zhu L D. Robust blind separation for MIMO systems against channel mismatch using second-order cone programming[J]. China Communications, 2017, 6:168-178.

[13] Rusek F, Persson D, Lau B K, et al. Scaling up MIMO: opportunities and challenges with very large arrays[J]. IEEE Signal Processing Magazine, 2013，30(1): 40-60.

[14] Larsson E G, Edfors O, Tufvesson F, et al. Massive MIMO for next generation wireless systems[J]. IEEE Communication Magazine, 2014, 52(2): 186-195.

[15] Tichavský P, Yeredor A. Fast approximate joint digonalization incorporating weight matrices[J]. IEEE Transaction on Signal Processing, 2009, 57(3): 878-891.

[16] Luo Z Q, Zhu L D, Li C J. Exploiting Large Scale BSS Technique for Source Recovery in Massive MIMO Systems[C]. IEEE/CIC ICCC 2014 Symposium on Signal Processing for Communications, Shanghai, 2014: 391-395.

# 6 基于指导型盲源分离的全双工认知无线电技术

为了克服半双工认知中存在的静态感知问题和常规全双工认知中残余自干扰限制的影响，本章提出一种基于指导型盲源分离和非高斯准则的新型全双工认知方法。该方法将频谱感知和数据传输设计于同位置执行，避免了在感知信息中的任何不匹配和资源损失；利用同位置配置中已知的次用户信号作为指导信号辅助执行盲源分离工作；在分离处理后，利用相关性识别出次用户自发信号，通过非高斯准则判定另一个信号，进而判决主用户的活动状态；最后，通过仿真实验分析验证提出方法的有效性，与基于自干扰消除的全双工频谱感知方案相比在计算复杂度和感知性能上具有较好的优势。

## 6.1 研究背景

随着无线通信业务的急剧增长，无线通信网络频谱资源稀缺和频谱利用率不高的问题变得日益突出。因此，研究怎样利用有限的频谱资源实现高效的频谱使用是未来无线通信系统的一项关键技术[1-9]。频谱认知技术是解决无线通信网络中频谱效率和频谱拥挤的关键理论，使无线网络成为一个智能系统，能够感知电磁环境，使其可以智能化地检测通信信道的占用情况，动态接入信道，最优化频谱使用，最小化干扰影响。在传统的频谱感知方法中，次用户不能同时感知和发送数据信息，是一种半双工处理模式，称为半双工认知(half-duplex cognitive radio)[9]。

针对无线网络的频谱认知技术，已经提出了多种执行半双工频谱感知的基本理论方法[1,3]。依据频谱感知处理中是否需要主用户先验信息，可将基本算法分为非盲方法(如循环平稳检测和匹配滤波检测)和盲方法(如能量检测和自相关检测)。匹配滤波检测(match filtering detection)是将已知部分授权用户信号与接收信号做相关处理，最大化接收信噪比。在加性高斯白噪声条件下，匹配滤波检测是最优的，但受限于授权用户信号的先验信息。相比之下，能量检测(energy detection)是最简单的频谱感知方法，通过比较接收信号能量和预先定义的阈值来确定主用户的活动状态，但是易受到噪声不确定性的影响。自相关检测(autocorrelation detection)利用白噪声和通信信号的统计特性来判决状态，但是算法性能受限于采样等。循环平稳检测(cyclostationary detection)利用通信信号具有循环平稳特性来判决，但是需要事先知道或估计主用户信号循环频率。上述这些方法除了本身的技术有限之外，由于本身半双工机制处理方式的原因还会降低次用户的数据传输效率[3]。

近年来，随着自干扰消除(self-interference cancellation)技术的不断发展，全双工认知(full-duplex cognitive radio)得到了人们的大量关注[3, 9]。全双工认知指的是次用户感知处理和传输数据同时进行，能够有效克服半双工认知的不足。全双工认知技术的关键在于自干扰消除，需要首先估计信道信息，再联合发送数据信息重构自干扰，然后从接收信号中减去自干扰，最后通过基本的频谱感知算法对主用户出现或缺席于信道中的活动状态进行判决。Matin 指出受信道估计精度和硬件不匹配的影响，残余自干扰是不可避免的因素，会对感知性能造成影响，使感知判决变得不可靠[4]。因此，人们不得不去研究新型的技术来实现自干扰消除影响，进而优化频谱感知性能。盲源分离作为机器学习中无监督学习的代表性理论，依据源信号的统计特性仅从观测的混合信号中分离/提取源信号，不需要先验信息，不需要占用额外的通信资源，在频谱检测方面优势突出。Lee 等首次提出了利用盲源分离来执行频谱感知任务，并且指出借助盲源分离可以实现多种用途，包括频谱认知、信道估计、信号分离和多用户检测[5]。根据此原理，Wen 等进行了基于盲源分离来实现频谱感知的研究[6-8]，有效提高了频谱检测的性能。但是，Lee 等都是考虑实现半双工的频谱感知机制，没有涉及全双工认知[5-8]。近年来，Nasser 等提出了用盲源分离实现全双工认知的初步构想，但是文中并未给出实际的模型和技术方法[9]，进一步的系统模型建立和方法研究亟待解决。

为了有效克服自干扰和硬件不匹配的影响，本文设计了一种新的全双工认知系统模型，提出了一种基于指导型盲源分离和非高斯准则的频谱感知方法，可以克服静态感知和残余自干扰问题造成的不利影响，有效提高频谱感知性能。此外，本方法可以免除信道估计和同步处理，放宽对先验信息的需求，具有较强的自适应性和灵活性。

## 6.2 系统模型及问题描述

如图 6.1 所示，次用户(secondary user，SU)发射机部署一个发射天线和一个接收天线，其中接收天线用于接收主用户(primary user，PU)信息监测主用户的活动情况，发射天线用于发送次用户数据信息。在全双工模式中，收发信息是同时进行的，发射机的接收天线会收到自身发送的数据信息造成自干扰影响。因此，次用户发射机将收到来自主用户信号和次用户发送信号的混合观测，可以描述其数学模型为

$$x(n)=hs(n)+gz(n)+w(n) \tag{6-1}$$

其中，$s(n)$表示主用户信号，$z(n)$表示次用户信号，信道参数因子分别是$h$和$g$。$w(n)$表示加性高斯白噪声。为了从接收混合$x(n)$中感知主用户信号$s(n)$ 的活动情况，自干扰消除显得尤为重要。在全双工频谱感知模型中，检测问题描述如下：

$$\begin{cases} H_0: x(n)=gz(n)+w(n) \\ H_1: x(n)=hs(n)+gz(n)+w(n) \end{cases} \tag{6-2}$$

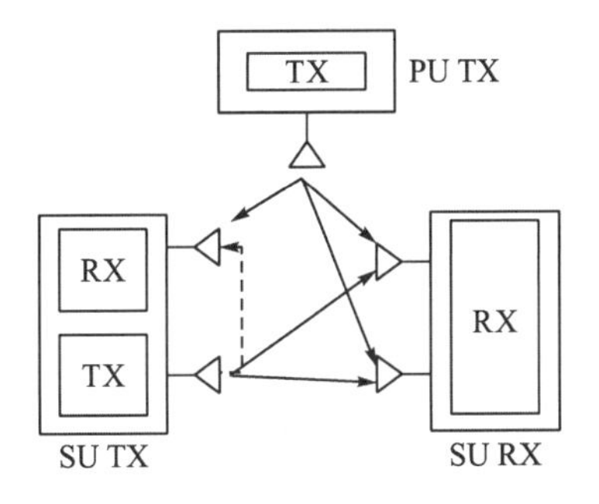


图 6.1 全双工认知系统模型

注：TX(发射端口)；RX(接收端口)；PU(主用户)；SU(次用户)

常规的方法是采用自干扰消除方法，将次用户信号的反射从接收混合信号中消除。在理想情况下，$gz(n)$将完全被消除，此时公式(6-2)转变成半双工认知的假设方程。在实际中，由于信道估计精度和硬件不匹配会产生残余自干扰，将破坏频谱感知的可靠性，如图 6.2 所示。

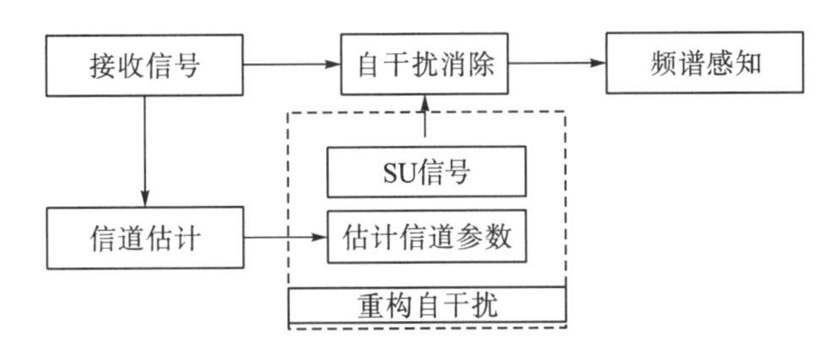


图 6.2 基于自干扰消除的全双工认知

由于 SU 信号是已知的，所以重构自干扰需要进行信道估计，将重构的自干扰从接收信号中进行消除。如果估计存在误差，那么残余自干扰将随之产生。因此，怎样有效克服误差影响造成残余自干扰是一个非常重要的研究问题。下面将提出一种新型的全双工认知方法，该方法免除了进行信道估计的步骤。

## 6.3 基于指导型盲源分离和非高斯准则的全双工认知方法

针对第 6.2 节中设计的全双工系统和残余自干扰的限制问题，提出了基于指导型盲源分离和非高斯准则的新型全双工认知方法。本文提出的方法如图 6.3 所示。

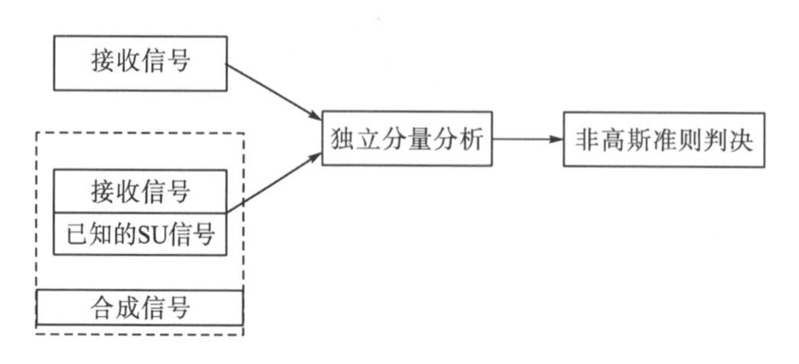


图 6.3 提出的全双工认知方法

### 6.3.1 基于指导型盲源分离的自干扰消除

考虑到在系统结构中频谱感知和发送次用户信号是在同发射机执行的，那么次用户信号 $z(n)$ 对于频谱感知处理来说是已知的，但是其信道参数 $g$ 是未知的。因此，可以利用已知信息 $z(n)$ 作为指导信号或特征信号来辅助构建盲源分离模型，称为指导型盲源分离，利用主用户信号与次用户信号的相互独立性条件，采用独立分量分析(ICA)[10-15]来分离混合信号，免除信道估计的麻烦和避免估计精度和接收机硬件不匹配带来的不利影响。由于单个的接收观测难以实现盲信号分离，本方案通过已知的特征信号或指导信号 $z(n)$ 的加权，将其注入到观测的信号 $x(n)$，得到第二个合成的观测信号，表示如下：

$$x_p(n) = k_1 x(n) + k_2 z(n) \tag{6-3}$$

其中，$k_1,k_2$ 是任意选定的常量，代入观测信号 $x(n)$ (为了讨论的方便性暂不考虑噪声)，可以得到

$$\begin{aligned} x_p(n) &= k_1\big(hs(n) + gz(n)\big) + k_2 z(n) \\ &= k_1 hs(n) + (k_1 g + k_2) z(n) \end{aligned} \tag{6-4}$$

这时可以写出两个观测信号，表示为

$$\begin{aligned} x(n) &= hs(n) + gz(n) \\ x_p(n) &= a_1 s(n) + a_2 z(n) \end{aligned} \tag{6-5}$$

式中，$a_1 = k_1 h$，$a_2 = k_1 g + k_2$，上述的两个观测信号中如果主用户出现则 $s(n)$ 表

现出非高斯属性；反之如果主用户空闲，则$s(n)$表现出高斯属性。因此，可以通过非高斯标准判断主用户的活动状态。上式中$s(n)$和$z(n)$是相互独立的，可以通过矩阵形式表示为

$$\boldsymbol{X}=\boldsymbol{A}\boldsymbol{S} \tag{6-6}$$

式中，$\boldsymbol{X}=\begin{bmatrix} x^{\mathrm{T}} \\ x_p^{\mathrm{T}} \end{bmatrix}$，$\boldsymbol{A}=\begin{bmatrix} h & g \\ a_1 & a_2 \end{bmatrix}$，$\boldsymbol{S}=\begin{bmatrix} s^{\mathrm{T}} \\ z^{\mathrm{T}} \end{bmatrix}$。

为了实现对主用户源信号的判断，需要将其从混合信号中分离出来，然后再通过非高斯标准判决。为了有效地从混合信号中分离出源信号，需要进行白化处理，减轻噪声的影响。首先进行零均值处理，表示为

$$\bar{\boldsymbol{X}}=\boldsymbol{X}-E(\boldsymbol{X}) \tag{6-7}$$

其中，$E(\cdot)$表示期望运算符，接着计算协方差为

$$\boldsymbol{C}_{\bar{\boldsymbol{X}}\bar{\boldsymbol{X}}}=E\left(\bar{\boldsymbol{X}}\bar{\boldsymbol{X}}^{\mathrm{T}}\right)=\boldsymbol{U}\boldsymbol{D}\boldsymbol{U}^{\mathrm{T}} \tag{6-8}$$

$$\boldsymbol{W}=\boldsymbol{D}^{-1/2}\boldsymbol{U}^{\mathrm{T}} \tag{6-9}$$

其中，$\boldsymbol{D}$和$\boldsymbol{U}$是协方差矩阵$\boldsymbol{C}_{\bar{\boldsymbol{X}}\bar{\boldsymbol{X}}}$的对角特征值矩阵和特征向量，$\boldsymbol{W}$是白化矩阵，能够使$\boldsymbol{Z}$具有单位方差，白化处理如下：

$$\boldsymbol{Z}=\boldsymbol{W}\bar{\boldsymbol{X}} \tag{6-10}$$

$$E\left(\boldsymbol{Z}\boldsymbol{Z}^{\mathrm{T}}\right)=\boldsymbol{W}E\left(\bar{\boldsymbol{X}}\bar{\boldsymbol{X}}^{\mathrm{T}}\right)\boldsymbol{W}^{\mathrm{T}}=\boldsymbol{I} \tag{6-11}$$

在实现白化处理后，需要通过高阶累积量找到一个正交(酉)矩阵，实现独立分量处理。考虑通过四阶累积量来建立联合对角化模型来求此正交矩阵。白化后的信号表示为$\boldsymbol{Z}=\left[Z_1,Z_2,\cdots,Z_P\right]^{\mathrm{T}}$，$\boldsymbol{M}$是一个$P\times P$维矩阵。$Z$的四阶累积量矩阵表示为$\boldsymbol{F}(\boldsymbol{M})$[13,14]，即

$$\boldsymbol{F}_{ij}(M)\triangleq\sum_{k=1}^{P}\sum_{l=}^{P}m_{kl}\mathrm{cum}\left(Z_i,Z_j,Z_k,Z_l\right)$$

其中，$m_{kl}$是矩阵$\boldsymbol{M}$的元素，$\mathrm{cum}(\cdot)$是累积量运算符。累积量张量是一个对称的运算符，因为在$\mathrm{cum}\left(Z_i,Z_j,Z_k,Z_l\right)$中元素的次序是没有区别的。张量的特征值矩阵定义为$\boldsymbol{F}(\boldsymbol{M})=\lambda\boldsymbol{M}$，这里的$\lambda=\kappa_4\left(Z_m\right)$是白化信号的峭度，是一个标量值。考虑到观测数据的白化信号符合盲源分离模型，

$$\boldsymbol{Z}=\boldsymbol{W}\boldsymbol{A}\boldsymbol{S}=\boldsymbol{V}^{\mathrm{T}}\boldsymbol{S} \tag{6-12}$$

设定$\boldsymbol{V}_p$，$p=1,\cdots,P$，表示$\boldsymbol{V}$的列向量，$\boldsymbol{M}$矩阵选取为

$$\boldsymbol{M}=\boldsymbol{V}_p\boldsymbol{V}_p^{\mathrm{T}}\left(p=1\sim P\right) \tag{6-13}$$

则$\boldsymbol{M}$矩阵的第$(k,l)$个元素表示为$m_{kl}=V_{pk}V_{pl}$，由于对称属性，$\boldsymbol{F}(M)$表示为$\boldsymbol{F}(\boldsymbol{M})=\boldsymbol{V}^{\mathrm{T}}\boldsymbol{\Lambda}(\boldsymbol{M})\boldsymbol{V}$，特征值分解可以视为对角化，即$\boldsymbol{\Lambda}(\boldsymbol{M})$是对角的。因为$\boldsymbol{F}$矩阵是$\boldsymbol{V}_p\boldsymbol{V}_p^{\mathrm{T}}$的线性组合，符合盲源分离模型，可以进一步得到

$$\boldsymbol{\Lambda}(M)=\boldsymbol{VF}(M)\boldsymbol{V}^{\mathrm{T}}$$
$$=\operatorname{diag}\left[\kappa_4(S_1)\boldsymbol{V}_1\boldsymbol{MV}_1^{\mathrm{T}},\cdots,\kappa_4(S_P)\boldsymbol{V}_P\boldsymbol{MV}_P^{\mathrm{T}}\right]$$

取不同的$M_i, i=1,\cdots,N$矩阵，尝试去使矩阵$\boldsymbol{VF}(M_i)V^{\mathrm{T}}$尽可能对角化，可以描述其为联合对角化代价函数为

$$\min_V \sum_{i=1}^{N}\left\|\boldsymbol{\Lambda}(M_i)-\boldsymbol{VF}(\boldsymbol{M})\boldsymbol{V}^{\mathrm{T}}\right\|_{\mathrm{F}}^2 \tag{6-14}$$

采用相关的联合对角化算法，可以得到最小化代价函数的分离矩阵$\boldsymbol{V}$，进而实现混合信号的分离，即

$$\boldsymbol{Y}=\boldsymbol{VWAS} \tag{6-15}$$

### 6.3.2 非高斯准则判决

求得分离信号后，首先根据下式计算相关系数，识别出次用户信号，那么另一个信号或是主用户信号或是高斯噪声信号为

$$\xi=\frac{\sum s_i(n)y_j(n)}{\sqrt{\sum s_i(n)^2}\sqrt{\sum y_j(n)^2}} \tag{6-16}$$

然后，根据常规通信调制信号的非高斯属性特性判决。设计如下的判决标准，

$$\left|\operatorname{cum}(y,y,y,y)\right|=\left|\kappa_4(y)\right| \tag{6-17}$$

对于高斯信号变量，存在$\left|\kappa_4(y)\right|=0$；对于非高斯信号变量，存在$\left|\kappa_4(y)\right|>0$；实际受到采样长度的影响，高斯信号变量的$\left|\kappa_4(y)\right|\approx 0$。由此判决标准为：设计四阶累计量的模值为判决标准，当分离信号的$\left|\kappa_4(y)\right|\approx 0$时，主用户未出现，反之当分离信号的$\left|\kappa_4(y)\right|>0$时，主用户出现。

### 6.3.3 复杂度分析及算法流程图

本文提出算法的复杂度主要集中于利用特征信号构建第二个接收信号、信号分离、相关分析和四阶累积量分析。其中信号分离是最关键的复杂度体现，其他可以忽略，而信号分离算法复杂度主要在于联合对角化，算法复杂度近似为$O(N^2\mathrm{T})$。经实验分析，本文算法具有良好的复杂度性能和频谱感知性能。如图 6.4 所示，下面通过仿真实验进行验证和说明。

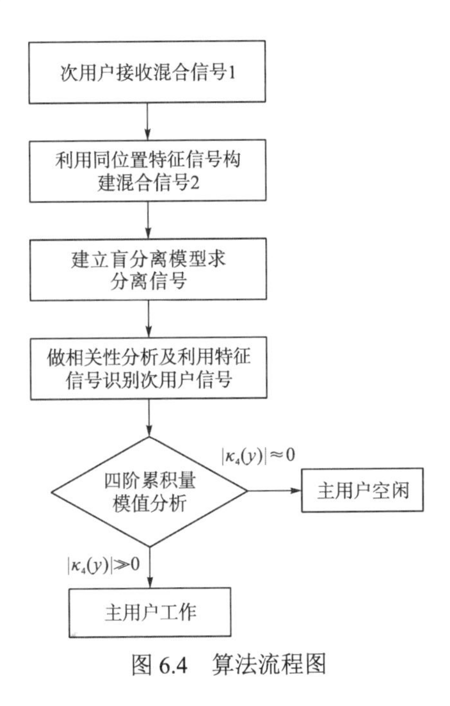


图 6.4 算法流程图

## 6.4 仿真分析与讨论

本节进行仿真实验分析和讨论，目的是验证本文提出的方法的有效性。设定主用户信号采用 OFDM 信号，次用户信号采用跳频信号，信道中存在高斯噪声影响。在第一组实验中假设主用户信号在信道中出现，发射的主用户和次用户源信号如图 6.5 所示。

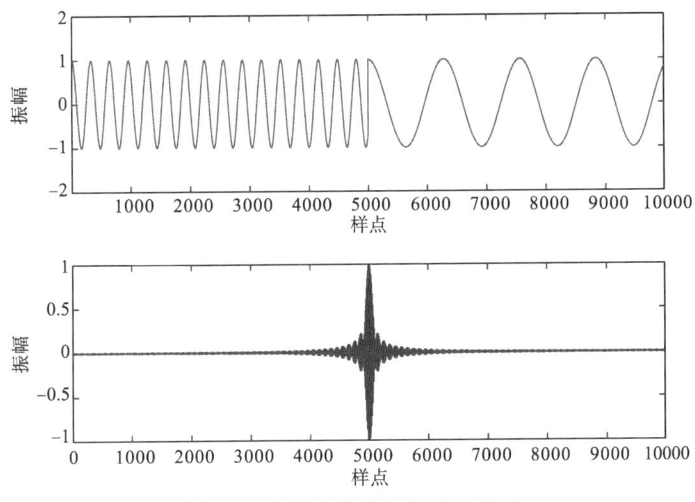


图 6.5 主用户信号与次用户信号

在图 6.5 中，上图的为跳频信号，下图为 OFDM 信号。如下表 6.1 所示，为了方便仿真对比，各个信号的参数设置情况如下：

**表 6.1　参数设置**

| | |
|---|---|
| OFDM 信号 | 8 个子载波，QPSK 调制，采样频率 32768Hz，数据长度 10000 |
| FH 信号 | 频率{400Hz，100Hz}，采样频率 128kHz，数据长度 10000 |
| 噪声 | 高斯噪声方差 0.01 |

由于次用户信号为已知的，可以利用其作为指导信号构建盲源分离模型，借助独立分量分析实现自干扰消除。设噪声方差为 0.01，混合信号如图 6.6 所示。

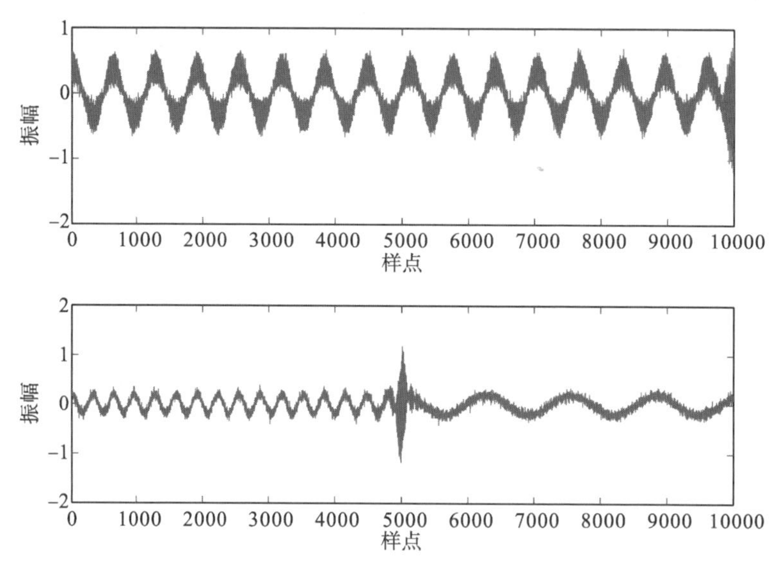


图 6.6　混合信号

混合信号经过执行盲分离处理后，得到分离信号，如图 6.7 所示。由于次用户信号是已知的，通过相关处理可以将次用户信号识别出来，分离性能的相关系数通过相关系数给出，即

$$[\xi]=\begin{bmatrix} 0.999 & -0.0080 \\ -0.0065 & -0.9888 \end{bmatrix}$$

其中，$\xi_{11}$=0.9999 和 $\xi_{22}=-0.9888$ 分别表示次用户信号与其分离信号的相关系数、主用户信号与其分离信号的相关系数。根据 $\xi_{11}$ 可以识别出次用户信号，而 $\xi_{22}$ 揭示了主用户信号的分离性能。通过非高斯准则测定 $\left|\kappa_4\left(y_1\right)\right|=1.4929$ 对应分离的次用户信号，$\left|\kappa_4\left(y_2\right)\right|=93.0283$ 对应分离的主用户信号。

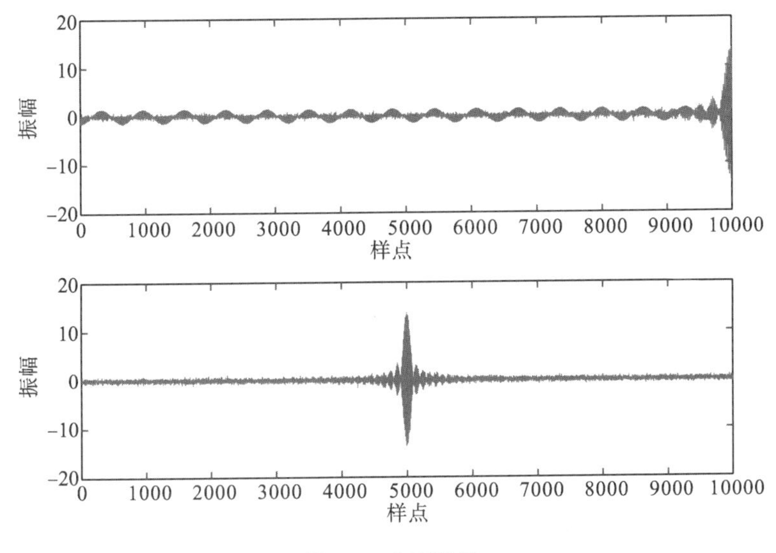


图 6.7 分离信号

在第二组实验中假设主用户信号空闲，这时的接收信号为次用户信号和高斯信号的混合，两个源信号表示如图 6.8 所示。

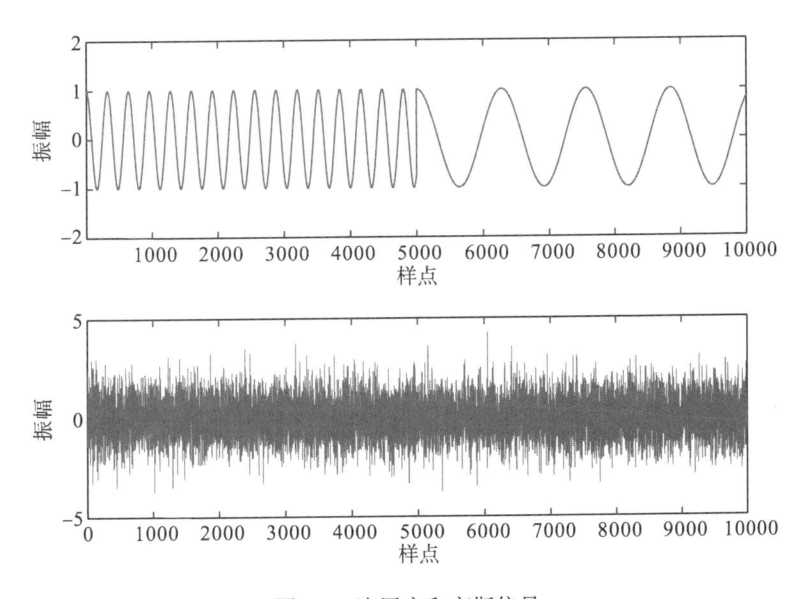


图 6.8 次用户和高斯信号

相对应的信号混合如 6.9 所示。经过分离处理后得到两个分离信号，如图 6.10 所示。相对应的相关系数为

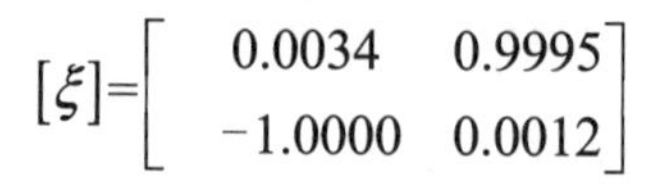

$$[\xi]=\begin{bmatrix} 0.0034 & 0.9995 \\ -1.0000 & 0.0012 \end{bmatrix}$$

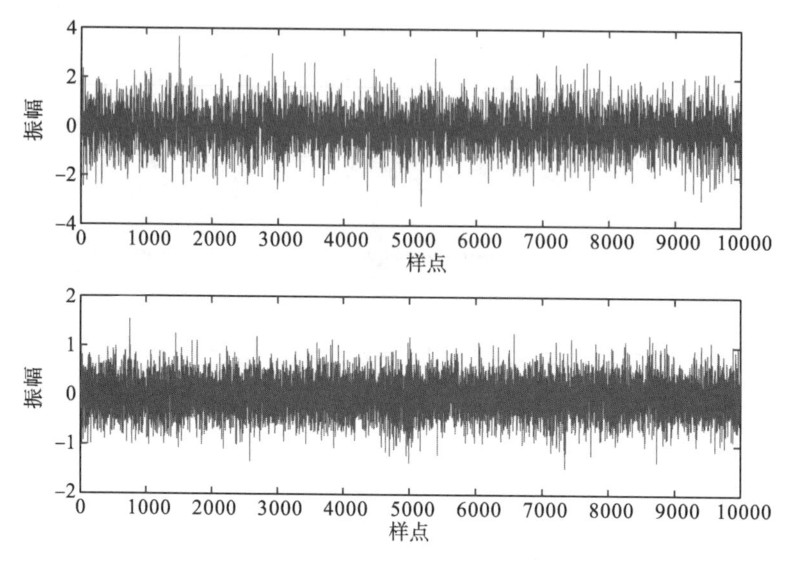


图 6.9 混合信号

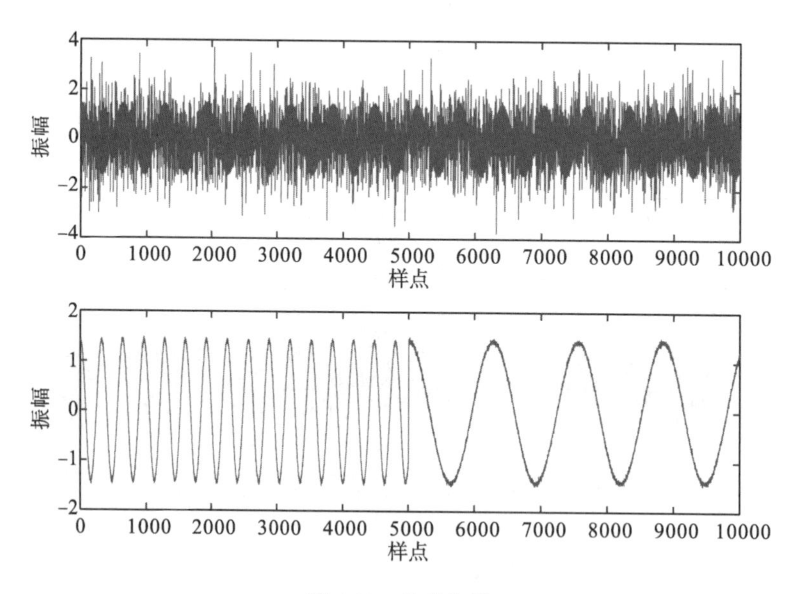


图 6.10 分离信号

此时，$|\kappa_4(y_1)| = 0.0653$表示高斯噪声信号，而$|\kappa_4(y_2)|=1.4906$依然表示次用户的跳频信号。

从上述的两组实验的结果来看，容易得知提出的方法具有有效性。为了进一步验证提出方法的优越性，进行了相关的对比实验。针对全双工认知，将本节提出的指导型独立分量分析(guided independent component analysis，GICA)算法联合非高斯判决和常规的自干扰消除(self interference cancellation，SIC)算法联合能量检测[4, 9]进行了性能对比，如图 6.11 所示。从图 6.11 中，可以得出提出方案比常规的基于自干扰消除方法在频谱感知性能上更优。此外，指导型独立分量分析算法联合非高斯判决(GICA-FD)仿真执行的平均时间少于自干扰消除算法联合能量检测(SIC-FD)平均时间执行时间，由此可知，本文算法具有比对比算法优越的性能，而且自适应和灵活性较强。

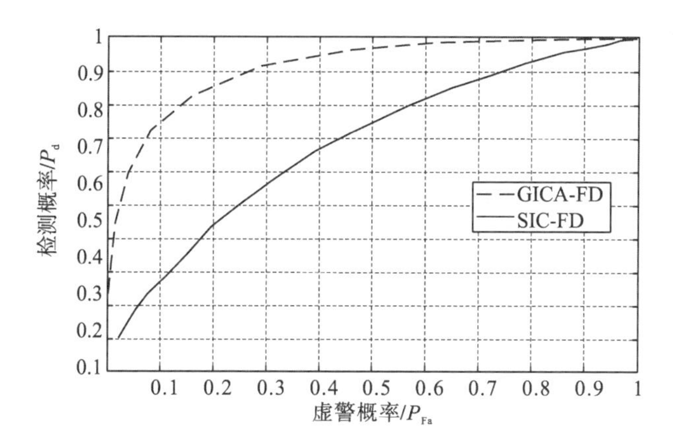


图 6.11 提出方法与常规方法的性能对比

## 6.5 本章小结

本文提出了一种频谱感知方案，用于实现全双工认知。该方案为设计感知和传送数据同位置配置，利用已知的次用户发送信号作为指导信号，辅助构建盲分离模型，分离处理后，通过相关性处理识别次用户信号，再通过非高斯准则判决主用户的活动状态。该方法避免了信道估计和同步处理，具有较强的适应性和灵活性，与常规的算法相比具有较优越的性能。

本文考虑的模型是单天线配置，具有较低的系统消耗，未来可以引入多天线或空间分集来辅助实现自干扰消除以及研究其他的判决标准，如自相关、拟合优度等，进一步提升频谱感知性能。另外，本文考虑非高斯属性通信信号特性，但在实际中也有高斯属性通信信号的情况，还需进一步研究扩展，适应实际的应用需求。

# 参考文献

[1] Jiang C X, Zhang H J, Ren Y, et al. Machine learning paradigms for next-generation wireless networks[J]. IEEE Wireless Communications, 2017, 24(2): 98-105.

[2] 骆忠强，李成杰，熊兴中. 基于指导型盲源分离和非高斯准则的全双工认知[J]. 电讯技术，2019，59(2)：133-138.

[3] Lu L, Zhou X W, Onunkwo U, et al. Ten years of research in spectrum sensing and sharing in cognitive radio[J]. EURASIP Journal on Wireless Communications and Networking, 2012 , 28: 1-16.

[4] Matin M A. Spectrum access and management for cognitive radio networks[J]. Singapore：Springer Science Business Media Singapore, 2017: 15-50.

[5] Lee C H, Wayne W. Blind Signal Separation for Cognitive Radio[J]. Journal of Signal Processing Systems, 2011, 63 : 67-81.

[6] Wen Y Y, Bai X, Bai L, et al. Blind Spectrum Sensing Algorithm Based on Blind Signal Separation in Cognitive Radar[C]. The Third Annual International Conference on Computer Science and Mechanical Automation, Wuhan: IEEE, 2017: 201-206.

[7] Ivrigh S S, Seyed M S. Spectrum sensing for cognitive radio networks based on blind source separation[J]. KSII Transactions on Internet and Information Systems, 2013, 7(4): 613-631.

[8] Paulo I L F, Font G, Bruno B A. Software-Defined for Spectrum Sensing Using Independent Component Analysis[C]. The Fourth International Conference on Advances in Cognitive Radio, Athens: IEEE, 2014: 26-29.

[9] Nasser A, Mansour A, Yao K C, et al. Blind Source Separation-based Full-Duplex Cognitive Radio[C]. The Third International Conference on Electrical Engineering, Telecommunication Engineering and Mechantronics, Beirut: IEEE, 2017: 86-90.

[10] Luo Z Q, Li C J, Zhu L D. Robust blind separation for MIMO systems against channel mismatch using second-order cone programming[J]. China Communications, 2017, 14(6): 168-178.

[11] 骆忠强. 无线通信盲源分离关键技术研究[D]. 成都: 电子科技大学, 2016.

[12] Luo Z Q, Zhu L D A. Charrelation matrix-based blind adaptive detector for DS-CDMA systems[J]. Sensors, 2015, 15(8): 20152-20168.

[13] Luo Z Q, Zhu L D, Li C J. Exploiting Large Scale BSS Technique for Source Recovery in Massive MIMO Systems[C]. IEEE/CIC, Shanghai: IEEE, 2014: 391-395.

[14] Yu X, Hu D, Xu J. Blind Source Separation: Theory and Applications[M]. Singapore: John Wiley & Sons, 2014.

[15] Klaus N, Hannu O. Independent component analysis: A statistical perspective[J]. Wires Computational Statistics, 2018, 6: 1-23.

[16] Ye Y, Lu G, Li Y, et al. Unilateral right-tail anderson-darling test based spectrum sensing for cognitive radio[J]. Electronics Letters, 2017, 53 (18): 1256-1258.

# 7　基于粒子滤波的卫星通信盲分离处理

随着卫星业务和卫星数量的大量增加，卫星通信中邻星干扰的问题日益突出。针对此问题，本章研究了基于粒子滤波盲源分离的邻星干扰消除方法，实现期望信号的有效分离和提取，进一步为实现卫星通信智能化接收处理提供技术基础。

## 7.1　研究背景

近年来，随着卫星数量的增多，邻星干扰变得越来越严重，邻星干扰示意图如图 7.1 所示，邻星干扰的原因一般有以下几种[1]：

(1) 相邻卫星的天线方向是偏斜的，导致接收到的是邻星的信号；

(2) 邻星的天线旁瓣高于制定的标准，导致接收到邻星的信号；

(3) 邻星天线太小，虽然通过制定的标准，但是需要更高的传输能量。因此，旁瓣天线的信号发送到了邻星上；

(4) 邻星信号传输能量太高。

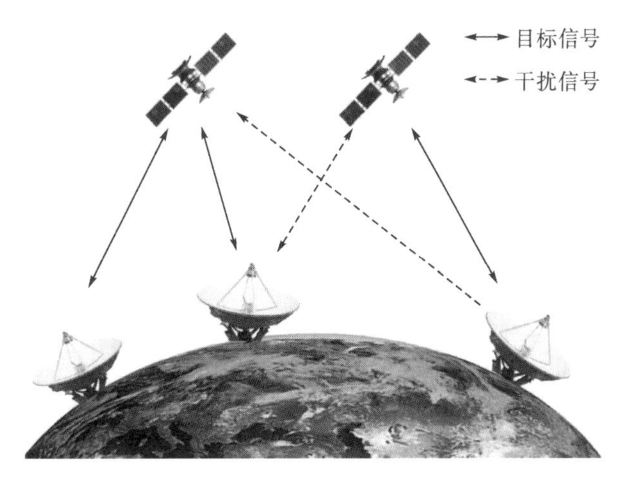


图 7.1　邻星干扰示意图

近年来，随着卫星通信的发展和卫星数量的不断增多，邻星干扰的现象越来越普遍，邻星干扰的研究成了现代卫星通信系统中的重要课题。Kourogiorgas 等根据雨衰模型提出了邻星干扰对卫星通信链路影响的理论[2]；朱杰、郎宏山分析了邻星干扰对极轨气象卫星数据接收影响的研究[3]；刘波讨论了邻星干扰对极轨气象卫星通信链路性能的影响[4]；谢继东、魏清和冯加骥讨论了邻星干扰对卫星通信系统的影响，推导了通信链路的误码率性能与有用信号信噪比、干扰信号信噪比、链路夹角和系统中断率的关系[5]。目前，对于邻星干扰的处理可以概括为：增加发射信号功率将受干扰信号的信噪比推到高于正常解调门限、利用有用信号和干扰信号进入卫星接收天线的不同，将有用信号与干扰信号混频，再直接序列扩频(direct sequence code division multiple access，DS-CDMA)，再通过滤波、在星上转发器上加入处理器等方法抑制干扰信号。本文提出从信号处理的角度，用盲源信号分离的方法处理干扰信号。

盲源信号分离(BSS)就是根据接收到的混合信号的矢量，确定一个变换，在此变换下恢复原始信号的过程。盲源信号分离凭借只需要占用极少量的通信资源和极少先验信息的技术优势被学者们青睐。目前，国内外很多学者致力于盲源信号分离算法和应用的研究，提出了独立成分分析技术(ICA)、稀疏成分分析技术(SCA)、非负矩阵分解技术(NMF)和有界成分分析技术(BCA)等主流技术。本文从信号处理的角度提出了用盲源信号分离的方法处理邻星干扰，这种处理方法性能稳定，并且能够节省信道资源，正符合星上功率受限、处理能力受限的特点。

本文的研究工作分为两步：第一步，利用卫星通信的特征和粒子群优化算法的特点，给出了新的参数gather和$c_j$代替粒子群优化算法中局部最优参数$Pb_{ij}(g)$和全局最优参数，得到新的盲源信号分离算法；第二步，利用新的盲源信号分离算法进行盲源信号分离。本章内容分为以下几个部分：第一部分、第二部分介绍一些准备工作；第三部分介绍本节提出的盲源分离算法；第四部分讨论本节提出的盲源分离算法，比如算法执行的过程、算法的收敛性、算法的鲁棒性；第五部分介绍和讨论了实验结果；第六部分给出了算法的结论。

## 7.2 系统模型分析

近年来，随着卫星数量的增多，卫星的间隔越来越小，邻星干扰现象越来越多。邻星干扰导致了卫星接收能力的下降，再加上卫星功率受限、处理能力受限的特点限制了星上处理算法的复杂度。因此，研究复杂度低、实时性能好、分离性能稳定的盲源信号分离问题具有很重要的实践意义。本章从盲源信号分离的角度，针对邻星干扰的特点提出了消除邻星干扰的方法。在本章中，算法模型实施步骤可以概括为：

(1)计算每一个接收样本点的短时傅里叶变换；

(2)为了提高信号分离性能，在进行盲源信号分离前运用 K-means 聚类算法初始化数据；

(3)运用本文提出粒子群聚类的盲源信号分离算法进行盲源信号分离。

为了更好地说明本节所提出的算法，先介绍与本节提出的算法相关的算法，主要包括 K-means 聚类算法和粒子群算法。

### 7.2.1 K-means 聚类算法

K-means 聚类算法有较长的历史，Steinhaus、Lloyd、Ball and Hall、MacQueen 分别于 1956 年、1957 年、1965 年、1967 年发现了该算法。目前，K-means 聚类算法是最流行和最简单的聚类算法之一。

K-means 聚类算法是基于分类目标的性质分类，通过最小化每一个分类目标和聚类中距离的平方和来实现的[6]。假定 $(X_1, X_2, \cdots, X_N)$ 是目标集，分类的目的是把 $N$ 个目标分到 $K$ 类 $(S_1, S_2, \cdots, S_N)$ $(K \leqslant N)$，K-means 聚类算法的步骤分为以下几步：

(1)根据类目标的临时均值，给定分类数目 $N$；

(2)计算任意两个目标的均方欧氏距离；

(3)最小化类内目标距离的平方和 WCSS；

$$\mathrm{WCSS} = \min \sum_{i=1}^{k} \sum_{X_j \in S_i} \left\| X_j - \mu_i \right\|^2 \tag{7-1}$$

(4)根据 WCSS 的值，更新每一个聚类中心；

(5)根据最小均方欧氏距离的值分配每一个目标；

(6)根据新的分类结果重新计算聚类中心；

(7)重复(5)和(6)直到每一个目标都没有改变。

### 7.2.2 粒子群优化模型

粒子群优化模型的目标是根据目标函数的三个属性最小化目标函数 $f$，目标函数的三个属性为：粒子的当前位置 $p_i$，粒子的当前速度 $v_i$ 和粒子的局部最优位置 $Pb_i$，每一个粒子的更新都是根据上述三个属性进行。谢继东等给出了粒子群优化算法的代价函数[7]，每一个粒子的新的速度是根据下面的公式进行更新的：

$$v_{ij}(g+1) = \alpha_0 \cdot v_{ij}(g) + \alpha_1 \cdot r_1[Pb_{ij}(g) - p_{ij}(g)] + \alpha_2 \cdot r_2[Gb_j(g) - p_{ij}(g)] \tag{7-2}$$

其中，$j=1, 2, \cdots, k$ 表示粒子的维数，$i=1, 2, \cdots, s$ 表示粒子的初始样本点数，$Pb_{ij}(g)$ 表示第 $i$ 个粒子的第 $j$ 维的局部最优位置，$Gb_j(g)$ 表示第 $g$ 次迭代的全局最优位置，$v_{ij}(g)$ 表示第 $i$ 个粒子的第 $j$ 维的速度。

在粒子群优化算法中，为了得到更好的性能，将要更新三个参数，即参数 $\alpha, \gamma, g$，下面介绍参数 $\alpha, \gamma, g$ 的具体含义：

(1) $\alpha_0$ 表示速度的惯性权重，$\alpha_1$ 和 $\alpha_2$ 表示加速系数；

(2) $r_1$ 和 $r_2$ 表示(0，1)之间的均匀随机序列中的元素；

(3) $g$ 是迭代次数。

粒子的新位置和局部最优位置用下面的公式计算：

$$p_i(g+1) = p_i(g) + v_i(g+1) \tag{7-3}$$

和

$$Pb_i(g+1) = \begin{cases} Pb_i(g), & \text{if } f(p_i(g+1)) \geqslant f(Pb_i(g)) \\ p_i(g+1), & \text{otherwise} \end{cases} \tag{7-4}$$

并且全局最优位置 $Gb$ 在以上的三步中将通过以下公式计算：

$$Gb(g+1) = \arg\min_{Pb_i} f(Pb_i(g+1)), 1 \leqslant i \leqslant s \tag{7-5}$$

算法优化过程将连续重复式(7-2)～式(7-5)，直到所有的迭代条件满足。当最小化全局迭代代价函数时，全局迭代的损耗将等于整个系统迭代的损耗加上传输路径的损耗，在本文中传输路径的损耗没有考虑。为了得到更好的迭代效果，本文给出了下面的约束条件[8]：

$$\sum_{j \in J} P_j = D \tag{7-6}$$

其中，$D$ 是整个系统的迭代损耗。每个单元的迭代输出损耗将处于最小损耗和最大损耗之间。即下面的不等式限制将在每一次迭代中都要被满足：

$$P_{j\min} \leqslant P_j \leqslant P_{j\max} \tag{7-7}$$

这里 $P_{j\min}$ 和 $P_{j\max}$ 是第 $j$ 出迭代的最小和最大输出。

## 7.3 粒子群聚类的盲源信号分离算法

在实际信号传输中，考虑有两个传感器。采样数据通过短时傅里叶变换后，接收到的混合信号可以用 $[\boldsymbol{Y}_1(t,f), \boldsymbol{Y}_2(t,f)]^{\mathrm{T}}$ 表示，$\boldsymbol{Y}_i(t,f)$ 的计算公式为[8]

$$\boldsymbol{Y}_i(t,f) = \int_0^1 y(t)h(\tau - t)\mathrm{e}^{-\mathrm{j}2\pi f\tau}\mathrm{d}\tau \quad (i=1,2) \tag{7-8}$$

这里 $y(t)$ 是接收到的混合信号，$h(\tau - t)$ 是汉明窗函数。

### 7.3.1 采样数据的预处理

从上述过程中，混合信号的矢量将从混合聚类中出现。由于局部最优的条件将降低传统方法的性能。最直接的后果是不能得到令人满意的盲源信号分离效果。因此，为了提高盲源信号分离的性能和掌握更好的条件，运用 K-means 聚类算法进行数据的预处理是必要的。

K-means 聚类算法的目标是根据目标数据的属性进行分类，分类的过程是通过最小化每个数据和聚类中心的均方欧氏距离的平方和来实现的[9]。在本节中，作为 K-means 聚类算法的一个特殊应用场景，主要的 K-means 聚类算法的步骤如下[10]：

(1) 提供分类的初始数目 $K$，因为考虑两个传感器，所以 $K$=2；

(2) 计算每个采样数据和离它最近的聚类中心的均方欧氏距离的平方和；

(3) 最小化类内目标的平方和 WCSS，WCSS 的计算公式参照式(7-1)；

(4) 根据新的类内成员重新计算每个采样数据和离它最近的聚类中心的均方欧氏距离的平方和；

(5) 重复步骤 3 和 4，直到所有目标数据的分类不会再被改变。

由于有两个传感器，给定观测数据的集合 $(Y_1,Y_2)$，K-means 聚类算法的目的是在最小化公式(7-9)的条件下，把 $N$ 个观测数据 $(S_1,S_2,\cdots,S_N)$ 分成两类，即

$$\text{WCSS}=\min\sum_{i=1}^{k}\sum_{Y_j\in S_i}\left\|\boldsymbol{Y}_j-\boldsymbol{\mu}_i\right\|^2 \tag{7-9}$$

其中，$\boldsymbol{\mu}_i$ 是 $S_i$ 类的均值矢量。很明显，$\boldsymbol{\mu}_i(i=1,\ 2,\ \cdots,\ N)$ 是 $S_i$ 类的聚类中心，并且代表 $S_i$ 类的一般特征，这个过程可以在图 7.2 中说明。

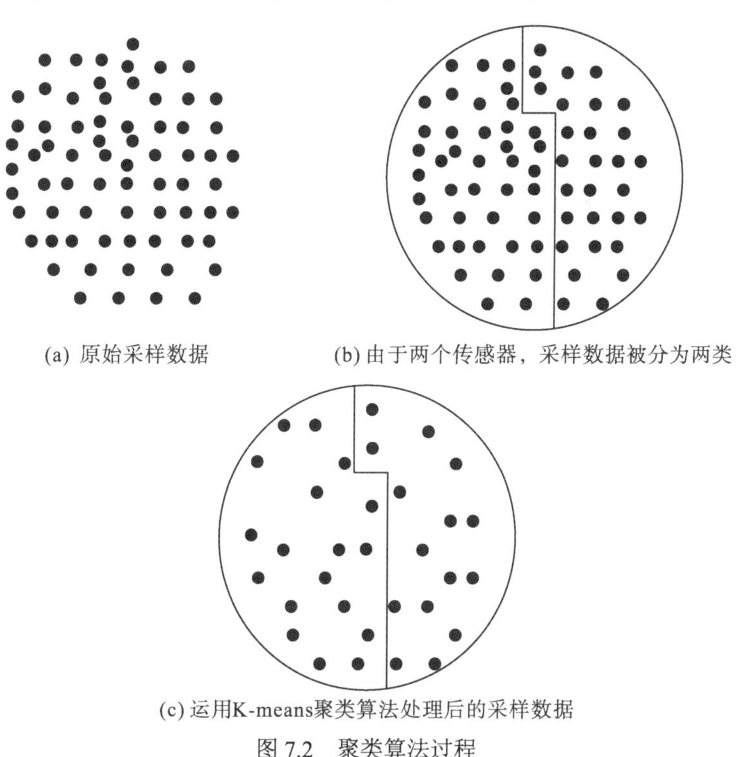

(a) 原始采样数据　(b) 由于两个传感器，采样数据被分为两类

(c) 运用K-means聚类算法处理后的采样数据

图 7.2　聚类算法过程

### 7.3.2　粒子群聚类的盲源信号分离算法分析

本节将介绍运用粒子群算法优化的盲源信号分离算法的细节。

(1)定义估计矢量 $\boldsymbol{p}=[\delta_1,\ \delta_2,\ \cdots,\ \delta_k]$

$\boldsymbol{p}=[\delta_1,\ \delta_2,\ \cdots,\ \delta_k]$ 是一个估计矢量集，并且作为粒子群算法的一个粒子，这里 $\forall\delta\in(-\frac{\pi}{2},\frac{\pi}{2})$，并且 $k$ 代表每一个粒子的维数。

(2)定义客观评价函数

在本节中定义了客观评价函数 gather，用来评价混合矢量沿聚合方向的聚合程度，也用来暗示混合矢量的位置，客观评价函数 gather 被定义为

$$\text{gather}=\sum_{i=1}^{N}\xi_i^2\times\Delta\theta_i \tag{7-10}$$

其中，$\xi_i=\sqrt{y_1^2(i)+y_2^2(i)}$ 表示第 $i$ 个混合信号的能量值；$\Delta\theta_i$ 表示第 $i$ 个混合矢量和它最近的估计矢量的角度差异，$\Delta\theta_i$ 的计算公式如下:

$$\Delta\theta_i=\min\left|\theta_i-\delta_j\right|\ (i=1,\ 2,\ \cdots,N,\ \ j=1,\ 2,\ \cdots k) \tag{7-11}$$

其中，$\theta_i$ 是第 $i$ 个混合矢量的角度值。当所有的 $\delta$ 接近混合矢量的聚合中心，$\Delta\theta$ 将整体减小。

(3)用聚类中心集 $C$ 代替全局最优位置 $Gb$

在用聚类中心集 $C$ 代替全局最优位置 $Gb$ 后，公式(7-2)被改写为

$$v_{ij}(g+1)=\alpha_0\cdot v_{ij}(g)+\alpha_1\cdot r_1[Pb_{ij}(g)-p_{ij}(g)]+\alpha_2\cdot r_2[c_j(g)-p_{ij}(g)] \tag{7-12}$$

其中，$\{c_j|j=1,\ 2,\ \cdots,\ k\}\in C$ 是根据全局最优位置 $Gb$ 得出的聚类中心，并且 $c_j$ 的计算公式为

$$c_j=\frac{\sum_{i=1}^{cn_j}(\xi_i^2\times\theta_i)}{\sum_{i=1}^{cn_j}\xi_i^2} \tag{7-13}$$

其中，$j$ 表示类的索引，$cn_j$ 表示属于第 $j$ 个估计矢量的混合信号数，$i$ 表示混合信号的索引。

### 7.3.3 算法流程

根据 7.3.2 小节中介绍的基于粒子群聚类的盲源信号分离算法进行盲源信号分离具有较好的实时性，并且在利用 K-means 聚类算法处理后具有较好的稳定性和较低的复杂度。本文所提算法流程如图 7.3 所示，从图 7.3 可以看出 K-means 聚类算法优化数据包含在利用粒子群优化(particle swarm optimization，PSO)算法确定聚类中心的模块中，并且算法运用 Pearson 相关系数作为中止迭代的条件。

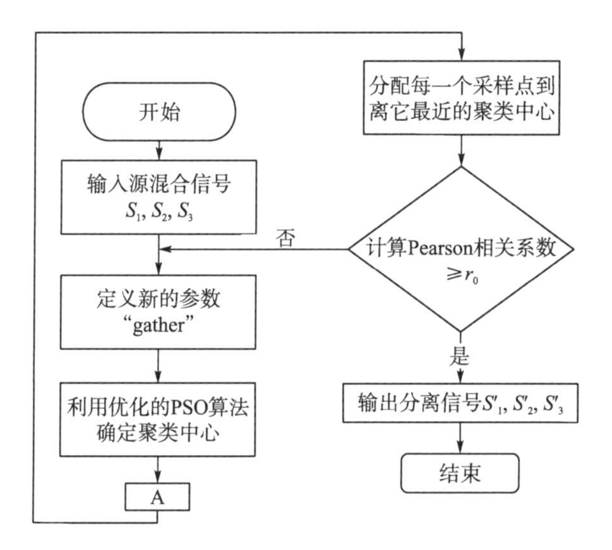


图 7.3 算法流程

在上述处理过程后，找到聚类中心。因此，每一个采样点都被分配到离它最近的聚类中心，上述算法流程在图 7.3 中展示出来，并且算法主程序如表 7.1 所示。

**表 7.1 算法的主程序**

|  |
| --- |
| **Define** $b(j,z) \equiv (P_1, P_2, \cdots, P_k)$， $K_1 = n \bmod K$， $K_2 = K - (n \bmod K)$ |
| **initialize** $K_1 \lceil n/K \rceil$**-dimensional PSO:** $P_j, j \in [1,2,\cdots,K_1]$ <br> **initialize** $K_2 \lceil n/K \rceil$**-dimensional PSO:** $P_j, j \in [(K_1+1),\cdots,K]$ <br> **initialize an n-dimensional PSO: Q** <br> **repeat:** <br> **for each swarm** $j \in [1,2,\cdots,K]$ <br> **for each particle** $i \in [1,2,\cdots,S]$ <br> **if** $f(p_i(g+1)) \geqslant f(Pb_i(g))$ <br> **then** $Pb_i(g+1) = Pb_i(g)$ <br> **if** $f(p_i(g+1)) < f(Pb_i(g))$ <br> **then** $Pb_i(g+1) = p_i(g+1)$ <br> **endfor** <br> **perform PSO updates on** $P_j$ **using the above iterative process** <br> **endfor** <br> **until stopping condition is true** |

# 7.4 算法性能分析

在介绍算法的流程之后，在这一部分将讨论算法的性能。主要从算法的实施过程、算法的收敛性和算法的鲁棒性等角度分析算法的性能。其中在算法的实施过程中，将讨论算法分离前的预处理、算法运行中速度参数更新、Pbest 和 Gbest 的更新和算法的中止迭代条件。

## 7.4.1 算法实施过程

本节将讨论所提算法的具体细节。在本节的算法中，采样数据都是经过短时傅里叶变换变换到时频域[11, 12]。

### 7.4.1.1 盲源信号分离前的预处理

为了得到有效的数据，在进行盲源信号分离之前需要进行数据的预处理。在预处理过程中，初始集合是根据接收到的混合信号随机生成的。在本节中，采样点的位置在进行迭代之前可以表示为$\boldsymbol{X}_i^0=(\boldsymbol{P}_{i1}^0, \boldsymbol{P}_{i2}^0, \cdots, \boldsymbol{P}_{in}^0)$，这里的$n$是信号发生器的个数。根据接收器覆盖所有信号发生器的个数，采样点的初始速度可以表示为$\boldsymbol{V}_i^0=(\boldsymbol{v}_{i1}^0, \boldsymbol{v}_{i2}^0, \cdots, \boldsymbol{v}_{in}^0)$。当然，初始样本点的参数值必须满足式(7-6)和式(7-7)，也就是说，初始样本点数的能量之和必须等于系统能量$D$，且随机生成的初始样本点数$i$必须在它的范围内。虽然能根据系统要求初始化样本点$i$，并且能简化采样点$j$从[0，1] 到$[P_{j\min}, P_{j\max}]$映射，但是必须满足式(7-7)。为了做到这一点，可以对采样点做以下的预处理：

(1) 设置$j=1$；

(2) 随机选择一个采样点作为初始样本点；

(3) 随机生成该样本点所对应的介于$[P_{j\min}, P_{j\max}]$的函数值；

(4) 如果$j=n-1$则进行第(5)步，否则$j=j+1$并且重新回到步骤(2)；

(5) 最后的采样点的能量值是由系统能量值$D$决定的，如果这个值在可接受范围内则进行步骤(6)，否则回到步骤(2)；

(6) 结束预处理。

在对每一个初始采样点进行预处理后，得到了每一个采样点的初始位置。每一个采样点的初始速度也是根据系统要求随机生成的，但是生成的初始速度必须满足：

$$(P_{j\min}-\varepsilon)-P_{ij}^0 \leqslant v_{ij}^0 \leqslant (P_{j\max}+\varepsilon)-P_{ij}^0 \tag{7-14}$$

其中，$\varepsilon$是一个小的正实数，初始采样点$i$的速度$j$是在临界内随机生成的。

#### 7.4.1.2 速度参数更新

为了得到更好的优化性能，必须根据公式(7-2)计算每一个样本点在接下来步骤中的速度。在速度更新的过程中，参数值应该预先被确定，在本节中权重函数用下面的公式计算[13]：

$$\omega=\omega_{\max}-\frac{\omega_{\max}-\omega_{\min}}{\mathrm{Iter}_{\max}}\times\mathrm{Iter} \tag{7-15}$$

其中，$\omega_{\max}$ 和 $\omega_{\min}$ 是初始权重和中止权重，$\mathrm{Iter}_{\max}$ 是最大迭代数，Iter 是当前迭代数。

#### 7.4.1.3 Pbest 和 Gbest 的更新

每一个初始样本点的 Pbest 的迭代更新是通过下面的式子计算的：

$$\begin{aligned}&\mathrm{Pbest}_i^{k+1}=X_i^{k+1}\ \text{,if}\ \ TC_i^{k+1}<TC_i^k\\&\mathrm{Pbest}_i^{k+1}=\mathrm{Pbest}_i^k\ \text{,if}\ \ TC_i^{k+1}>TC_i^k\end{aligned} \tag{7-16}$$

其中，$TC_i$ 是初始样本点的位置的目标评价函数。另外，Gbest 是在 $\mathrm{Pbest}_i^{k+1}$ 第 $k+1$ 次迭代中作为最佳位置设置的。

#### 7.4.1.4 中止迭代

在本文的算法中，迭代的中止是由最后的 Pearson 相关系数决定的，当 Pearson 相关系数高于某个临界值，迭代中止，这个临界值根据具体应用场景具体设定，一般介于 0.85~0.99。Pearson 相关系数计算方法如式(3-9)所示。

### 7.4.2 算法的收敛性对比

运用基于粒子群优化的盲源信号分离算法比基于比率矩阵聚类算法的效果更优，其优越性表现在收敛更快。为了描述收敛速度，采用参数 $E_{ct}$ 作为衡量标准，$E_{ct}$ 的计算方法如下[14]：

$$E_{ct}=\sum_{i=1}^{M}\left(\sum_{j=1}^{M}\frac{|c_{ij}|}{\max_k|c_{ik}|-1}\right)+\sum_{j=1}^{M}\left(\sum_{i=1}^{M}\frac{|c_{ij}|}{\max_k|c_{kj}|-1}\right) \tag{7-17}$$

分离性能如图 7.4 所示，深色曲线表示运用基于比率矩阵聚类算法进行盲源信号分离的性能，浅色曲线表示本文所提出的基于粒子群优化的盲源信号分离算法性能。从图 7.4 中可以看出，基于优化粒子群优化的盲源信号分离算法迭代次数为 40 次开始收敛，基于比率矩阵聚类算法在迭代次数为 80 次时才开始收敛。因此，本文提出的基于粒子群优化的盲源信号的收敛速度比基于比率矩阵聚类算法更快。

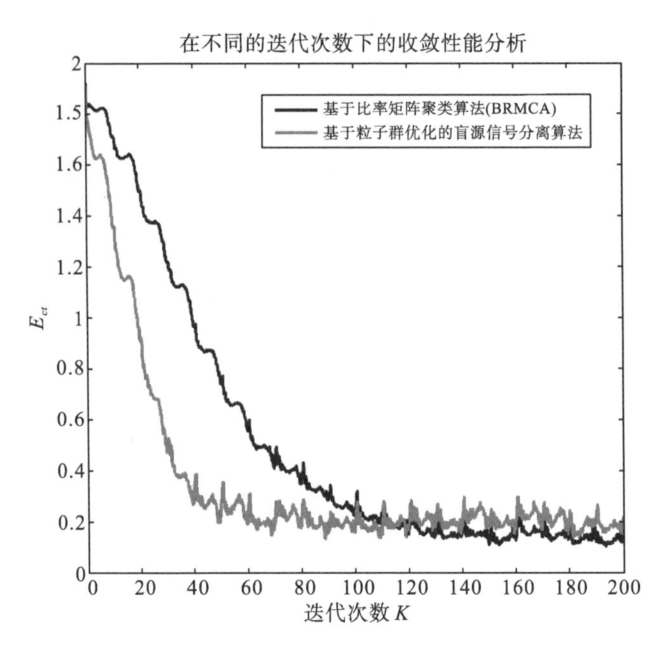


图 7.4 算法收敛性对比

### 7.4.3 算法鲁棒性分析

本节讨论基于粒子群优化的盲源信号分离算法的鲁棒性。在本文中，鲁棒性的衡量标准是当 Pearson 相关系数超过 0.95 是可接受的，所叙述的算法鲁棒性和算法敏感性不是一回事，算法的敏感性是分离性能受混合矩阵的影响的程度[15]。

在表 7.2 中，可以看出本文的算法具有最高的可接受范围的百分比，并且相对于其他算法具有较好的鲁棒性。本文进行了 100 次实验，传统的搜索和平均算法、FastICA 算法和 JADE 算法的 Pearson 相关系数超过 0.95 的次数分别是 88、86 和 92，而本文算法的 Pearson 相关系数超过 0.95 的次数是 98。从这个角度可以看出本文提出的算法具有比其他三个算法更好的鲁棒性[16]。

表 7.2 算法的鲁棒性比较

| 算法名称 | 实验结果 | | |
|---|---|---|---|
| | 实验次数 | 平均时间/s | Pearson 相关系数超过 0.95 的次数 |
| 基于粒子群优化的盲源信号分离算法 | 100 | 11.2 | 98 |
| SAMFD 算法 | 100 | 13.2 | 88 |
| FastICA 算法 | 100 | 10.2 | 86 |
| JADE 算法 | 100 | 11.6 | 92 |

## 7.5　仿真实验分析

本章验证本文所提算法的性能。在仿真实验中，处理的是混合信号的时频域数据。参数设置如下：采样率是 $f_b = 2\times10^5\text{Hz}$，传输比特率是 $R_b = 10^3\text{bps}$，调制频率是 $f_0 = 2\times10^3\text{Hz}$，比特数是 $m = 8$，原始信号数是 $M_K = 3$，接收天线数是 $R_K = 2$。

采样数据经过 K-means 聚类算法处理后，所有采样点都被分配到离它最近的聚类中心，图 7.5 给出了分类结果。图 7.5 中的横坐标和纵坐标的计算都是通过公式(7-8)计算出来的，可以看出最后的采样数据被分为三类，这和原始信号数 $M_K = 3$ 是一致的。

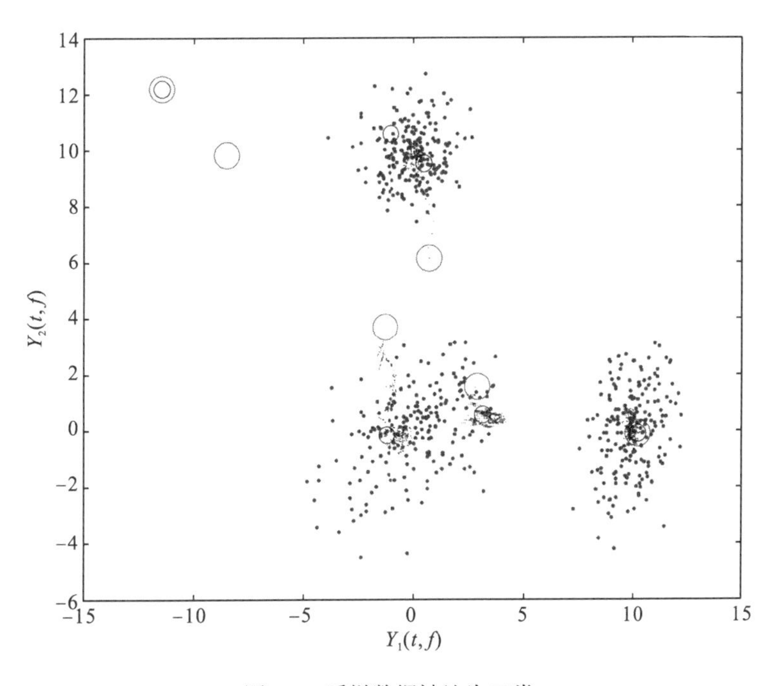


图 7.5　采样数据被认为三类

### 7.5.1　对比分析实验一

发射信号波形如图 7.6 所示，本文的目标是从这些混合信号中分离出每一个目标信号。在本组实验中，考虑高斯信道传输，混合信号在经过高斯信道后接收到的混合信号波形如图 7.7 所示。

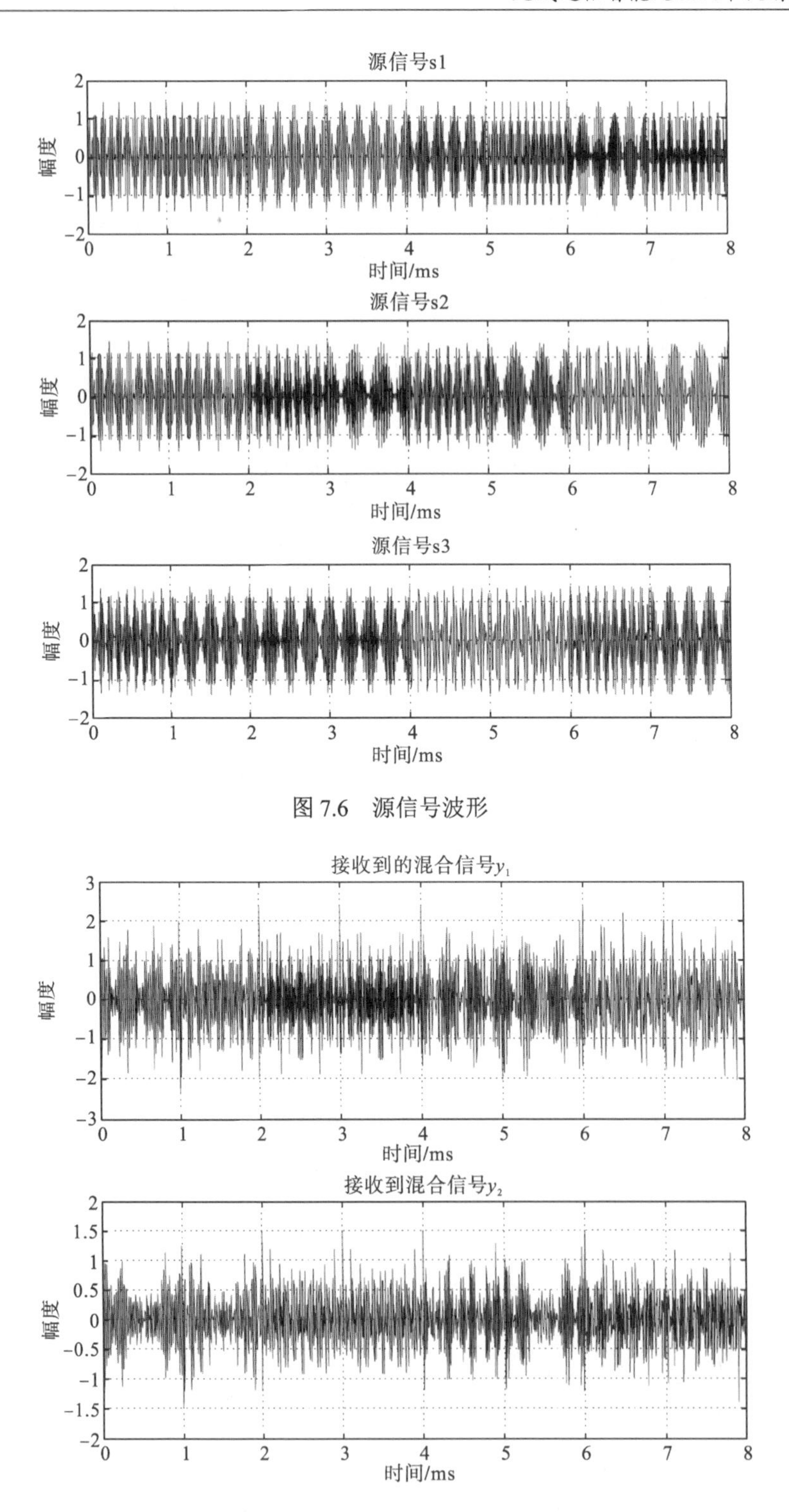


图 7.6 源信号波形



图 7.7 经过高斯信道后，接收到的混合信号波形

在图 7.6 到图 7.8 中，横坐标表示采样时间，纵坐标表示信号标准化后的幅度值，信号幅度值标准化公式为

$$\mathrm{Amp} = \boldsymbol{A} \cdot m(\boldsymbol{N}) \cdot \cos\left(2\pi \cdot \frac{f_c}{f_s} \cdot \boldsymbol{N}\right) \tag{7-18}$$

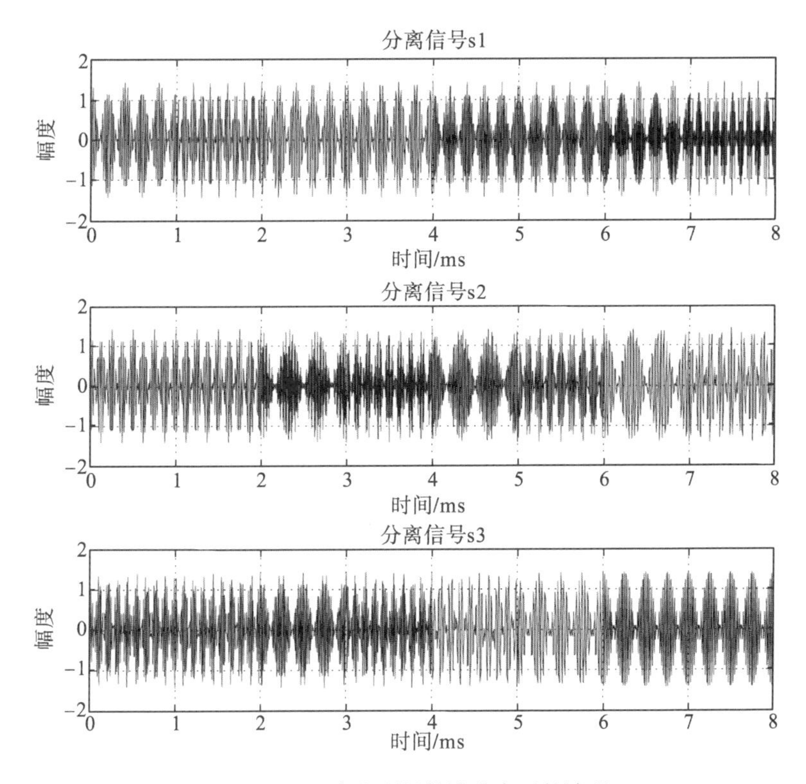


图 7.8　运用本文所提算法分离后的波形

应用本文所提出的算法进行盲源信号分离，分离后的波形在图 7.8 展示出来。从图中可以看出，分离后的波形和源信号波形非常相近。通过 Pearson 相关系数的评价标准对比图 7.6 和图 7.8 中的信号波形，并进一步和 JADE 算法对比分离性能[17]。Pearson 相关系数计算方法如式(3-9)所示，分离性能的结果如图 7.9 所示。

从图 7.9 中可以看出，运用本文所提出的算法可以把源混合信号有效地分离出来，当信噪比为 5～10dB 时，算法分离性能有大幅度的提升；当信噪比为 10dB 以上时，算法分离性能增长的幅度平缓，并且本文所提算法的性能比 JADE 算法更好，对噪声的敏感度也比 JADE 算法低。

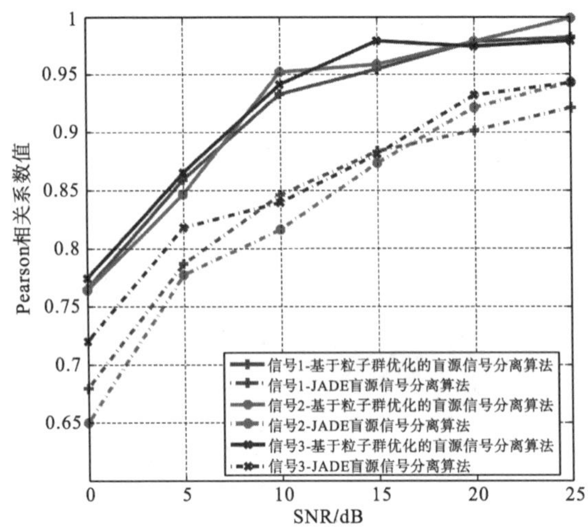


图 7.9 在不同的信噪比下基于粒子群优化的音源信号分离算法和 JADE 盲源信号分离算法的分离性能对比

### 7.5.2 对比分析实验二

从以上小节可以看出，运用本文所提的算法可以对邻星干扰中的混合信号进行有效的分离。接下来，用误差性能作为另一个衡量指标，再进一步分析本文所提算法的性能。

在接下来的误差性能分析中，将本章提出的算法和传统的基于比率矩阵聚类算法(classical based on the ratio matrix clustering algorithm，CBRMCA)对比盲源信号分离性能[18]。在对比实验中，本文采用 PI 值作为衡量标准，性能对比结果在图 7.10 中展示出来，PI 值的计算公式如公式(3-11)所示。

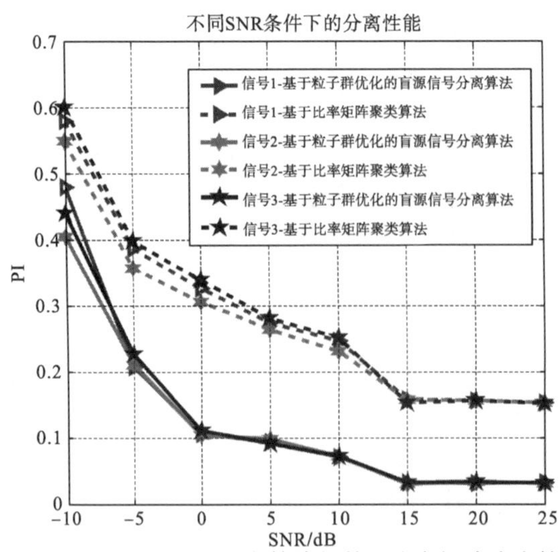


图 7.10 基于粒子群优化的盲源信号分离算法与基于比率矩阵聚类算法的 PI 性能对比

从图 7.10 中可以看出，当信噪比为 10dB 时分离性能会有一个大幅度提升，当信噪比为 15dB 时分离性能趋于稳定，并且本节所提算法比基于比率矩阵聚类算法具有更好的分离性能。

## 7.6 本章小结

在本章中，针对卫星通信中邻星干扰的问题，提出了一种新的盲源信号分离算法，以有效抑制邻星干扰信号。该算法是在 K-means 聚类算法和基于粒子群优化的盲源信号分离算法的基础上提出的。首先，通过计算每一个采样点的短时傅里叶变换得到样本信号的时频域信息。其次，运用 K-means 聚类算法对样本信号进行预处理，达到去噪和提高算法鲁棒性的目的。接着，根据粒子群优化算法的特点定义了新的迭代参数。在粒子群优化算法中，给出了新的参数 gather 和 $c_j$ 代替粒子群优化算法中局部最优参数 $Pb_{ij}(g)$ 和全局最优参数 $Gb_j(g)$，并且在本节中，重新定义了粒子的迭代速度公式 $v_{ij}(g)$。最后，本文通过仿真实验将 JADE 算法和基于比率矩阵聚类算法(BRMCA)做了比较，论证了本节所提算法的优越性。

## 参 考 文 献


[1] Tao X, Gong S G. Video behavior profiling for anomaly detection[J]. IEEE Transactions on Pattern Analysis and Machine Intelligence, 2008, 30(5): 893-908.

[2] Kourogiorgas C I, Arapoglou P D, Panagopoulos A D. Statistical characterization of adjacent satellite interference for earth stations on mobile platforms operating at Ku and Ka bands[J]. IEEE Wireless Communications Letters, 2015, 4(1): 82-85.

[3] Livieratos S, Ginis G, Cottis P G, et al. Availability and performance of satellite links suffering from interference by an adjacent satellite and rain fades[J]. IEEE Communication Proceedings, 1999, 146(1): 61-67.

[4] Kourogiorgas C I, Panagopoulos A D, Livieratos S N, et al. On the outage probability prediction of time diversity scheme in broadband satellite communication systems[J]. Progress in Electromagnetics Research C, 2013, 44(44): 175-184.

[5] 朱杰, 郎宏山. 邻星干扰对极轨气象卫星数据接收的影响[C]. 第 30 届中国气象学会年会, 北京, 2013: 1-7.

[6] 刘波. 新一代极轨气象卫星多星在轨运行通信链路的研究与分析[D]. 上海: 上海交通大学, 2013, 32-37.

[7] 谢继东，魏清，冯加骥. 同步轨道邻星干扰分析[J]. 南京邮电大学学报：自然科学版, 2013, 33(6): 29-34.

[8] Kanungo T, Mount D M. An efficient k-means clustering algorithm: analysis and implementation[J]. IEEE Transactions On Pattern Analysis and Machine Intelligence, 2002, 24(7): 881-892.

[9] Bergh F D, Andries P. A cooperative approach to particle swarm optimization[J]. IEEE Transactions on Evolutionary

Computation, 2004, 8(3): 225-239.

[10] Sun T Y, Liu C C, Tsai S J, et al. Cluster guide particle swarm optimization (CGPSO) for underdetermined blind source separation with advanced conditions[J]. IEEE Transactions on Evolutionary Computation, 2011, 15(6): 798-811.

[11] Liu C C, Sun T Y, Li K Y, et al. Blind sparse source separation using cluster particle swarm optimization technique[C]. Conference on Lasted International Multi-Conference: Artificial Intelligence & Applications 2007, 32(3): 549-217.

[12] Krishna K, Murty M N. Genetic k-means algorithm[J]. IEEE Systems, Man, And Cybernetics-Part B: Cybernetics, 1999, 29(3): 433-439.

[13] Jing L P, Michael K, Huang Z X. An entropy weighting k-means algorithm for subspace clustering of high-dimensional sparse data[J]. IEEE Transactions on Knowledge and Data Engineering, 2007, 19(8): 1026-1040.

[14] Lee K Y, Sharkawi M A. Modern heuristic optimization techniques with applications to power systems[J]. IEEE Power Engineering Society, 2002, 12(3): 132-145.

[15] Park J B, Lee K S, Shin J R, et al. A particle swarm optimization for economic dispatch with nonsmooth cost functions[J]. IEEE Transactions on Power Systems, 2005, 20(1): 34-42.

[16] Valle Y D, Venayagamoorthy G K. Particle swarm optimization: basic concepts, variants and applications in power systems[J]. IEEE Transactions on Evolutionary Computation, 2008, 12(2): 171-195.

[17] Parsopoulos K E, Vrahatis M N. On the computation of all global minimizers through particle swarm optimization[J]. IEEE Transactions on Evolutionary Computation, 2004, 8(3): 211-224.

[18] Bergh F V, Engelbrecht A P. A cooperative approach to particle swarm optimization[J]. IEEE Transactions on Evolutionary Computation, 2004, 8(3): 225-239.

# 8　阵列天线欠定接收盲辨识处理

本章考虑阵列天线接收中的欠定盲辨识问题，在实际的无线通信场景中，由于地理环境和天线成本的限制，接收天线的部署将遇到困难，此时易造成接收机天线少于发射机天线的情况，进而形成欠定接收模型。在未知先验信息的情况下，一般需要先进行盲辨识信道矩阵，才能进一步恢复源信号。对于在欠定接收模型中恢复源信号是一个比较棘手的问题，但是研究意义突出。本文将阵列天线欠定盲辨识问题等效为欠定盲源分离中混合矩阵估计问题来进行分析，提出了一种基于广义协方差张量分解的欠定盲辨识算法。通过利用广义协方差的统计和结构性质以及 Tucker 张量分解的压缩特征，实现了具有较低复杂度和辨识性能优良的欠定盲辨识算法，为进一步实现欠定盲源信号恢复提供了技术支持。

## 8.1　模型与问题描述

考虑 $P$ 个统计独立的窄带信源，被 $N$ 个传感器组成的天线阵列接收，接收的混合信号可以描述为[1-4]

$$\boldsymbol{x}(t)=\sum_{p=1}^{P}s_p(t)a_p+\boldsymbol{n}(t)=\boldsymbol{A}\boldsymbol{s}(t)+\boldsymbol{n}(t) \tag{8-1}$$

其中，随机向量 $\boldsymbol{x}(t)\in\boldsymbol{C}^N$ 表示传感器阵列观测的混合信号；随机向量 $\boldsymbol{s}(t)\in\boldsymbol{C}^P$ 表示源信号，$\boldsymbol{s}_p(t)$ 表示 $\boldsymbol{s}(t)$ 的第 $p$ 个分量；$\boldsymbol{A}$ 表示 $N\times P$ 的混合矩阵，描述了信源被传感器接收的信道传输特性，$a_p$ 表示混合矩阵的第 $p$ 个列向量；$\boldsymbol{n}(t)$ 表示零均值复高斯。盲辨识的目的是指从观测的混合信号 $\boldsymbol{x}(t)$ 中估计出混合矩阵 $\boldsymbol{A}$。当观测的传感器数目少于观测的信源数时（$N<P$），会形成欠定的接收混合模型，它是一种在无线通信中比较重要的接收模型，是盲源分离研究中的热点和难点。

欠定盲辨识是实现欠定盲源分离中源信号恢复至关重要的一步。现有的欠定盲辨识算法，可以大致分为两大类：

第一类是基于源信号稀疏性的聚类算法[1, 2]，需要源信号具有稀疏性或可以通过一些预处理变换得到稀疏源信号，如短时傅里叶变换、小波变换等。这类算法依据观测混合信号稀疏化后的散点图特点，利用聚类算法穷举搜索来估计混合向量空间。从算法复杂度看，代价较高，尤其当观测通道数大于 2 时，实现起来比较困难。另外，源的稀疏性要求一定程度上限制了此类算法在实际中的应用范围。

典型的代表性算法有 DUET 算法和 TIFROM。

第二类算法是基于统计特征代数结构的张量分解[3, 4]，这类算法借助张量模型分解的唯一性特征就能实现欠定混合矩阵辨识，不受源稀疏性的约束，应用范围更广。此类算法的一般原则是：首先，基于统计特征建立一系列核函数；接着，利用核函数堆叠三阶张量模型；最后，利用平行因子分解求混合矩阵。典型的代表算法有基于二阶协方差的二阶欠定混合盲辨识(second order blind identification of underdetermined mixtures，SOBIUM)[3]算法和基于四阶累积量的四阶欠定混合盲辨识(four order blind identification of underdetermined mixtures，FOBIUM)[4]算法。对于上述算法中的核函数建立，由于四阶累积量的估计较为复杂，且需要较长的采样，才能更好地提取统计信息；而二阶协方差又失去了四阶累积量的抗噪性。此外，为了更好地提取统计信息，需要大量核函数的建立，再利用平行因子分解，其实现的复杂度是比较高的。

基于提取更优的统计信息和降低上述算法的复杂度两方面的考虑，本文提出了两个新的策略。一方面，基于一种新的统计方式建立核函数，即广义协方差[5]，能够更好地从采样的数据中提取统计信息，它不仅含高阶的统计信息，而且维持着二阶协方差简单的二维数值结构；另一方面，塔克(Tucker)张量分解用于估计混合矩阵[6-9]。借助塔克分解，原来构建的张量模型被压缩为一个低维的核张量，再进行基于交替最小二乘的平行因子分解估计混合矩阵，可以有效减少计算量和运行时间，降低算法的复杂度。理论分析和仿真实验表明，与典型算法 SOBIUM 和 FOBIUM 相比，提出的算法 GCBIUM(广义协方差欠定混合盲辨识)在计算复杂度和辨识性能上具有改进的性能优势。

## 8.2 欠定盲辨识算法

本节首先介绍广义协方差的定义和性质，然后说明利用 Tucker 张量分解求混合矩阵，最后分析此算法的计算复杂度。

### 8.2.1 广义协方差理论

**定义：** 设随机变量 $\boldsymbol{x}\in \boldsymbol{C}^N$，映射函数 $g_1(\cdot):\boldsymbol{C}^N \to \boldsymbol{C}^{N_1}$ 和 $g_2(\cdot):\boldsymbol{C}^N \to \boldsymbol{C}^{N_2}$，那么 $g_1(\boldsymbol{x})$ 和 $g_2(\boldsymbol{x})$ 关于 $\boldsymbol{x}$ 在任意处理点 $\boldsymbol{\tau}\in \boldsymbol{C}^N$ 的广义互协方差定义为

$$\boldsymbol{\Psi}_x\left[g_1(\boldsymbol{x}),g_2(\boldsymbol{x});\boldsymbol{\tau}\right]\triangleq\eta_x\left[g_1(\boldsymbol{x})g_2^{\mathrm{H}}(\boldsymbol{x});\boldsymbol{\tau}\right]-\eta_x\left[g_1(\boldsymbol{x});\boldsymbol{\tau}\right]\eta_x^{\mathrm{H}}\left[g_2(\boldsymbol{x});\boldsymbol{\tau}\right] \tag{8-2}$$

对于相同的映射函数，即 $g_1(\boldsymbol{x})=g_2(\boldsymbol{x})=g(\boldsymbol{x})$，上式变为广义自相关函数表示，可简记为

$$\boldsymbol{\Psi}_x\left[g(\boldsymbol{x});\boldsymbol{\tau}\right]=\boldsymbol{\Psi}_x\left[g(\boldsymbol{x}),g(\boldsymbol{x});\boldsymbol{\tau}\right] \tag{8-3}$$

上述式(8-2)中的$\eta_x\left[g(\boldsymbol{x});\boldsymbol{\tau}\right]$为广义均值，定义为

$$\eta_x\left[g(\boldsymbol{x});\boldsymbol{\tau}\right]\triangleq\frac{E\left[g(\boldsymbol{x})\exp\left\{\boldsymbol{x}^{\mathrm{H}}\boldsymbol{\tau}\right\}\right]}{E\left[\exp\left\{\boldsymbol{x}^{\mathrm{H}}\boldsymbol{\tau}\right\}\right]} \tag{8-4}$$

其中，$E[\cdot]$表示数学期望，$(\cdot)^{\mathrm{H}}$表示共轭转置运算。当处理点取为$\mathbf{0}$向量时，广义协方差和广义均值变为常规的协方差和均值，具有相似的性质。当$g(\boldsymbol{x})=\boldsymbol{x}$时，广义协方差矩阵与$x$的第二广义特征函数在处理点①$\boldsymbol{\tau}$的Hessian矩阵相同。

下面说明两个需要用到的广义协方差性质，以便实现盲信号处理。

广义协方差的线性变换性和独立性：

(a)线性变换：设$\boldsymbol{A}\in\boldsymbol{C}^{N\times P}$和$\boldsymbol{n}\in\boldsymbol{C}^{N}$是线性变换矩阵和高斯随机向量，$\boldsymbol{s}\in\boldsymbol{C}^{P}$为随机变量，如果存在线性变换$\boldsymbol{x}=\boldsymbol{A}\boldsymbol{s}+\boldsymbol{n}$，那么可以得到广义协方差矩阵，即

$$\boldsymbol{\Psi}_x\left[\boldsymbol{x};\boldsymbol{\tau}\right]=\boldsymbol{A}\boldsymbol{\Psi}_s\left[\boldsymbol{s};\boldsymbol{A}^{\mathrm{H}}\boldsymbol{\tau}\right]\boldsymbol{A}^{\mathrm{H}}\in\boldsymbol{C}^{N\times N} \tag{8-5}$$

(b)独立性：如果$\boldsymbol{s}\in\boldsymbol{C}^{P}$是统计独立的，对所有存在的处理点$\boldsymbol{\tau}$，$\boldsymbol{\Psi}_s\left[\boldsymbol{s};\boldsymbol{\tau}\right]$或$\boldsymbol{\Psi}_s\left[\mathrm{s};\boldsymbol{A}^{\mathrm{H}}\boldsymbol{\tau}\right]$是一个对角矩阵。

## 8.2.2 Tucker 分解估计混合矩阵

根据上述说明的广义协方差矩阵的性质，可以建立核函数，它描述了混合矩阵和观测混合信号广义协方差矩阵间的函数关系，表示如式(8-5)所示。核函数是构建联合对角化模型的重要函数，是基于源信号统计特征得到的，核函数的选择会影响统计信息的提取，进而影响到算法的性能，如协方差、累积量和本文使用的广义协方差等。例如来自不同时延的协方差矩阵$\boldsymbol{\Psi}_x[\boldsymbol{\tau}]=\boldsymbol{A}\boldsymbol{\Psi}_s[\boldsymbol{\tau}]\boldsymbol{A}^{\mathrm{H}}$，其中$\boldsymbol{\Psi}_s[\boldsymbol{\tau}]=E\left[\boldsymbol{s}(\boldsymbol{t})\boldsymbol{s}(\boldsymbol{t}+\boldsymbol{\tau})^{\mathrm{H}}\right]$是对角矩阵。

结合本文考虑的广义协方差，为了简洁性，省略了公式(8-5)括号中的随机变量$\boldsymbol{s}$，简化表示为[5]

$$\boldsymbol{\Psi}_x\left[\boldsymbol{x};\boldsymbol{\tau}\right]=\boldsymbol{A}\boldsymbol{\Psi}_s\left[\boldsymbol{A}^{\mathrm{H}}\boldsymbol{\tau}\right]\boldsymbol{A}^{\mathrm{H}} \tag{8-6}$$

式(8-5)和式(8-6)是等价的，且$\boldsymbol{\Psi}_s\left[\boldsymbol{s};\boldsymbol{A}^{\mathrm{H}}\boldsymbol{\tau}\right]$是对角矩阵。考虑使用$K$个不同处理点$\boldsymbol{\tau}_1,\ldots,\boldsymbol{\tau}_K$的核函数提取统计信息，用于建立张量分解模型，表示如下：

---

① “处理点”是一个翻译词，英文为“processing points”。它的物理含义是指：广义特征函数为$\phi_x(\boldsymbol{\tau})=E\left[\exp\left(\boldsymbol{x}^{\mathrm{T}}\boldsymbol{\tau}\right)\right]$，其中$\boldsymbol{x}\in\boldsymbol{R}^{K}$，$\boldsymbol{\tau}\in\boldsymbol{R}^{K}$，第二广义特征函数为$\varphi_x(\boldsymbol{\tau})=\log\phi_x(\boldsymbol{\tau})$，当在$\boldsymbol{\tau}\neq 0$计算$\varphi_x(\boldsymbol{\tau})$的泰勒级数展开时，此时$\boldsymbol{\tau}$定义为“处理点”。而在$\boldsymbol{\tau}=0$时，$\varphi_x(\boldsymbol{\tau})$的泰勒级数展开的系数可以得到一般的协方差和累积量。$\boldsymbol{\tau}\neq 0$相当于对原有的定义进行了推广，因此可得广义的协方差信息。

$$\begin{cases} \boldsymbol{\Psi}_x^1 = \boldsymbol{\Psi}_x(\boldsymbol{\tau}_1) = \boldsymbol{A}\boldsymbol{\Psi}_s(\boldsymbol{A}^{\mathrm{H}}\boldsymbol{\tau}_1)\boldsymbol{A}^{\mathrm{H}} \\ \vdots \\ \boldsymbol{\Psi}_x^K = \boldsymbol{\Psi}_x(\boldsymbol{\tau}_K) = \boldsymbol{A}\boldsymbol{\Psi}_s(\boldsymbol{A}^{\mathrm{H}}\boldsymbol{\tau}_K)\boldsymbol{A}^{\mathrm{H}} \end{cases} \tag{8-7}$$

将式(8-7)中的 $\boldsymbol{\Psi}_x^1,\cdots,\boldsymbol{\Psi}_x^K$ 堆叠为张量 $\boldsymbol{M}\in\boldsymbol{C}^{N\times N\times K}$，其中张量的元素值为 $(\boldsymbol{M})_{ijk} \triangleq (\boldsymbol{\Psi}_x^k)_{ij}$，$i=1,\cdots,N$，$j=1,\cdots,N$ 和 $k=1,\cdots,K$。定义矩阵 $\boldsymbol{D}\in\boldsymbol{C}^{K\times P}$，元素值表示为 $(\boldsymbol{D})_{kp} \triangleq (\boldsymbol{\Psi}_s(\boldsymbol{A}^{\mathrm{H}}\boldsymbol{\tau}_k))_{pp}$，$k=1,\cdots,K$，$p=1,\cdots,P$，表示矩阵 $\boldsymbol{D}$ 的第 $k$ 行第 $p$ 列的元素是对角矩阵 $\boldsymbol{\Psi}_s(\boldsymbol{A}^{\mathrm{H}}\boldsymbol{\tau}_k)$ 的第 $(p,p)$ 个元素。$\boldsymbol{M}$ 的张量分解表示如下：

$$(\boldsymbol{M})_{ijk} = \boldsymbol{m}_{ijk} = \sum_{p=1}^{P}\boldsymbol{a}_{ip}\boldsymbol{a}_{jp}^{*}\boldsymbol{d}_{kp} \tag{8-8}$$

上式可以进一步表示乘向量外积形式，即

$$\boldsymbol{M} = \sum_{p=1}^{P}\boldsymbol{a}_p \circ \boldsymbol{a}_p^{*} \circ \boldsymbol{d}_p \tag{8-9}$$

其中，$\boldsymbol{a}_{ip}$ 是混合矩阵 $\boldsymbol{A}$ 的元素；$(\cdot)^*$ 表示共轭；o 表示向量外积；$\{\boldsymbol{a}_p\}$ 和 $\{\boldsymbol{d}_p\}$ 分别是 $\boldsymbol{A}$ 和 $\boldsymbol{D}$ 的列向量。式(8-9)是张量 $\boldsymbol{M}$ 分解为 $P$ 个秩 1 分量之和，称为平行因子分解(parallel factor model，PARAFAC)或规范/标准分解(canonical decomposition，CANDECOMP)，可以简称为 CP 分解，如图 8.1 所示[3, 4]。式(8-9)中，各个秩 1 分量是不同的信源成分在 $\boldsymbol{M}$ 中的体现。由此，信源分离意味着计算式(8-9)的张量分解形式，只要保证其是唯一性分解的，就可以辨识出混合矩阵。张量分解的唯一性条件需要矩阵的 Kruskal 秩概念，即矩阵存在任意的 $k$ 列最大线性无关组。

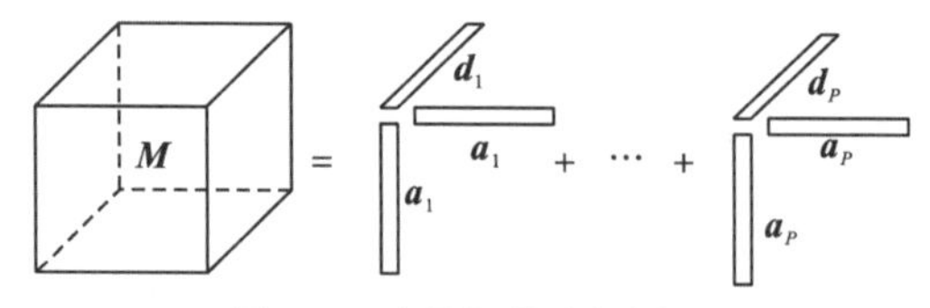


图 8.1　张量规范分解图示

式(8-9)的唯一性分解条件，当且仅当满足下列秩条件：

$$2k(\boldsymbol{A}) + k(\boldsymbol{D}) \geqslant 2(P+1) \tag{8-10}$$

其中，$k(\cdot)$ 表示矩阵的 Kruskal 秩。标准的计算式(8-9)的分解方法是交替最小二乘(alternating squares，ALS)算法，即最优化代价函数的形式为

$$\min_{\boldsymbol{A},\boldsymbol{D}}\left\|\boldsymbol{M} - \sum\nolimits_{p=1}^{P}\boldsymbol{a}_p \circ \boldsymbol{a}_p^{*} \circ \boldsymbol{d}_p\right\|_F^2 \tag{8-11}$$

为了保证分解算法具有强健的性能，不论是在基于协方差矩阵或四阶累积量，还是在本节所提的广义协方差矩阵建立核函数构建张量 $\boldsymbol{M}$ 时，为了聚集更多的统

计信息，$K$ 的取值一般较大。但是，较大的 $K$ 值会导致计算量过高，提高了算法的复杂度和收敛速度。

为了保证统计信息的完善和降低计算复杂度，本节首先用 Tucker 分解将张量 $\boldsymbol{M}$ 压缩成一个核张量，再进行标准的 CP 分解。Tucker 分解相当于三维的主成分分析，可以保证信息的完整性，不影响分离效果，可以降低计算复杂度。Tucker 分解处理中，由广义协方差矩阵 $\boldsymbol{\Psi}_x(\tau_k),k=1,\cdots,K$ 组成的张量 $\boldsymbol{M}$ 被压缩。由于混合矩阵 $\boldsymbol{A}$ 是列满秩的和广义协方差矩阵 $\boldsymbol{\Psi}_s\left(\boldsymbol{A}^{\mathrm{H}}\tau_k\right)$ 是对角的，张量 $\boldsymbol{M}$ 按三个维度展开的模 1、模 2 和模 3 矩阵分别表示为 $\boldsymbol{M}_{(1)}\in\boldsymbol{C}^{N\times NK}$、$\boldsymbol{M}_{(2)}\in\boldsymbol{C}^{N\times NK}$ 和 $\boldsymbol{M}_{(3)}\in\boldsymbol{C}^{K\times NN}$。$\boldsymbol{M}_{(n)}$，$n=1, 2, 3$ 矩阵的秩称为张量 $\boldsymbol{M}$ 的 $n$-秩，其中 $\boldsymbol{M}_{(1)}$ 和 $\boldsymbol{M}_{(2)}$ 的秩表示如下：

$$\operatorname{rank}_n(\boldsymbol{M})=\operatorname{rank}\left(\boldsymbol{M}_{(n)}\right)=N(n=1,2) \tag{8-12}$$

其中，$\operatorname{rank}_3(\boldsymbol{M})=\operatorname{rank}\left(\boldsymbol{M}_{(3)}\right)=L$，$L\leqslant K$，则 $\boldsymbol{M}$ 是一个秩-$(N,N,L)$ 张量。此时，张量的 Tucker 分解中固定两个因子矩阵为单位矩阵，称为 Tucker-1 分解，分解形式如图 8.2 所示。

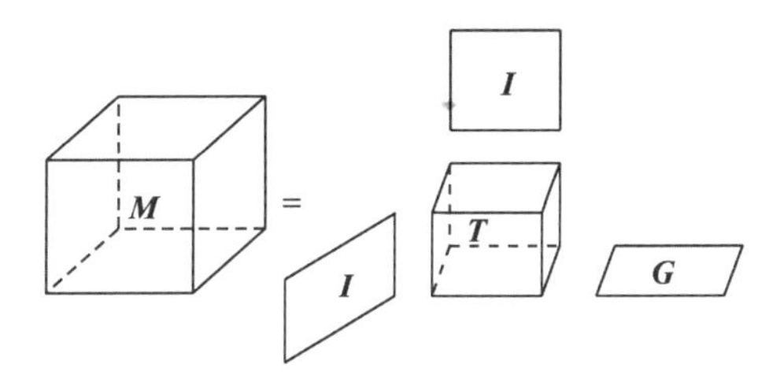


图 8.2 张量 Tucker 分解图示

$$\boldsymbol{M}=\boldsymbol{T}\times_1\boldsymbol{I}\times_2\boldsymbol{I}\times_3\boldsymbol{G} \tag{8-13}$$

其中，$\times_n,n=1, 2, 3$ 表示张量的 $n$ 模乘；$\boldsymbol{T}\in\boldsymbol{C}^{N\times N\times L}$ 称为核张量；$\boldsymbol{I}$ 是 $N\times N$ 的单位矩阵；$\boldsymbol{G}\in\boldsymbol{C}^{K\times L}$ 是列酉矩阵；上式可以等价于一个二维的主成分分析，因为

$$\boldsymbol{M}_{(3)}=\boldsymbol{G}\times\boldsymbol{T}_{(3)} \tag{8-14}$$

$\boldsymbol{T}_{(3)}\in\boldsymbol{C}^{L\times NN}$ 是核张量 $\boldsymbol{T}$ 的模 3 矩阵。$\boldsymbol{G}\in\boldsymbol{C}^{K\times L}$ 包含了 $\boldsymbol{M}_{(3)}$ 的 $L$ 个左奇异向量。因为 $K>L$，$\boldsymbol{G}$ 是列酉正交矩阵，所以可以直接推导得到

$$\boldsymbol{T}_{(3)}=\boldsymbol{G}^{\mathrm{H}}\times\boldsymbol{M}_{(3)} \tag{8-15}$$

因此，核张量可以表示为

$$\boldsymbol{T}=\boldsymbol{M}\times_1\boldsymbol{I}\times_2\boldsymbol{I}\times\boldsymbol{G}^{H} \tag{8-16}$$

因为式(8-13)的 Tucker 分解的第一和第二因子矩阵是单位矩阵，核张量 $\boldsymbol{T}$ 也是一个对称张量，同张量 $\boldsymbol{M}$ 与式(8-9)的分解形式相似，核张量的规范分解如下：

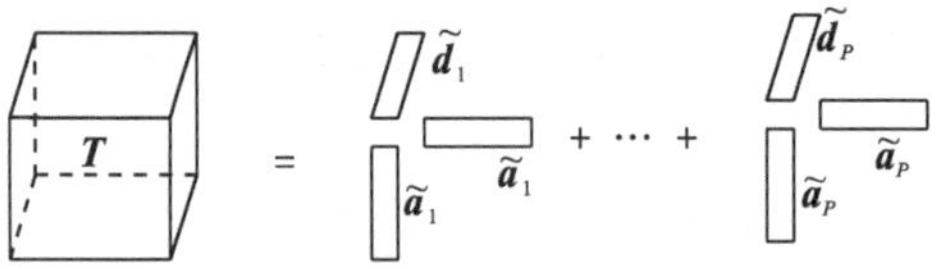

图 8.3　核张量标准分解图示

$$\boldsymbol{T}=\sum_{p=1}^{P}\tilde{\boldsymbol{a}}_P\circ\tilde{\boldsymbol{a}}_p^*\circ\tilde{\boldsymbol{d}}_P \tag{8-17}$$

其中，$\tilde{\boldsymbol{a}}_p$ 和 $\tilde{\boldsymbol{d}}_p$ 分别是矩阵 $\tilde{\boldsymbol{A}}$ 和 $\tilde{\boldsymbol{D}}$ 的第 $p$ 列，所以核张量求出了 $\tilde{\boldsymbol{A}}$，然而为了辨识混合矩阵 $\boldsymbol{A}$，需要从 $\tilde{\boldsymbol{A}}$ 解压缩出 $\boldsymbol{A}$。注意到 Tucker-1 分解是固定第一和第二因子矩阵是单位矩阵的，所以可以简化解压缩直接还原得到混合矩阵，即

$$\boldsymbol{A}=\boldsymbol{I}\tilde{\boldsymbol{A}}=\tilde{\boldsymbol{A}} \tag{8-18}$$

基于广义协方差矩阵欠定盲辨识算法，实现流程可以归纳为图 8.4 所示：

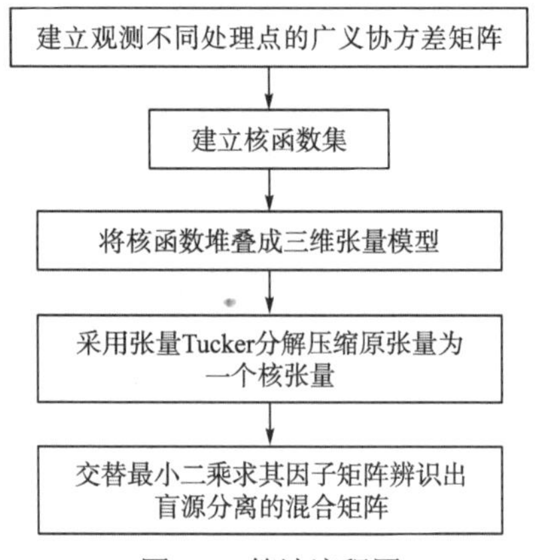


图 8.4　算法流程图

### 8.2.3　算法复杂度分析

在此小节，运用理论分析所提算法的计算复杂度。一方面，考虑核函数来自不同的统计代数结构。本文所提的算法 GCBIUM 和经典的 SOBIUM 算法都是来自二维的代数结构，分别是广义协方差和协方差。FOBIUM 为四维的代数结构，即累积量。从核函数观点看，提出算法 GCBIUM 和 SOBIUM 具有相当的复杂度，FOBIUM 复杂度较高。另一方面，考虑标准 CP 分解和 Tucker 分解。对于张量 $\boldsymbol{M}\in\boldsymbol{C}^{N\times N\times K}$，执行 CP 标准分解，交替最小二乘每次迭代的复杂度为 $O\left(3PKN^2+NKP^2+N^2P^2\right)$；然而，张量的 $\boldsymbol{M}\in\boldsymbol{C}^{N\times N\times K}$ 的 Tucker 分解，通过对其模 3 矩阵 $\boldsymbol{M}_{(3)}$ 的奇异值分解，复杂度为 $O\left(N^6\right)$；压缩后的核张量的分解，使用交替最小二乘的迭代的复杂度为 $O\left(3PLN^2+NLP^2+N^2P^2\right)$。下一节仿真实验中，

Tucker 分解比直接标准 CP 分解运行时间减少 60%左右。

值得注意的是，为了聚集充分的统计信息，不管是 SOBIUM 和 FOBIUM 算法，还是 GCBIUM 算法，$K$ 的取值一般较大，然而通过 Tucker 压缩后，核张量秩中 $L$ 比 $K$ 小了很多，而且 Tucker 压缩处理只需一次奇异值分解，相对于交替最小二乘则需要多次的迭代达到收敛，单次奇异值分解相对多次迭代，可以不计，降低了计算复杂度。例如，张量 $\boldsymbol{M}$ 具有 $5\times5\times100$ 维数的，即 $K=100$，在压缩的核张量 $\boldsymbol{T}$ 具有 $5\times5\times8$ 维数，即 $L=8$，因此复杂度降低了。从上述分析可知，提出的 GCBIUM 算法比 SOBIUM 和 FOBIUM 算法具有更低的计算复杂度。下面通过仿真实验分析提出算法的盲辨识性能，证明提出算法的有效性。

## 8.3 仿真实验分析

为了验证提出算法 GCBIUM 的有效性，采用计算机仿真分析方法。为了比较性能，将所提算法与 SOBIUM 和 FOBIUM 算法进行分析对比。以混合矩阵估计的相对误差为性能指标，分别在不同符号长度和不同信噪比条件分析性能。混合矩阵相对误差性能指标定义为[4]

$$PI=E\left\{\left\|\boldsymbol{A}-\hat{\boldsymbol{A}}\right\|_{\mathrm{F}}\Big/\left\|\boldsymbol{A}\right\|_{\mathrm{F}}\right\} \tag{8-19}$$

其中，$\hat{\boldsymbol{A}}$ 表示估计的混合矩阵。

为了对比算法性能的方便性，本文考虑使用与以往研究[3, 4]中相同的参数设定。设窄带信源数 $P=5$，被一个传感器数 $N=4$ 半径为 $R_a$ 的均匀圆阵接收。考虑自由空间传播模型，混合矩阵的模型为

$$a_{jq}=\exp\left(2\pi i\left(\alpha_j\cos\left(\theta_q\right)\cos\left(\phi_q\right)+\beta_j\cos\left(\theta_q\right)\sin\left(\phi_q\right)\right)\right)$$

其中，$i=\sqrt{-1}$，$\alpha_j=\left(R_a/\lambda\right)\cos\left(2\pi\left(j-1\right)/J\right)$ 和 $\beta_j=\left(R_a/\lambda\right)\ \sin\left(2\pi\left(j-1\right)/J\right)$；$R_a/\lambda=0.55$。

标准化的混合矩阵 $\boldsymbol{A}$ 通过 $\boldsymbol{A}$ 中各列除以各自的 Frobenius 范数。信源是单位方差的 QPSK 信号，具有均匀分布，升余弦成型滤波，滚降因子为 0.3，4 倍过采样，即采样个数是信号符号个数的 4 倍。不同源的来波方向参数分别设定如下：$\theta, \phi$ 分别表示均匀圆阵中信号源的俯角和方位角

$$\theta_1=3\pi/10\text{，}\ \theta_2=3\pi/10\text{，}\ \theta_3=2\pi/5\text{，}\ \theta_4=\pi/5\text{，}\ \theta_5=\pi/10$$
$$\phi_1=7\pi/10\text{，}\ \phi_2=9\pi/10\text{，}\ \phi_3=3\pi/5\text{，}\ \phi_4=4\pi/5\text{，}\ \phi_5=3\pi/5$$

考虑观测信号受到零均值的复高斯白噪声影响。取 $K=100$ 个不同处理点 $\tau$，其随机来自于区间[−1,1]，进行 100 次蒙特卡罗仿真实验。

如图 8.5 所示，图中显示了不同信噪比条件下，广义协方差欠定混合盲辨识 GCBIUM 算法与 SOBIUM 和 FOBIUM 算法的相对误差性能曲线，其中数据符号

(QPSK)个数为1000。由图2.18中所示性能曲线可以得知，提出算法的混合矩阵辨识性能优于SOBIUM算法和FOBIUM算法。值得注意的是，因为统计信息的估计比较敏感，数据符号长度和信噪比水平影响了性能。

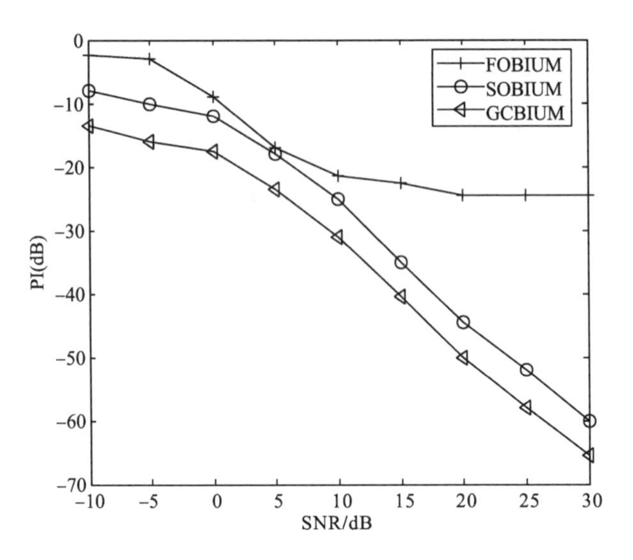


图8.5　不同信噪比条件下的相对误差性能

如图8.6所示，图中显示了采用不同符号数条件时，三种欠定盲辨识算法的相对误差性能曲线，信噪比为10dB。根据图8.6的性能曲线可以得知：在较长符号数情况下FOBIUM优于SOBIUM算法；随着符号数的变大，提出的算法GCBIUM与FOBIUM有着相近的性能。

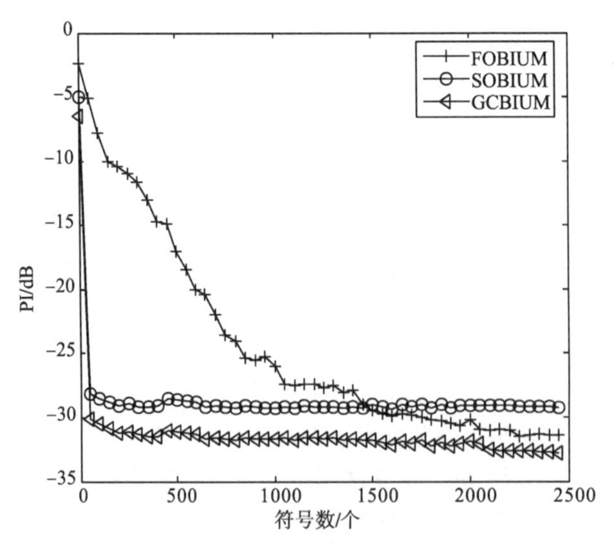


图8.6　不同符号个数条件相对误差性能

综合上述性能对比，可以总结性能结果原因如下：首先，与 SOBIUM 和本文所提算法 GCBIUM 相比，FOBIUM 算法中四阶累积量的估计需要较多的采样值(数据量)聚集统计信息，才能达到有效的性能，否则会造成统计信息估计的误差，进而造成算法的性能恶化。但是数据采样多会造成复杂度的增加，也会影响算法执行的实时性。所以图 8.5 中，在短数据符号条件下，FOBIUM 的估计性能最差。其次，四阶累积量具有不敏感于高斯噪声的性能，随着符号数的增加，统计信息提取越加完善，比起 SOBIUM 算法性能会改善，出现如图 8.5 中所示的，在 1500 个符号数后 FOBIUM 算法估计性能优于 SOBIUM 算法。最后，GCBIUM 算法基于广义协方差矩阵能够更好地提取统计信息，而且含有高阶统计的信息，能够有效平衡算法复杂度和性能，能够优化混合矩阵的估计性能。

## 8.4 本章小结

结合阵列天线欠定接收盲信道估计应用场景，本章将其建模为欠定盲分离模型中混合矩阵盲辨识问题，考虑一种新型的统计工具和塔克张量分解，提出一种基于广义协方差矩阵的新辨识算法。利用广义协方差矩阵建立核函数，比起基于协方差矩阵和四阶累积量的核函数，能更好地提取统计信息，改善盲辨识的性能。利用塔克张量分解可以有效降低计算复杂度，优于直接使用规范张量分解的计算复杂度。仿真实验验证了算法的有效性。

## 参考文献

[1] Sha Z C, Huang Z T, Zhou Y Y, et al. Frequency-hopping signals sorting based on underdetermined blind source separation[J]. IET Communications, 2013, 7(14): 1456-1464.

[2] Tengtrairat N, Woo W L. Extension of DUET to signal-channel mixing model and separability analysis[J]. Signal Processing, 2014, 96: 261-265.

[3] Lathauwer L D, Joséphine. Blind identification of underdetermined mixtures by simultaneous matrix diagonalization[J]. IEEE Transactions on signal Processing, 2008, 56(3): 1097-1105.

[4] Ferréol A, Albera L, Chevalier P. Fourth order blind identification of underdetermined mixtures of sources (FOBIUM)[J]. IEEE Transactions on Signal Processing, 2005, 53(5): 1640-1653.

[5] Slapak A, Yeredor A. Charrelation and charm: generic statistics incorporating higher-order information[J]. IEEE Transactions on Signal Processing, 2012, 60(10): 5089-5106.

[6] 张延良, 楼顺天, 张伟涛. 欠定盲源分离混合矩阵估计的张量分解方法[J]. 系统工程与电子技术, 2011, 33(8): 1703-1706.

[7] Luciani X, De Almeida A L F, Comon P. Blind identification of underdetermined mixtures based on characteristic

function: The complex case[J]. IEEE Transactions on Signal Processing, 2011, 32(2): 540-553.

[8] Gu F L, Zhang H, Wang W W, et al. Generalized generating function with tucker decomposition and alternating least squares for underdetermined blind identification[J]. EURASIP Journal on Adavances in Signal Processing, 2013, 124: 1-9.

[9] Zhou G X, Cichocki A. Fast and unique tucker decompositions via multiway blind source separation[J]. Bulletin of the Polish Academy of Sciences: Technical Sciences, 2013, 60(3): 1-17.

# 9 总结与展望

## 9.1 总结

机器学习是人工智能的核心理论，是实现无线通信智能化信息处理的关键技术。机器学习理论包含监督学习和无监督学习机制，以及强化学习和深度学习机制。伴随着人工智能技术的不断发展，机器学习已经成为现今的研究热点，在智能无线通信的发展中起到了重要的促进作用。

本书主要探讨了无监督学习机制盲源分离理论在多种无线通信系统中的自适应接收和干扰消除智能化处理。盲源分离作为一种功能强大和通用型自适应信号处理方法，它可以仅从观测的混合信号中依据源信号的统计特征将源信号分离或提取出来，是未来无线通信系统提高频谱效率和抗干扰能力必不可少的方法之一，尤其在卫星通信和军事通信领域中，盲源分离技术有着重要的研究价值。在频谱拥挤和干扰环境复杂的卫星和军事通信场景中，利用“盲”的技术特征，可以使得接收端对通信中先验信息的需求降低，也可以避免通信时频繁发送导频信息，使得无线通信系统具备了自适应的通信能力，从而为其提供智能化处理的技术支撑。

为了优化和增强无线通信系统性能，达到提高其频谱效率和抗干扰能力的自适应处理目标，本专著对无线通信盲源分离关键技术问题展开了理论与方法的研究。本书的主要研究内容是利用盲源分离理论与方法来辅助无线通信系统的智能化接收处理和干扰消除，同时权衡算法在系统中执行的性能和实现的复杂度，结合无线通信未来发展高频谱效率和抗干扰的需求，主要包括 DS-CDMA 系统中盲信号分离方法、跳频系统中盲信号分离方法、OFDM 系统盲自适应源信号恢复、MIMO 系统中的盲接收处理和全双工认知系统中的频谱感知，以及卫星通信系统中的邻星干扰消除和阵列天线欠定接收盲辨识方法，实现了优化和增强无线通信系统性能的目的。本研究的成果具体可以从以下几个方面概述：

第一，DS-CDMA 系统中的盲信号分离方法研究方面，提出了两种盲分离检测算法。

虽然 DS-CDMA 在现今的移动通信中并非主流技术，但是由于其技术优势特点在卫星和军事通信领域仍然有着重要的应用价值，一直是研究者们重点关注的领域。考虑到 DS-CDMA 系统需要实时的盲分离处理，提出了一种基于广义协方差的 DS-CDMA 系统盲自适应接收方法，实现了盲用户分离检测和盲扩频码估计。

该算法利用广义协方差矩阵计算的简单性和提取统计信息的有效性来进一步增强盲分离检测性能，实现短数据块条件下的实时分离处理。该算法利用广义协方差矩阵的性质构建联合对角化的代价函数，利用联合对角化方法实现分离矩阵求取。理论分析和仿真实验表明，在较短数据块和较低信噪比条件下，提出的盲分离检测方法具有较好的性能优势。

针对 DS-CDMA 系统特征序列波形存在参数不匹配参数误差问题，提出了一种基于二阶锥规划的 DS-CDMA 盲多用户分离检测方法。考虑参数误差是由信道衰落或时间异步引起的，研究对抗不匹配参数误差问题具有重要的研究价值。二阶锥规划盲检测方法是基于二阶锥规划负熵最大化原理，采用牛顿迭代最优化实现盲多用户检测的方法，可以简称为 SOC-FastICA。研究的 SOC-FastICA 检测方法能够提供强健的对抗不匹配参数误差的性能，而且具有较低的实现复杂度。

第二，跳频系统中盲信号分离处理研究方面，提出了正交体制和非正交体制下跳频信号混合的欠定盲分离处理方法。

考虑跳频信号混合模型：①在时频域中，源混合信号满足正交；②源混合信号中各信号的能量差异尽可能大。基于上述两个假设，首先，通过计算每个采样点的短时傅里叶变换（STFT）来获得源混合信号的时频域数据。其次，根据采样信号的时频域数据特征构建代价函数对 $(\rho,\delta)$ 和决策坐标系统。在决策坐标系统中，根据对采样点数据的分类结果可以判断出源混合信号的数量，根据欧几里得距离将每个采样点数据分配给最近的聚类中心，进而完成盲源信号分离。

考虑非正交跳频信号欠定盲源信号分离问题，提出把采样信号分为两类：一类是没有发生碰撞的采样信号，这类采样信号组成一个样本空间，对于这类信号可以采用密度聚类盲分离（DCBS）算法进行分离；另一类是产生碰撞的采样信号，由于每个采样点的能量值都是几个信号能量之和。因此，不能直接运用聚类的方法进行盲源信号分离。对此类采样信号构造代价函数，把盲源信号分离问题转化为优化问题，用最陡下降法完成了代价函数的优化。通过所提的匹配优化盲分离（MOBS）算法完成了非正交跳频信号的盲源信号分离。

第三，OFDM 系统中的盲源信号分离方法研究方面，提出了两种 OFDM 盲自适应干扰抑制与源恢复方法。

针对 OFDM 系统中参数估计烦琐和参数估计误差影响性能的问题，提出了一种基于 ICA 实现盲自适应同步接收的方法。基于 ICA 的盲分离方法，可以有效克服 CFO 估计和信道估计偏差造成的源信号性能受损的缺点。研究理论和实验分析表明，提出的 ICA 辅助接收机可以有效地去除 CFO 的不利影响。通过利用 ICA 载波频率同步与均衡处理，CFO 估计、信道估计和使用导频序列估计的步骤皆可以免除，从而使系统得到简化，频谱效率得到保证。

针对基于张量分解 OFDM 盲接收处理方法的复杂度与性能失衡问题，提出了基于 Vandermonde 约束张量分解的盲接收方法，用于实现 OFDM 多天线接收系统的载波频率同步和源信号恢复。与传统的无约束张量分解 PARAFAC 算法相比，本文通过考虑 OFDM 接收模型中 Vandermonde 结构的约束条件，得到了宽松的唯一性张量分解条件和低计算复杂度的代数型张量分解方法，实现了更为有效的盲载波同步传输性能。

第四，MIMO 系统盲源分离理论研究方面，提出了三种适用的盲自适应接收处理方法。首先，引入了一种误码率指标约束用于增强盲源分离抗噪声性能，用于 MIMO 系统源信号分离。然后，针对 MIMO 无线信道不匹配问题，研究了一种二阶锥约束盲分离机制，达到了提高通信信号盲分离性能的效果。最后，对大规模 MIMO 系统中出现的高维矩阵的盲分离问题进行了探讨，提出了简化累积量的联合对角化方法。

第五，设计了一种单天线接收的全双工认知系统模型，并提出了基于指导型盲源分离的频谱感知方案用于实现全双工认知。本文提出的方案设计感知和传送数据同位置配置，利用已知的次用户发送信号作为指导信号，辅助构建盲分离模型，分离处理后，通过相关性处理识别次用户信号，再通过非高斯准则判决主用户的活动状态。该方法避免了信道估计和同步处理，具有较强的适应性和灵活性，与常规的自干扰消除类算法相比具有较优越的性能。

第六，针对卫星通信中邻星干扰的问题，提出了一种新的盲源信号分离算法，以有效抑制邻星干扰信号。该算法是在 K-means 聚类算法和基于粒子群优化的盲源信号分离算法的基础上提出的。首先，通过计算每一个采样点的短时傅里叶变换得到样本信号的时频域信息。其次，运用 K-means 聚类算法对样本信号进行预处理，达到去噪和提高算法鲁棒性的目的。接着，根据粒子群优化算法的特点定义了新的迭代参数。在粒子群优化算法中，给出了新的参数 gather 和 $c_j$ 代替粒子群优化算法中局部最优参数 $Pb_{ij}(g)$ 和全局最优参数 $Gb_j(g)$，并且重新定义了粒子的迭代速度公式 $v_{ij}(g)$。该方法具有比经典 JADE 算法和基于比率矩阵聚类算法 (BRMCA) 优越的性能。

第七，针对阵列天线欠定接收场景中的盲信道估计问题，提出了较低复杂度和改进性能的算法。盲信道估计问题等效为欠定盲辨识问题，考虑到现有欠定盲辨识算法需要较高复杂度来换取性能，结合一种新型的统计工具和塔克张量分解，提出一种新的欠定盲辨识算法。利用广义协方差矩阵建立的核函数，比起基于协方差矩阵和四阶累积量构建的核函数，能更好地提取统计信息，改善盲辨识的性能。利用塔克张量分解比直接使用规范张量分解，计算复杂度得到了有效降低。仿真实验验证了该算法的有效性。

本书以典型的无线通信系统为出发点，以在卫星通信和地面移动通信中的应用为背景。首先，介绍了 DS-CDMA 系统、跳频系统、OFDM 系统和 MIMO 系统中的盲自适应接收和干扰消除研究方法。其次，对频谱资源高效利用的全双工认知系统和方法进行了说明。最后，说明了结合智能算法粒子滤波的卫星通信盲处理方法，并讨论了阵列天线欠定接收的盲辨识处理问题。在现今频谱拥挤和频带干扰问题日益突出的电磁环境中，依赖于统计特性的盲自适应处理方式是实现无线通信智能处理的关键技术理论，是未来研究的重要关注点。下面一节将讨论未来存在的重要研究领域和研究方向。

## 9.2 未来展望

根据本书现有的研究基础，可以考虑两个领域方面的研究：盲源分离机制领域的研究和盲源分离在无线通信系统中的应用研究。由于目前考虑的盲源分离机制大都是线性瞬时混合、正定和超定混合、无噪声或信噪比较大、数据采样量较大和信道时不变等情况的模型，而实际的无线环境较为复杂，一些如欠定、低信噪比和时变信道等实际系统的盲自适应接收还有待进一步研究。另外，随着无线通信系统的不断发展，经典的无线系统逐渐被新型的系统所替代，研究无监督学习机制辅助无线接收处理的方法从而实现智能无线通信系统的目标变得越来越迫切。因此，可以从两大领域出发进行研究，具体如图 9.1 所示。

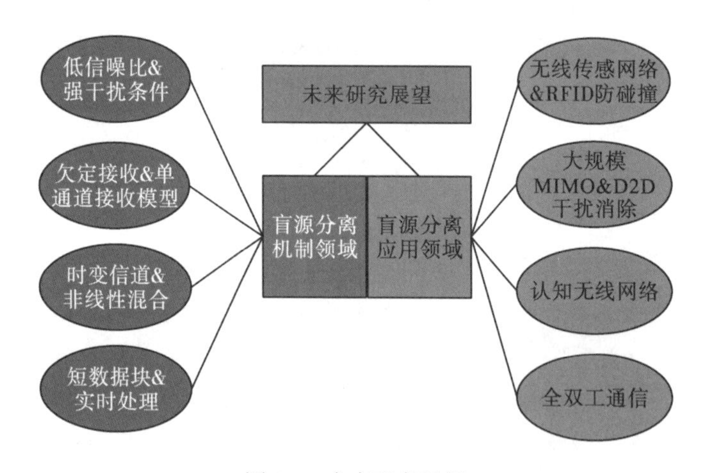


图 9.1　未来研究展望

下面从各个关键点进行详细阐述：

(1)低信噪比和强干扰条件下的无线接收处理。

现存的盲源分离模型中大多数并未考虑噪声，对于噪声的影响主要是通过主成分分析来实现白化处理，从而降低噪声影响。这种处理既便于噪声子空间分析，去除噪声影响，又可与无线通信中引入空间分集的功用相联系，对于超定的模型效果良好。但是，对于正定和欠定的模型，白化处理无法有效地将噪声影响去除，需要较高的信噪比条件才能实现有效的信号分离。而在无线接收环境中，易受到噪声和干扰的影响，造成接收处理的恶化。因此，需要研究较低信噪比和强干扰条件下的自适应接收信号处理，如在图 9.2 和图 9.3 的场景中，此研究的动机更为迫切。传统的滤波方式已经不能满足有效的干扰和信号的分离，以牺牲功率资源的抗干扰方式更是与现今绿色通信的发展相矛盾。因此，从统计特性出发，发展机器学习辅助的无线处理技术意义重大，而在非合作通信中，尤其以无监督学习机制的理论为主，如盲源分离已经成为未来研究的关键技术。

图 9.2 军事通信应用

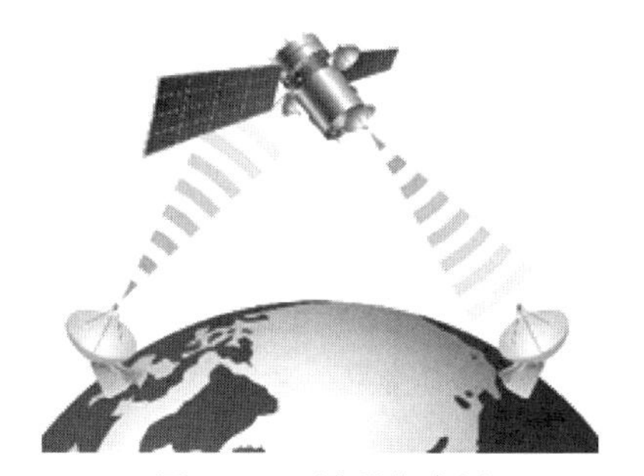

图 9.3 卫星通信应用

例如在本书中，可以考虑提出的最小误码率约束盲源分离算法，可以研究此约束问题的最优化方法，增强其在噪声影响下的分离效率；也可以研究结合其他的性能准则或信号特性来构建代价函数，突破现有盲分离算法对信噪比要求较高的限制；还可以研究低信噪比条件下的约束代价函数和最优化代价函数方法。

(2) 欠定和单通道接收模型的无线接收处理。

受地理环境因素和成本花费等的影响，部署天线实现正定或超定的无线接收有时是无法实现的，此时将造成欠定或单通道的接收模型，如图 9.2 和图 9.3。结合到无线通信的应用需求，对于接收条件受限的极端情况造成的欠定和单通道盲分离问题，需要进一步研究解决，从而形成具有代表性的理论和算法。

(3)时变信道和非线性混合模型接收处理。

现有的盲分离处理方法大都考虑静态混合模型，结合实际的无线通信系统模型，信道往往具有时变的特点，会造成时变的接收混合模型。因此，需要研究时变混合盲分离方法。另外，由于电磁环境的复杂性，有些场景需要考虑非线性混合模型。例如，针对 DS-CDMA 系统盲分离检测问题，在复杂电磁对抗环境中，研究时变信道条件下自适应盲分离检测方法对实现卫星和军事抗干扰具有重要的应用价值。

(4)短数据块和实时接收处理。

盲源分离算法一般都是基于高阶统计特性来实现算法原理的，需要大量的采样数据才能保证高阶统计信息的提取。但是，长数据采样会导致处理的实时性差，复杂度增大，与无线接收处理的需求是矛盾的。因此，需要研究短数据块条件下的实时盲分离处理算法。

(5)无线传感网络中的目标追踪定位和 RFID 防碰撞应用。

传统的无线传感网络目标识别研究中，基本都集中于每次只能跟踪一个目标，考虑仅有一个目标存在于网络中，假设来自不同目标的信号对其他目标的信号不产生干扰。这样的假设条件难以满足实际的无线传感网络应用需求，特别是多目标识别和跟踪问题，此时利用盲源分离可以有效实现混合信号的分离和目标识别，如图 9.4 所示。

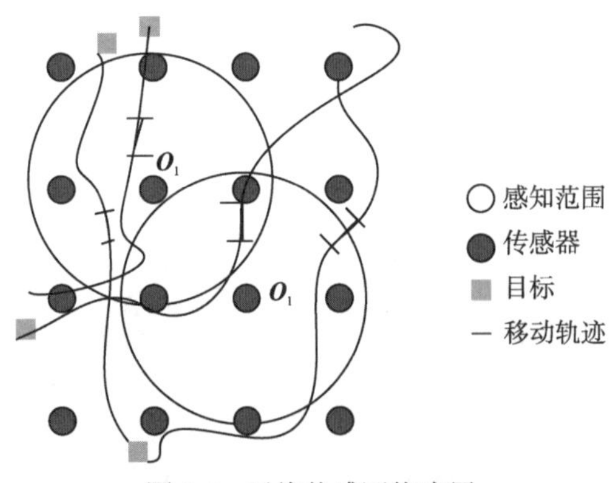


图 9.4　无线传感网络应用

在众多的 RFID 应用场景中，读写器往往需要同多个标签进行通信。由于读写器与标签之间的通信信道是共享的，当多个标签同时向读写器发送数据时会产生多个标签碰撞，进而引发带宽浪费、能量耗损和增加系统识别时延等一系列问题。为了解决多标签碰撞问题，读写器需要采用防碰撞算法或者防碰撞协议来协调读写器与多标签之间的通信。由于现代 RFID 系统中读写器工作距离远，系统内覆盖的标签数量很多，同时对标签的读写要求很高，这样使得 RFID 系统的标签碰撞问题较为突出。由于标签成本、系统复杂度等因素的制约，防碰撞算法在标签端的实现要尽可能简单，尤其是标签数量较多的时候。因此，如何实现高识别率、高稳定性的防碰撞算法是 RFID 系统研究的一个核心问题，也是大规模推广 RFID 应用的一个基本条件。对于同时同频信号访问碰撞问题，盲源分离技术优势明显，如图 9.5 所示，可以利用信号的统计特性建立盲分离处理模型，进而解决多标签信号同时访问的防碰撞问题。

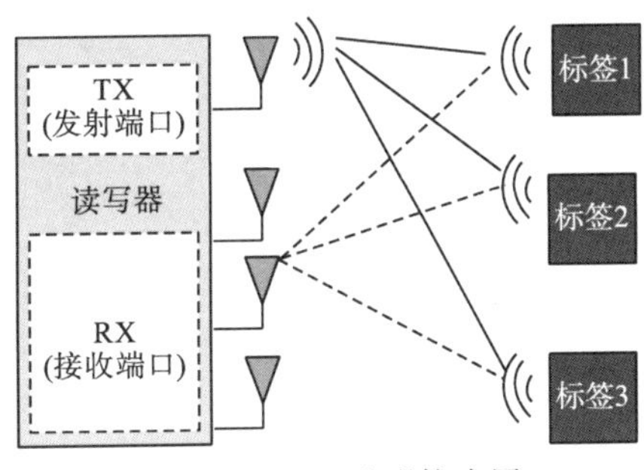


图 9.5　RFID 防碰撞应用

(6) 大规模 MIMO 和 D2D 中的干扰消除应用。

大规模 MIMO 和 D2D (device to device communication，设备到设备通信) 是新一代通信的关键技术，研究其中的盲自适应接收处理方法具有重要意义，正如文中 5.3 节的初步研究内容，实现了一种大规模盲分离处理的实时问题，为进一步的干扰消除应用奠定了研究基础。

(7) 认知无线网络中的盲频谱感知应用

频谱感知的观点是基于用户间的共享频谱机制，授权用户是主用户，非授权用户是次用户，次用户只能在主用户空闲时使用信道。一般而言，用户活动是以非协助方式完成的，即主用户没有义务通知次用户关于它的活动状态。基于盲源分离的认知系统模型，引入盲源分离可以实现多种用途，包括频谱感知、信道估计、信号分离和多用户检测，具有重要的研究意义，例如用于主用户隐藏问题，如图 9.6 所示。

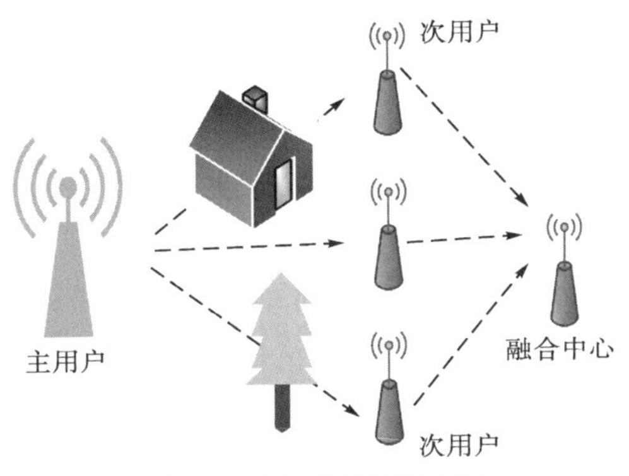


图 9.6　认知无线网络应用

(8)全双工通信中干扰消除应用。

全双工通信一般依赖于自干扰消除技术实现，但是受限于估计误差和硬件匹配问题会影响系统性能。另外，对于信道估计和同步参数估计较为烦琐。利用盲源分离机制可以有效地实现自适应自干扰消除和免除参数估计的麻烦。

针对以上 8 个研究方向，可以考虑借助通信中的先验信息和准则形成约束条件，增强较低信噪比条件下的分离效果；可以考虑采用自适应学习率的梯度算法或时变信道分段处理，在短数据块准静态信道条件下执行盲分离；对于欠定接收模型的盲分离问题，可以考虑借助其他辅助信息解决，或者分集处理(过采样、时域、频域、时频域或码域)将其转换为正定或超定模型解决，或考虑其他信号特性实现分离处理，如基于源信号稀疏性和几何性的算法等。

综上所述，结合无监督机制盲源分离的无线通信系统中自适应接收处理还有许多工作有待进一步研究，如低信噪比接收条件下的盲信号分离、时变混合模型盲信号分离、欠定模型盲信号分离和强干扰条件下的盲信号分离等。这些问题都是研究的热点和难点，可为卫星通信、军事通信和移动通信提供重要的技术支撑和方法支持，为进一步实现无线通信智能处理和干扰消除奠定坚实的基础。

# 附　　录

## 附录 A　广义协方差矩阵公式推导

此附录将说明式(2-14)广义协方差矩阵的推导过程。

首先，计算式(2-13)关于 $\boldsymbol{u}$ 的导数为

$$\frac{\partial \varphi_r(\boldsymbol{u})}{\partial \boldsymbol{u}} = \sum_{i=1}^{K} \frac{\varphi_{b_i}\left(\boldsymbol{g}_i^{\mathrm{T}}\boldsymbol{u}\right)}{\partial \boldsymbol{u}} = \sum_{i=1}^{K} \frac{\varphi_{b_i}\left(\boldsymbol{g}_i^{\mathrm{T}}\boldsymbol{u}\right)}{\partial\left(\boldsymbol{g}_i^{\mathrm{T}}\boldsymbol{u}\right)} \frac{\partial\left(\boldsymbol{g}_i^{\mathrm{T}}\boldsymbol{u}\right)}{\partial \boldsymbol{u}}$$

$$= \sum_{i=1}^{K} \frac{\varphi_{b_i}\left(\boldsymbol{g}_i^{\mathrm{T}}\boldsymbol{u}\right)}{\partial\left(\boldsymbol{g}_i^{\mathrm{T}}\boldsymbol{u}\right)} \boldsymbol{g}_i$$

其次，计算上式关于 $\boldsymbol{u}^{\mathrm{T}}$ 的导数，得到

$$\frac{\partial \varphi_r(\boldsymbol{u})}{\partial \boldsymbol{u}^{\mathrm{T}} \partial \boldsymbol{u}} = \sum_{i=1}^{K} \frac{\varphi_{b_i}\left(\boldsymbol{g}_i^{\mathrm{T}}\boldsymbol{u}\right)}{\partial\left(\boldsymbol{g}_i^{\mathrm{T}}\boldsymbol{u}\right)^{\mathrm{T}} \partial\left(\boldsymbol{g}_i^{\mathrm{T}}\boldsymbol{u}\right)} \boldsymbol{g}_i \frac{\partial\left(\boldsymbol{g}_i^{\mathrm{T}}\boldsymbol{u}\right)^{\mathrm{T}}}{\partial \boldsymbol{u}}$$

$$= \sum_{i=1}^{K} \frac{\varphi_{b_i}\left(\boldsymbol{g}_i^{\mathrm{T}}\boldsymbol{u}\right)}{\partial\left(\boldsymbol{g}_i^{\mathrm{T}}\boldsymbol{u}\right)^{\mathrm{T}} \partial\left(\boldsymbol{g}_i^{\mathrm{T}}\boldsymbol{u}\right)} \boldsymbol{g}_i \boldsymbol{g}_i^{\mathrm{T}}$$

简单的向量到矩阵形式变换，可以得到下面的公式，即式(2-14)

$$\boldsymbol{\Psi}_r(\boldsymbol{u}) = \boldsymbol{G}\boldsymbol{\Psi}_b\left(\boldsymbol{G}^{\mathrm{T}}\boldsymbol{u}\right)\boldsymbol{G}^{\mathrm{T}}$$

# 附录 B　对角化证明

设 $\phi_b(\boldsymbol{u})$ 表示源信号 $\boldsymbol{b}(m)$ 的广义特征函数，基于 $\boldsymbol{b}(m)=\left[b_1(m),\ \cdots,b_K(m)\right]^{\mathrm{T}}$ 中元素的统计独立性，可以得到

$$\phi_b(\boldsymbol{u})=\phi_{b_1}(u_1)\cdot\phi_{b_2}(u_3)\cdot\cdots\cdot\phi_{b_K}(u_K)$$

其中，$\phi_{b_i}(u_i)=E\left[\exp\left(u_ib_i(m)\right)\right](i=1,\cdots,K)$。定义 $\varphi_b(u)=\log\phi_b(\boldsymbol{u})$，表示源信号 $\boldsymbol{b}(m)$ 的广义第二特征函数。因此，可以得到

$$\varphi_b(\boldsymbol{u})=\varphi_{b_1}(u_1)+\varphi_{b_2}(u_2)+\cdots+\varphi_{b_K}(u_K)$$

最后，$\boldsymbol{\Psi}_b(\boldsymbol{u})$ 可以容易得到如下形式，

$$\begin{aligned}\boldsymbol{\Psi}_b(\boldsymbol{u})&=\nabla_{\boldsymbol{u}}^{\mathrm{T}}\left[\nabla_{\boldsymbol{u}}\varphi_b(\boldsymbol{u})\right]=\frac{\partial}{\partial\boldsymbol{u}^{\mathrm{T}}}\left[\frac{\partial\varphi_b(\boldsymbol{u})}{\partial\boldsymbol{u}}\right]\\&=\mathrm{diag}\left(\frac{\partial^2\varphi_{b_1}(u_1)}{\partial u_1^2},\frac{\partial^2\varphi_{b_2}(u_2)}{\partial u_2^2},\cdots,\frac{\partial^2\varphi_{b_K}(u_K)}{\partial u_K^2}\right)\end{aligned}$$

即证 $\boldsymbol{\Psi}_b(\boldsymbol{u})$ 是对角矩阵。

# 缩　略　词

## 缩略词表

| 英文缩写 | 英文全称 | 中文释义 |
|---|---|---|
| AI | artificial intelligence | 人工智能 |
| AJD | approximative joint diagonalization | 近似联合对角化 |
| ALS | alternating least squares | 交替最小二乘 |
| BCA | bounded component analysis | 有界成分分析 |
| BCR | block coordinate relaxation | 块坐标松弛 |
| BER | bit error rate | 比特误码率 |
| BFSK | binary frequency shift keying | 二进制频移键控 |
| BPSK | binary phase shift keying | 二进制相移键控 |
| BRMCA | based on ratio matrix clustering algorithm | 基于比率矩阵聚类算法 |
| BSS | blind source separation | 盲源分离 |
| CANDECOMP | canonical decomposition | 规范/标准分解 |
| CBRMCA | classical based on the ratio matrix clustering algorithm | 传统的基于比率矩阵聚类算法 |
| CFO | carrier frequency offset | 载波频率偏移 |
| CMOE | constraint minimum output energy | 约束最小输出能量 |
| CPD | canonical polyadic decomposition | 典型规范分解 |
| CR | cognitive radio | 认知无线电 |
| CRN | cognitive radio network | 认知无线网络 |
| D2D | device-to-device communication | 设备到设备通信 |
| DCBS | density clustering blind separation | 密度聚类盲分离 |
| DPSK | differential phase shift keying | 差分相移键控 |
| DQPSK | differential quadrature reference phase shift keying | 四相相对相移键控 |
| DS-CDMA | direct sequence-code division multiple access | 直接序列扩频码分多址 |
| DSS | direct sequence spread spectrum | 直接序列扩频 |
| DUET | degenerate unmixing estimation technique | 退化分离估计技术 |
| EASI | equivariant adaptive source separation via independence | 基于独立性的等变化自适应 |
| ESPRIT | estimating signal parameters via rotational invariance techniques | 借助旋转不变技术估计信号参数 |

续表

| 英文缩写 | 英文全称 | 中文释义 |
|---|---|---|
| FastICA | fast independent component analysis | 快速独立成分分析 |
| FD | full duplex | 全双工 |
| FFT | fast fourier transform | 快速傅里叶变换 |
| FH | frequency hopping | 跳频 |
| FIR | finite impulse response | 有限长单位冲激响应 |
| FOBIUM | fourth order blind identification of underdetermined mixtures | 四阶欠定混合盲辨识 |
| GCBIUM | generalized covaiance blind identification of underdetermined mixtures | 广义协方差欠定混合盲辨识 |
| GICA | guided independent component analysis | 指导型独立分量分析 |
| GICA-FD | guided independent component analysis-full duplex | 全双工指导型独立分量分析 |
| ICA | independent component analysis | 独立成分分析 |
| IFFT | inverse fast fourier transform | 逆快速傅里叶变换 |
| Infomax | information maximization | 信息极大化 |
| IP | internet protocol | 因特网协议 |
| ISR | interference to signal ratio | 干信比 |
| JADE | joint approximative diagonalization of eigenmatrix | 特征矩阵联合近似对角化 |
| JD | joint diagonalization | 联合对角化 |
| LMMSE | linear minimum mean square error | 线性最小均方误差 |
| LTE | long term evolution | 长期演进技术 |
| MFSK | M-ary frequency shift keying | 多进制频移键控 |
| MIMO | multiple input multiple output | 多输入多输出 |
| ML | maximum likelihood | 最大似然 |
| MMSE | minimum mean square error | 最小均方误差 |
| MOBS | matching optimization blind separation | 匹配优化盲分离 |
| MPSK | M-ary phase shift keying | 多进制相移键控 |
| MQAM | M-ary quadrature amplitude modulation | 多进制正交幅度调制 |
| MSE | minimum squared error | 最小均方误差 |
| MUSIC | multiple signal classification | 多重信号分类 |
| NG | natural gradient | 自然梯度 |
| NMF | non-negative matrix factorization | 非负矩阵分解 |
| OFDM | orthogonal frequency division multiplexing | 正交频分复用 |
| OMP | orthogonal matching pursuit | 正交匹配追踪 |
| PAPR | peak to average power ratio | 峰均功率比 |
| PARAFAC | parallel factor factorization | 平行因子分解 |

续表

| 英文缩写 | 英文全称 | 中文释义 |
| --- | --- | --- |
| PC | personal computer | 个人计算机 |
| PCA | principal component analysis | 主成分分析 |
| PSO | particle swarm optimization | 粒子群优化 |
| PU | primary user | 主用户 |
| RFID | radio frequency identification | 射频识别技术 |
| SAMFD | searching and averaging method in frequency domain | 频域搜索和平均算法 |
| SCA | sparse component analysis | 稀疏成分分析 |
| SC-FDMA | single-carrier frequency-division multiple access | 单载波频分多址 |
| SIC | self interference cancellation | 自干扰消除 |
| SIC-FD | self interference cancellation-full duplex | 全双工自干扰消除 |
| SIMO | single input multiple output | 单输入多输出 |
| SNR | signal to noise ratio | 信噪比 |
| SOBI | second order blind identification | 二阶盲辨识 |
| SOBIUM | second order blind identification of underdetermined mixtures | 二阶欠定混合盲辨识 |
| SOC | second-order cone | 二阶锥 |
| STFT | short-time Fourier transform | 短时傅里叶变换 |
| SU | secondary user | 次用户 |
| SWM | signature waveform mismatch | 特征序列波形不匹配 |
| TALS | trilinear alternating least square | 三线性交替最小二乘 |
| TD | tensor decomposition | 张量分解 |
| TDMA | time division multiple access | 时分多址 |
| TIFROM | time frequency ratio of mixtures | 混合时频比 |
| UBSS | underdetermined blind source separation | 欠定盲源分离 |
| WCSS | with clustering sum of squares | 类内目标的平方和 |
| WEDGE | weighted exhaustive diagonalization with Gauss iterations | 高斯迭代算子加权对角化 |
| WSN | wireless sensor network | 无线传感网络 |
| WVD | Wigner-Ville distribution | 维格纳-威利分布 |
| ZF | zero-forcing | 迫零 |
| ZMCSCG | zero mean circular symmetric complex Gauss | 零均值圆对称复高斯 |